Les vins du Nouveau Monde

Design graphique : Ann-Sophie Caouette
Traitement des images : Mélanie Sabourin
Révision et correction : Brigitte Lépine

Catalogage avant publication de Bibliothèque et Archives nationales du Québec et Bibliothèque et Archives Canada

Orhon, Jacques
    Les vins du Nouveau Monde : Afrique du Sud, Australie, Nouvelle-Zélande

1. Vin - Afrique du Sud. 2. Vin - Australie. 3. Vin - Nouvelle-Zélande. 4. Cépages. 5. Vignobles. I. Titre.

TP548.O73 2007   641.2'2   C2007-941899-6

Pour en savoir davantage sur nos publications,
visitez notre site : **www.edhomme.com**
Autres sites à visiter : www.edjour.com
www.edtypo.com • www.edvlb.com
www.edhexagone.com • www.edutilis.com

10-07

© 2007, Les Éditions de l'Homme,
une division du Groupe Sogides inc.,
filiale du Groupe Livre Quebecor Média inc.
(Montréal, Québec)

Tous droits réservés

Dépôt légal : 2007
Bibliothèque et Archives nationales du Québec

ISBN 978-2-7619-2272-2

DISTRIBUTEURS EXCLUSIFS :

- Pour le Canada et les États-Unis :
  MESSAGERIES ADP*
  2315, rue de la Province
  Longueuil, Québec J4G 1G4
  Tél. : 450 640-1237
  Télécopieur : 450 674-6237
  * une division du Groupe Sogides inc.,
    filiale du Groupe Livre Quebecor Média inc.

- Pour la France et les autres pays :
  INTERFORUM editis
  Immeuble Paryseine, 3, Allée de la Seine
  94854 Ivry CEDEX
  Tél. : 33 (0) 4 49 59 11 56/91
  Télécopieur : 33 (0) 1 49 59 11 33
  Service commandes France Métropolitaine
  Tél. : 33 (0) 2 38 32 71 00
  Télécopieur : 33 (0) 2 38 32 71 28
  Internet : www.interforum.fr
  Service commandes Export – DOM-TOM
  Télécopieur : 33 (0) 2 38 32 78 86
  Internet : www.interforum.fr
  Courriel : cdes-export@interforum.fr

- Pour la Suisse :
  INTERFORUM editis SUISSE
  Case postale 69 – CH 1701 Fribourg – Suisse
  Tél. : 41 (0) 26 460 80 60
  Télécopieur : 41 (0) 26 460 80 68
  Internet : www.interforumsuisse.ch
  Courriel : office@interforumsuisse.ch
  Distributeur : OLF S.A.
  ZI. 3, Corminboeuf
  Case postale 1061 – CH 1701 Fribourg – Suisse
  Commandes :   Tél. : 41 (0) 26 467 53 33
                         Télécopieur : 41 (0) 26 467 54 66
                         Internet : www.olf.ch
                         Courriel : information@olf.ch

- Pour la Belgique et le Luxembourg :
  INTERFORUM editis BENELUX S.A.
  Boulevard de l'Europe 117,
  B-1301 Wavre – Belgique
  Tél. : 32 (0) 10 42 03 20
  Télécopieur : 32 (0) 10 41 20 24
  Internet : www.interforum.be
  Courriel : info@interforum.be

Gouvernement du Québec – Programme de crédit d'impôt pour l'édition de livres – Gestion SODEC – www.sodec.gouv.qc.ca

L'Éditeur bénéficie du soutien de la Société de développement des entreprises culturelles du Québec pour son programme d'édition.

Nous remercions le Conseil des Arts du Canada de l'aide accordée à notre programme de publication.

Nous reconnaissons l'aide financière du gouvernement du Canada par l'entremise du Programme d'aide au développement de l'industrie de l'édition (PADIÉ) pour nos activités d'édition.

JACQUES ORHON

Les vins du Nouveau Monde

TOME 1

TABLE DES MATIÈRES

Avant-propos	10
Comment utiliser ce livre	13
AFRIQUE DU SUD	14
La République d'Afrique du Sud en bref	16
Un peu d'histoire	18
La législation	21
L'encépagement	22
Les régions viticoles	28
LES MAISONS	38
AUSTRALIE	144
L'Australie en bref	146
Un peu d'histoire	149
La législation	152
L'encépagement	153
Les régions viticoles	158
LES MAISONS	174
NOUVELLE-ZÉLANDE	282
La Nouvelle-Zélande en bref	284
Un peu d'histoire	287
La législation	289
L'encépagement	290
Les régions viticoles	296
Liège ou capsule à vis ?	302
LES MAISONS	308
Index des régions par pays	410
Index des maisons par pays	415
Remerciements	418
Bibliographie	418
Crédits photographiques	421
Glossaire	422

AVANT-PROPOS

Sept ans après mon livre sur les vins du monde, j'ai ressenti le besoin de m'atteler à nouveau à la tâche et de présenter plus précisément les vignobles et les vins des pays émergents, communément appelés pays du « Nouveau Monde ». Le moment était bien choisi pour le faire vu la popularité grandissante de certaines marques venant de ces pays lointains, mais ce n'est pas ce qui a motivé ma décision. C'est plutôt la soif de connaissances des lecteurs et des œnophiles, ainsi que les progrès évidents enregistrés dans nombre de vignobles de ces pays, qui m'ont poussé à aller de l'avant.

Une petite mise au point s'impose cependant. En effet, que mes amis vignerons des vieux pays me comprennent. Je ne les abandonne pas pour autant, et je ne leur suis surtout pas infidèle parce que je m'intéresse aux vins du monde entier, bien au contraire. Mon ouverture sur la planète vin fait partie depuis longtemps d'une approche universelle qui m'a été, fort heureusement, inculquée dès mon plus jeune âge. Je vis dans un pays où le fait de s'intéresser aux uns n'empêche pas d'aimer les autres ; la terre n'est-elle pas un grand jardin où tous les jardiniers vivent les mêmes difficultés, les mêmes rêves, les mêmes peines et les mêmes espoirs ? Le temps où la symbiose entre l'homme, la vigne et son terroir était la chasse gardée de quelques privilégiés assis sur une terre exceptionnelle et unique au monde est révolu. D'ailleurs, où serait le plaisir d'apprendre et de découvrir si l'on s'en tenait toujours aux mêmes horizons ?

Si je soulève la question, c'est qu'on m'en a déjà plus ou moins fait le reproche... Ce qui illustre bien la rivalité qui perdure entre les gens bien installés depuis des siècles et ancrés dans la tradition et leurs certitudes, et les ambitions des nouveaux venus. Il est vrai que plusieurs régions viticoles ont traversé et traversent encore une crise économique difficile, notamment en Europe et plus particulièrement en France, mais mettre cette situation sur le dos de la concurrence internationale et des pays émergents est trop facile. Il serait peut-être plus utile de s'interroger sur les vraies causes de cette crise. Lorsqu'on navigue sur Internet, on se rend vite compte que le moindre petit domaine sud-africain ou néo-zélandais possède un site Web riche en informations, alors que de nombreux propriétaires européens en sont dépourvus. Certes, les concepts et les méthodes de commercialisation qui ont accompagné ou précédé la société de consommation sont relativement récents, mais dans le secteur vitivinicole, vins et marketing se sont trop longtemps ignorés.

Il est vrai que beaucoup de maisons françaises ont fait de remarquables progrès dans les quinze dernières années, et l'on sent que l'œnotourisme se met peu à peu en place. C'est fort heureux, mais il reste encore à faire, tant dans les moyens que dans l'esprit et les mentalités. Le marché du vin s'est transformé. En 20 ans, la consommation a évolué vers une certaine recherche du plaisir, de la valorisation du statut social, de la garantie de l'origine, etc. Au début des années 1990, la mondialisation a modifié la donne. La demande internationale, accentuée notamment par l'effet *french paradox*, est devenue supérieure à l'offre qui, de son côté, a diminué pour plusieurs raisons. Devant cette envolée, de nombreux pays se sont lancés dans la production de vin. Ceux de l'hémisphère sud (Australie, Nouvelle-Zélande, Afrique du Sud, Argentine, Chili, etc.) ont pris une part de marché considérable et les ventes nord-américaines fracassent des records. Malgré cela, la surface du vignoble européen, même si elle a diminué, se maintient car, en dépit des primes, les viticulteurs hésitent à arracher, même sur les terres les moins propices à la qualité.

Pour expliquer les problèmes que rencontre la profession en France, une étude cite la concurrence étrangère en premier, suivie de la baisse de la consommation (celle du vin a baissé de 50 % en 20 ans alors que celle des autres alcools a crû de 13 %), et du contexte législatif beaucoup trop restrictif. Selon les vignerons interrogés, les coûts de production sont plus faibles et les contraintes sont moindres à l'étranger. La plupart d'entre eux attendent que les réglementations soient assouplies, et la grande majorité pensent que la loi Evin* est absurde et injustifiée. Je suis tout à fait d'accord ! De plus, beaucoup de vignerons français interrogés s'inquiètent de leur avenir et ils sont de moins en moins nombreux à souhaiter que leurs enfants deviennent viticulteurs. C'est donc dans un marché qui a sensiblement évolué que se situe cette « démarche marketing ». Malheureusement, dans plusieurs pays à tradition viticole, le producteur ne saisit pas toujours qu'il faut nuancer l'offre et travailler sur la communication. Le client, de plus en plus informé, cherche des vins de qualité issus d'un terroir ayant de la personnalité et une forte identité. Il veut aussi que le message retrouvé sur l'étiquette soit clair – ce qui n'est pas toujours facile, notamment

---

*L'ancien ministre socialiste français Claude Evin a fait passer, en 1991, une loi relative à la lutte contre le tabagisme et l'alcoolisme. Très restrictive sur la publicité et la promotion concernant le vin, elle ne fait pas la part des choses, tend à l'amalgame d'idées dans un débat de société aussi important, et enfin, pour reprendre l'expression de certains responsables du monde français du vin, « diabolise à l'extrême » la noble boisson.

dans le labyrinthe des appellations – et il se méfie à juste titre du langage professionnel, parfois hermétique ou excessif... Il est facile en effet de se rendre compte que, pour une contre-étiquette invitante, précise et pertinente, beaucoup sont dotées de commentaires sans intérêt, anodins ou pompeux, de descriptions approximatives, de traductions douteuses et d'affirmations erronées.

Pendant ce temps, on s'est mis à l'œuvre à l'autre bout du monde, avec en toile de fond une immigration, ancienne ou récente, qui a pris ses marques dans les régions traditionnelles et réputées, lesquelles servent encore à juste titre de modèles. Cela dit, malgré l'expérience et la détermination des travailleurs du vin, rien n'est facile pour autant dans le Nouveau Monde, que ce soit en Afrique du Sud, en Nouvelle-Zélande, ou plus particulièrement en Australie, et ce pour toutes sortes de raisons politiques, économiques, climatiques et culturelles. C'est ce que j'essaie d'expliquer au fil des pages : tout n'y est pas parfait, loin de là ! Il leur reste encore beaucoup à faire pour améliorer, alléger, peaufiner et nuancer. La route sera longue, mais il n'en demeure pas moins que le chemin parcouru est déjà considérable, et cela dans un laps de temps si court qu'il nous laisse coi.

J'ai été agréablement surpris de découvrir que dans ces pays, la notion de terroir se précise à grands pas, ce qui m'a poussé à vous faire découvrir les régions viticoles dans le détail. Mais contrairement à d'autres livres dans lesquels je mettais l'emphase sur les appellations, j'ai décidé de privilégier ce que j'appelle les signatures du vin, c'est-à-dire les meilleurs producteurs, ceux qui proposent bon an mal an des cuvées savoureuses et réussies, que je commente sans concessions et avec le maximum d'objectivité, après de nombreuses dégustations. Vous comprendrez que je n'ai malheureusement pas pu tous les visiter, ni goûter à tous les vins. La tâche serait monumentale ! Je vous présente cette fois-ci l'Afrique du Sud, l'Australie et la Nouvelle-Zélande, trois pays parfois désarmants, mais toujours aussi invitants et fascinants, en attendant de récidiver avec le tome 2, qui sera consacré aux vins de toute l'Amérique, du Québec à la Patagonie. Pour vous faire voyager le temps d'une lecture et témoigner de mes rencontres et de mon expérience, je vous offre, pour le plaisir des yeux, une multitude de photos rapportées de mes périples dionysiaques. Profitez-en, et bonnes découvertes !

COMMENT UTILISER CE LIVRE

Afin de vous retrouver facilement dans ce livre, les trois grandes parties consacrées à l'Afrique du Sud, l'Australie et la Nouvelle-Zélande ont été traitées de la même façon, tout en tenant compte des spécificités de chaque pays.

Je présente tout d'abord dans la première partie un bref résumé sur le pays concerné, agrémenté d'une carte toute simple pour situer géographiquement les principales zones viticoles, tout en étant conscient que mes livres n'ont jamais eu la prétention de se substituer aux atlas qui existent déjà.

Puis, afin de bien situer le vignoble, je présente un bref historique, suivi de la législation, de l'encépagement puis des régions viticoles du pays. Quelques tableaux viennent ensuite appuyer ou illustrer mon propos.

La deuxième partie est consacrée aux maisons les plus importantes, que je considère souvent parmi les meilleures ou tout simplement incontournables, soit pour des raisons historiques, qualitatives ou quantitatives.

Dans cette partie, j'ai privilégié l'ordre alphabétique pour classer les maisons, leur nom est suivi de la région – ou des régions – qui correspond le plus souvent à une appellation (exemples : Stellenbosch en Afrique du Sud, Barossa Valley en Australie, Marlborough en Nouvelle-Zélande), puis de la ville (ou du village) où elles sont installées.

J'ai ensuite situé les maisons dans leur contexte historique, environnemental et économique, mais j'ai voulu aussi favoriser le facteur humain, en vous présentant les hommes et les femmes qui sont derrière chaque bouteille. En effet, le vin aurait-il le même intérêt s'il ne nous permettait pas ces rencontres et ces échanges avec les autres?

Enfin, en tant que sommelier et dégustateur qui ne veut surtout pas oublier la finalité du vin : le plaisir, je me suis plié, sans trop de difficultés il va sans dire, à l'exercice de la dégustation qui m'a permis de livrer des analyses sensorielles, commentaires qui se veulent des plus directs et objectifs. Afin de préserver l'aspect intemporel du livre, je me suis abstenu de préciser le millésime de chacune des cuvées citées (notion toute relative, surtout dans ces pays de l'hémisphère sud) au profit de leur évolution dans le temps. De toute façon, je préfère depuis longtemps mettre l'emphase sur la réputation et la qualité intrinsèque des maisons qui élaborent, bon an mal an des vins – simples, grands ou très grands – habituellement bien vinifiés. Quant aux fameux accords vins et mets que j'effleure ici et là, je ne peux que vous conseiller humblement de vous procurer, si ce n'est déjà fait, mon livre *Harmonisez vins et mets* (chez le même éditeur), dans lequel vous trouverez une multitude de mariages gourmands avec tous les vins de la planète.

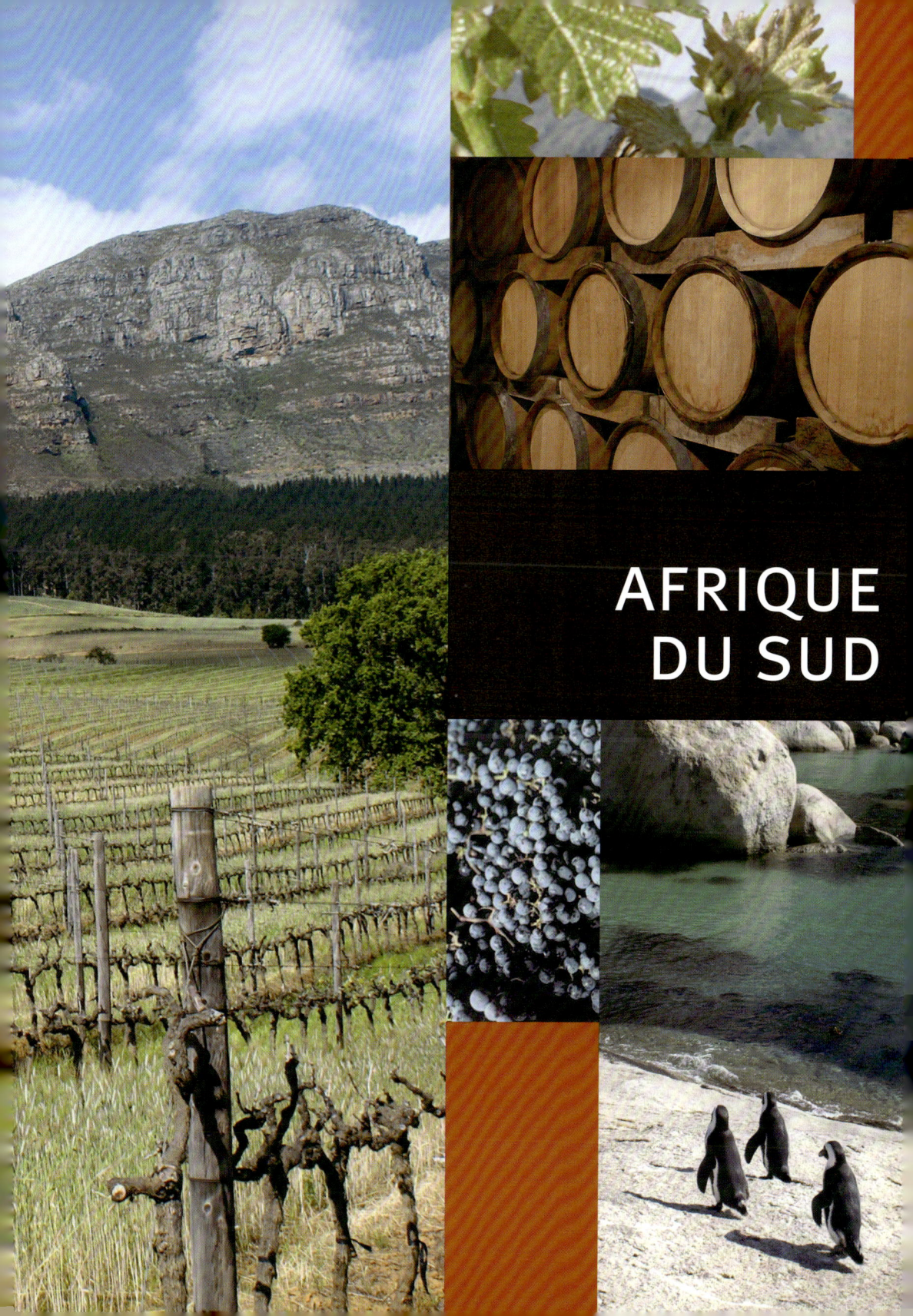
AFRIQUE DU SUD

LA RÉPUBLIQUE D'AFRIQUE DU SUD EN BREF

CAPITALES
Pretoria (administrative)
Le Cap (législative)

VILLES PRINCIPALES
Pretoria
Le Cap
Johannesburg
Durban
Bloemfontein

POPULATION
42 500 000 habitants

SUPERFICIE DU VIGNOBLE
112 700 hectares, dont 10 500 pour le raisin de table (2006)

PRODUCTION
9 150 000 hl

CONSOMMATION
9 l/hab.

DIVERS
> huitième producteur mondial
> quatre grandes régions viticoles
> près des deux tiers de la production se font en blanc

16   LES VINS DU NOUVEAU MONDE

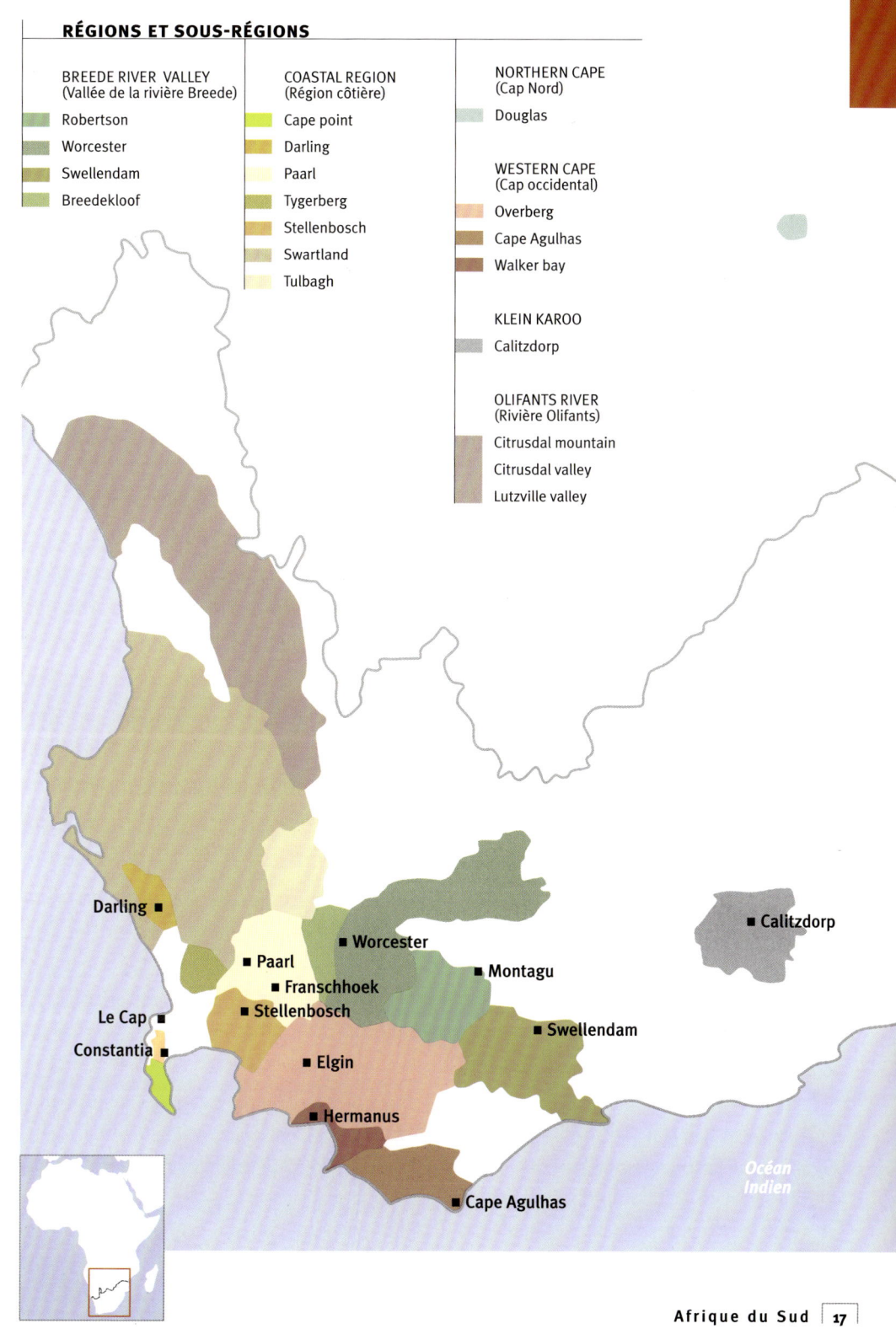

Il suffit de tourner la tête dans n'importe quelle direction et de magnifiques paysages s'offrent à votre regard.

J'en rêvais depuis longtemps, et j'ai enfin mis les pieds, un beau jour du mois d'août, dans ce magnifique pays du bout du monde, situé à l'extrême sud du continent africain. Grâce à Dieu et aux hommes, l'Afrique du Sud a retrouvé le goût de la démocratie et de la liberté en abolissant l'apartheid en 1994. Voilà pourquoi, quand les sanctions économiques prises à son égard ont été levées, nous avons commencé à goûter à notre tour aux charmes du vin sud-africain, et le vignoble de ce pays n'en manque certes pas. Du Cap à Paarl, en passant par Constantia, Somerset West et Stellenbosch, il suffit de tourner la tête dans n'importe quelle direction et des paysages époustouflants s'offrent à votre regard. Un peu comme en Suisse, des vallées ondulantes, au pied de montagnes qui surgissent ici et là dans une végétation luxuriante, ont accueilli la vigne qui a trouvé sans contredit des terroirs qui lui conviennent à merveille.

UN PEU D'HISTOIRE

En fait, le vignoble est bien installé dans cette contrée depuis la fin du XVIIe siècle. Tout commença quand un Hollandais, Jan Van Riebeeck, premier commandant du Cap, fit venir des boutures de vigne et les planta, en 1656, dans la terre fertile sud-africaine. Trois ans plus tard, il écrivait : « C'est aujourd'hui, Dieu soit loué, que du vin a été vinifié pour la première fois avec des raisins du Cap ». Il s'agissait de douze litres de muscat...

Les années ont passé, et son successeur, le gouverneur Simon Van der Stel encouragea la viticulture en créant Groot Constantia, un domaine qui allait devenir célèbre avec le fameux Vin de Constance. À son sujet, mon ami, le professeur émérite Paul Brunet, raconte dans son livre *Le vin et les vins étrangers**, que ce vin doux de muscat figurait sur la carte de nombreux restaurants parisiens du siècle dernier et que de nombreux auteurs, dont Balzac, le citent plusieurs fois dans leurs œuvres.

C'est à partir de 1688, lorsque les huguenots (nom donné par les catholiques aux calvinistes en France), fuyant la persécution religieuse après la révocation de l'édit de Nantes, vont s'installer dans ce pays, que le vignoble sud-africain va commencer à se développer. Leur expérience de la vigne et du vin apportera un essor considérable à l'industrie viticole aux alentours du Cap, à Stellenbosch et au sud de Paarl, à Franschhoek « le coin des Français », d'où l'existence de domaines aux noms évocateurs : Le Roux, Cabrière, Rousseau, Marais, L'Avenir, Bon Courage, etc. L'immigration allemande aura aussi une certaine influence, mais c'est sous l'occupation britannique, à partir de 1806, la France et l'Angleterre étant en guerre, que l'Afrique du Sud devint un important fournisseur de vin pour le Royaume-Uni.

Puis, il y eut trois catastrophes : tout d'abord le phylloxéra (*voir* Glossaire p. 411), en 1886, qui fit comme partout ailleurs les ravages que l'on sait, la guerre des Boers (1899-1903), et une surproduction de vin suite à une replantation massive et à un manque de débouchés commerciaux. Il faudra attendre la création, en 1918, de la KWV (Ko-operatiewe Wijnbouwers Vereiniging) pour que la situation s'améliore. Cette coopérative, subventionnée par le gouvernement de l'époque, a joué un rôle important en administrant et en contrôlant la production viticole sud-africaine, avec les inconvénients d'une trop forte centralisation. De nos jours, cette société qui ne dépend plus de l'état, exploite de nombreux vignobles et commercialise ses vins. Si, pendant longtemps, la KWV s'est servi de son immense pouvoir pour faire de l'ombre à des producteurs indépendants, les choses ont aujourd'hui bien changé.

La conduite de la vigne se fait en grande partie comme dans les vignobles français.

Avec la fin de l'apartheid, de bons vins sud-africains se sont retrouvés sur le marché international et l'on constate depuis les cinq dernières années une très nette progression, tant dans les exportations que dans la qualité. J'ai été plutôt ébloui par ce que j'ai constaté sur le terrain, même si je dois préciser qu'en toute connaissance de cause j'ai visité les maisons parmi les plus réputées. Les vinifications ont complètement changé : équipements de pointe, fermentation à basse

* *Le vin et les vins étrangers*, Éditions BPI, Paris, 2004, p. 294.

température, élevage quasi généralisé en fûts (un peu de chêne américain et beaucoup de chêne français ; les chais à barriques sont impressionnants, tant en qualité qu'en quantité), utilisation de la gravité, etc. Les règles d'hygiène se sont complètement améliorées et les pratiques culturales ont évolué pour le mieux. Les œnologues, formés pour la plupart à l'université de Stellenbosch, sont allés prendre de l'expérience sur tous les continents. Ils maîtrisent ainsi la situation, et si l'on a assisté, là comme ailleurs, à une banale uniformisation des goûts et des saveurs, les producteurs d'aujourd'hui misent sur des cépages en particulier, tels que le chenin blanc, le sauvignon et le fameux pinotage, typiquement sud-africain, et de plus en plus sur les cépages dits bordelais et la syrah, qui prend sa place sans complexe.

Signe des temps, et c'est très encourageant, la filière viticole a mis en œuvre en 2004 The Biodiversity and Wine Initiative, une démarche visant à inciter les professionnels à pratiquer une viticulture durable. D'ici 2009, les *wineries* du pays ne pourront exporter qu'à condition d'avoir obtenu la certification « Production intégrée de vin », qui comprend des directives de protection de la biodiversité. L'industrie s'est par ailleurs engagée dans la promotion du commerce équitable et l'application de bonnes pratiques en matière de gestion de main-d'œuvre.

Retour du cap de Bonne-Espérance, près de Hout Bay.

LA LÉGISLATION

À l'instar de nombreux pays de la planète vitivinicole, la notion de terroir n'est pas toujours une priorité, pas plus que les facteurs de qualité (taille, rendement, vinification, etc.) et de typicité (caractère du cépage, personnalité d'une appellation, etc.). On peut cependant souligner l'effort de ce pays qui a mis au point, à partir de 1973, une politique réglementaire pour les vins d'origine (WO pour *Wine of Origin*) dans un cadre relativement souple. Il s'agit d'une procédure de certification qui implique un triple contrôle.

> **L'ORIGINE GÉOGRAPHIQUE :** En plus du nom de la région, de son district (ex : Paarl est un district de Coastal Region) ou d'un secteur viticole précis, l'étiquette peut indiquer le nom de la commune, du lieu-dit et de la propriété (ex : Boschendal). Comme je l'explique plus loin, une appellation régionale peut être plus utilisée qu'une appellation de district, et une appellation de secteur viticole peut prendre le pas sur l'appellation de district à laquelle elle appartient.

> **LE MILLÉSIME :** Attention à cette règle quelque peu laxiste : le vin à l'exportation doit contenir au moins 100 % du millésime indiqué. Toutefois, par dérogation, les états producteurs peuvent abaisser ce pourcentage à 85 %. N'oublions pas non plus que les vendanges, comme dans tout l'hémisphère sud, ont lieu en mars et avril, ce qui permet aux consommateurs de l'hémisphère nord de recevoir certains vins la même année que le millésime auquel on fait référence.

> **L'ENCÉPAGEMENT :** Tolérance aussi pour l'encépagement puisque la proportion de 85 % seulement du cépage indiqué sur l'étiquette est obligatoire dans le vin exporté, ce qui n'est pas si mal car la norme internationale est de 75 %. Hélas, ce n'est pas une mesure comme celle-ci qui peut faciliter la reconnaissance et la typicité d'une variété. Toutefois, cette règle n'empêche pas les bonnes maisons d'élaborer leurs vins avec 100 % du cépage mentionné.

Le système mis de l'avant dans les années 1970, qui imposait la présence d'un sceau sur lequel on retrouvait des bandes de couleur bleue (pour l'origine), rouge (pour l'année), verte (pour le cépage) et dorée (pour la qualité), a été remplacé en 1993 par un sceau de garantie plus simple, habituellement collé sur la capsule du goulot et portant des indications chiffrées difficiles (et ma foi sans grand intérêt) à décoder par le consommateur. Enfin, le ménage se fait peu à peu, notamment au chapitre des usurpations d'appellations. Les vins effervescents portent la mention Cape Classique et les vins de style porto ne pourront plus afficher cette appellation prestigieuse du Portugal sur l'étiquette.

L'ENCÉPAGEMENT

Étant donné la rapide évolution du vignoble sud-africain, le paysage ampélographique a été quelque peu modifié ces dernières années. Plus de 40 % du vignoble a été transformé dernièrement et l'on assiste à une remontée des cépages rouges (52 % ont moins de dix ans d'existence). Comme dans les autres pays émergents, les variétés les plus nobles, telles que le cabernet sauvignon, la syrah, le chardonnay et le sauvignon, prennent de plus en plus d'importance. Les cépages sont importés d'Europe et sont plantés greffés sur des porte-greffe d'origine américaine, pour se protéger du phylloxera. On avait l'habitude autrefois de désigner, en Afrique du Sud, les variétés de vigne cultivées localement, ou cépages, sous le nom de cultivars. Ce vocable est parfois encore utilisé.

C'est dans ce cadre exceptionnel qu'est né le fameux Vin de Constance.

Les cépages blancs

Chenin blanc (19 %)*

Ce cépage très connu en France, était appelé *steen* en Afrique du Sud, pratique qui a tendance à disparaître. Il a déjà occupé près du tiers de la surface plantée du pays, mais il perd du terrain inexorablement face aux populaires sauvignon et chardonnay. On connaît les fabuleux vins qu'il peut engendrer en Anjou et en Touraine mais je ne suis pas sûr que sa présence en Afrique du Sud lui ait toujours rendu justice. En effet, c'est l'une des variétés qui souffre tout particulièrement de la dilution, et au-delà de 40 hectolitres à l'hectare, le chenin perd ses caractéristiques. Heureusement, depuis quelques années, plusieurs domaines font des efforts pour réduire les rendements et augmenter la qualité. Si on l'utilise encore à toutes les sauces, aussi bien pour les vins secs, doux, effervescents que pour le brandy, je n'en ai pas moins goûté d'excellents, vinifiés en sec, et en doux pour les Noble Late Harvest.

* Les pourcentages ont été arrondis et datent de 2006.

Sauvignon blanc (8 %)

Comme partout ailleurs, ce cépage connaît un regain de popularité avec ses vins très expressifs, charmeurs, vifs et rafraîchissants. Presque toutes les maisons en produisent, avec en général un certain succès, même s'il leur arrive de tomber dans l'excès exotique ou dans les notes herbacées. Un peu comme en Californie, on lui donne parfois la dénomination « fumé blanc » lorsque le vin est élevé en fûts de chêne. En Afrique du Sud, le mot *sauvignon* est toujours suivi de l'adjectif *blanc*, pour bien le différencier du sauvignon gris.

Chardonnay (8 %)

Pour répondre aux canons du commerce international, le chardonnay fait peu à peu sa place, et donne des vins très intéressants, d'autant plus que les Sud-Africains ont appris à maîtriser la barrique. Elle est utilisée chez les bons producteurs avec parcimonie, ceux-ci jonglent pertinemment avec le bois neuf et les fûts agés d'un ou deux ans. On élabore aussi avec succès des cuvées de chardonnay qui ne voient pas du tout le bois, avec des résultats de plus en plus remarquables !

Hanepoot (2,5 %)

C'est la dénomination hollandaise du muscat d'Alexandrie, cépage universel s'il en est. Cultivé comme raisin de table, pour faire de la confiture, des jus et autres sirops, il s'exprime agréablement sous forme de vin doux et de vin fortifié. C'est le cépage utilisé pour élaborer le délicieux et opulent Vin de Constance. On retrouve aussi de plus en plus de muscat à petits grains.

Colombard (11 %)

Cépage cultivé en Armagnac pour élaborer l'eau-de-vie du même nom. Il donne des vins relativement dilués et sans grand intérêt. On l'utilise dans l'élaboration du brandy.

Cape riesling (1 %)

Il s'agit fort probablement du cruchen blanc, un cépage connu dans le sud-ouest de la France, qui n'a aucun rapport, bien entendu, avec le grand riesling du Rhin. Il donne des vins plutôt mous, tout au plus aromatiques et fruités, lorsqu'il est planté dans des régions fraîches.

Le sémillon, le viognier, l'ugni blanc, la clairette, le gewurztraminer, le weisser riesling (riesling du Rhin) et le pinot gris sont aussi cultivés. Parmi ces variétés, il est indéniable que le sémillon et surtout le viognier séduisent aujourd'hui les producteurs prêts à se remettre en question. On trouve également le sultana (9 % pour les raisins séchés de cuve et de table), l'emerald riesling, le bukettraube (développé en Allemagne, ce cépage offre des parfums de muscat), le chenel (un croisement local d'ugni blanc et de chenin) et le palomino (pour le brandy et les vins de type sherry).

Les cépages rouges

Cabernet sauvignon (13 %)

Le célèbre cépage du bordelais est à la base de nombreuses cuvées intéressantes, en assemblage ou vinifié séparément. Il donne un vin d'une couleur intense et un nez de fruits mûrs, de fumée et parfois d'épices douces et sensuelles. Quand les rendements sont raisonnables, tanins, matière et longueur sont au rendez-vous.

Syrah (10 %)

Les chiffres montrent bien comment ce cépage très prisé de par le monde s'est fait une place privilégiée sous le soleil sud-africain. Dénommée syrah ou shiraz, cette variété livre toute son expression dans des vins juteux, généreux et aux réminiscences épicées, comme dans la vallée du Rhône, mais aussi et surtout comme en Australie. Sur le terrain, j'ai souvent été épaté par les résultats que peut donner cette variété, d'autant plus qu'elle fait bon ménage avec les autres, et notamment avec le viognier (en référence au Côte-Rôtie).

Pinotage (6 %)

Voilà un cépage original propre à l'Afrique du Sud, créé en 1925 et issu du croisement de pinot noir et de cinsault. Curieusement, ce dernier était appelé à tort hermitage, ce qui explique le nom de cet hybride. Il a été longtemps à base de vins rouges rustiques assez foncés, fruités et aromatiques mais manquant parfois de gras et de matière. Quand on en déguste beaucoup sur le terrain, on constate que même chez les producteurs, ce cultivar est loin de faire l'unanimité. Aujourd'hui, plusieurs domaines proposent des vins de pinotage aux arômes puissants, avec en bouche beaucoup de rondeur et une grande personnalité, mais il est vrai qu'il existe plusieurs styles et qu'il n'est pas toujours agréable de tomber sur des vins fleurant le caoutchouc brûlé ou l'écurie…

Merlot (7 %)

Planté principalement dans les régions de Paarl et de Stellenbosch, ce cépage participe à des vins fruités aux tanins assez bien enrobés, qu'il soit vinifié seul ou en assemblage avec le cabernet sauvignon. Hélas, comme avec la plupart des autres cépages, et pour des raisons climatiques évidentes, les raisins sont très sucrés, procurant aux vins des degrés d'alcool trop élevés.

Cinsault (2,5 %)

Excellent cépage, fréquemment sous-estimé, que l'on retrouve dans le sud de la France, dans la vallée du Rhône et le Languedoc-Roussillon. En perte de vitesse (c'était auparavant l'une des principales variétés d'Afrique du Sud), le cinsault est trop souvent exploité en fort rendement, ce qui donne des vins moins colorés manquant de structure et d'équilibre.

Pinot noir (0,5 %)

Comme le chardonnay, le pinot noir a de plus en plus la cote dans les pays du Nouveau Monde. Une grande proportion est utilisée dans l'élaboration des vins effervescents Cape Classique. Il est habituellement planté, à cause des conditions climatiques, dans des vignobles qui subissent (positivement) l'influence des océans, comme c'est le cas, avec des résultats fort probants, dans la région d'Hermanus.

Mourvèdre

Même si les surfaces plantées sont aujourd'hui encore trop faibles pour figurer dans les statistiques fournies par le Sawis (SA Wine Industry Information & Systems), il semble bien que les plantations soient à la hausse et que de nombreux domaines parmi les leaders de la région du Cap, s'intéressent de près à ce cépage pour son intensité colorante et sa structure tannique, qui confèrent au vin un bon potentiel de garde.

On cultive aussi de plus en plus le cabernet franc, le malbec et le petit verdot, sans oublier le grenache noir, le gamay, le carignan, le nebbiolo et quelques cépages portugais (touriga nacional, souzao, tinta barocca). Le roobernet (croisement local entre le cabernet sauvignon et le pontac) et les Californiens zinfandel et ruby cabernet sont aussi cultivés.

Comme une nappe posée sur une table, les nuages coiffent souvent le plateau de Table Mountain.

TABLEAU RÉCAPITULATIF

ÉVOLUTION DES POURCENTAGES DE CHAQUE CÉPAGE PAR RAPPORT À LA SURFACE PLANTÉE

VARIÉTÉS	1999	2000	2001	2002	2003	2004	2005	2006
Chenin blanc	26,8	24,1	22,3	20,6	19,6	19,1	18,8	18,7
Colombard	12,6	12,2	11,8	11,4	11,2	11,2	11,3	11,4
Sauvignon blanc	5,7	5,7	6,1	6,7	6,9	6,9	7,5	8,2
Chardonnay	6,4	6,4	6,4	6,4	6,8	7,3	7,8	8,0
Hanepoot*	4,8	4,3	3,8	3,4	3,1	2,8	2,6	2,5
Cape riesling	3,0	2,3	1,9	1,6	1,4	1,2	1,1	1,0
Sémillon	1,1	1,1	1,1	1,0	1,0	1,0	1,1	1,1
Weisser riesling	0,7	0,6	0,4	0,4	0,3	0,3	0,3	0,2
Autres blancs	9,5	7,1	5,5	4,7	4,3	4,2	3,9	3,9
Total en blanc	70,6	63,8	59,3	56,2	54,6	54,0	54,4	55,0
Cabernet sauvignon	7,5	9,5	11,0	12,4	13,0	13,5	13,4	13,1
Syrah (shiraz)	3,6	6,0	7,6	8,4	8,7	9,4	9,5	9,6
Merlot	4,1	5,2	6,0	6,6	6,7	7,0	6,8	6,8
Pinotage	6,2	7,0	7,3	7,2	6,8	6,7	6,4	6,2
Cinsault	4,1	3,7	3,6	3,3	3,1	3,0	2,8	2,5
Ruby cabernet	1,6	2,1	2,4	2,5	2,5	2,6	2,6	2,5
Cabernet franc	0,3	0,6	0,6	0,8	0,9	0,9	1,0	1,0
Pinot noir	0,5	0,6	0,5	0,6	0,5	0,5	0,5	0,6
Autres rouges	1,5	1,5	1,7	2,0	3,2	2,4	2,6	2,7
Total en rouge	29,4	36,2	40,7	43,8	45,4	46,0	45,6	45,0
Total	100,0	100,0	100,0	100,0	100,0	100,0	100,0	100,0
Nombre total d'hectares	92 601	93 656	94 412	96 233	98 605	100 207	101 607	102 146
Sultana ** (ha)	11 578	11 910	11 919	11 765	11 595	11 392	10 983	10 571

* Autre nom pour le muscat d'Alexandrie.
** Pour les raisins secs et les raisins de table.

LES RÉGIONS VITICOLES

On a coutume de diviser le vignoble sud-africain en quatre grandes régions. Celles-ci, à leur tour, sont divisées en districts, et ces derniers comprennent très souvent des zones viticoles plus précises, que l'on appelle *ward* en anglais. Toutes ces divisions géographiques (par exemple : Coastal Region [région], Paarl [district] ou Constantia [*ward*]) constituent des appellations d'origine (WO). On pourra toujours se référer au tableau récapitulatif à la fin du chapitre pour avoir une vue d'ensemble de la division géographique viticole de ce pays. Il est important de comprendre que bien souvent une appellation régionale (comme Coastal Region) est plus connue et plus utilisée qu'une appellation de district (comme Tygerberg) et qu'une appellation de secteur viticole (comme Constantia) est plus revendiquée que l'appellation de district (comme Cape Point) à laquelle elle appartient.

Concentrés dans le sud-ouest du pays, les vignobles se déploient le long du littoral des océans Atlantique et Indien et les imposantes chaînes de montagnes qui dominent le paysage en font l'un des plus beaux panoramas viticoles du monde. Situées entre les 31e et 34e parallèles de l'hémisphère sud, les vignes bénéficient d'un climat de type méditerranéen. Les hivers sont doux et pluvieux et les étés, très chauds, profitent des vents rafraîchissants venus de la mer. Géologiquement, une bonne diversité de sols laisse entrevoir à l'avenir une diversification des types de vins : grès à l'ouest et roches granitiques à l'est ; schistes dans la région de Klein Karoo et coteaux cailloux et graveleux dans les vallées les plus cultivées. De ces quatre grandes régions viticoles, deux se distinguent : Breede River Valley, et autour du Cap, la plus connue et la plus réputée pour ses vins de qualité, Coastal Region.

COASTAL REGION
(région côtière)

La région littorale, appelée Coastal Region, est constituée d'une plaine étroite qui s'étend jusqu'au pied de la première chaîne de montagnes. Puisque près de la moitié du vignoble sud-africain s'y retrouve, Coastal Region représente l'appellation la plus courante en blanc, en rouge et en vin effervescent. Parmi ses sept districts et ses 16 secteurs viticoles qui sont autant d'appellations (ou WO), j'en présente 11, dont les quatre premiers sont renommés et se retrouvent régulièrement sur les étiquettes des vins de ce pays.

Constantia
(secteur viticole de Cape Point)

Berceau du vignoble sud-africain, Constantia jouit d'un écosystème viticole remarquable, aidé en cela par les montagnes et les brises fraîches provenant de la mer, et plus précisément de False Bay. Chardonnay, sauvignon et cabernet sauvignon sont parmi les meilleurs du pays. Dans un environnement exceptionnellement beau et certainement parmi les plus aisés de la région du Cap, Groot Constantia et Klein Constantia sont réputés pour leurs mythiques vins liquoreux à base de muscat. Le Vin de Constance, blanc, doux et onctueux, fort prisé en France et en Angleterre au XVIIIe et XIXe siècles, est issu d'un vignoble dont les premiers ceps ont été plantés par le gouverneur hollandais de l'époque dont l'épouse s'appelait Constance. On en profitera pour descendre vers le sud visiter la péninsule – en se rendant jusqu'à Cape Point, merveilleux poste d'observation sur l'océan –, le cap de Bonne-Espérance mythique et envoûtant, Boulder's Beach et sa colonie de manchots adorables, et Hout Bay et ses couchers de soleil à devenir poète sur le champ.

Stellenbosch
(district)

C'est probablement la zone viticole la plus connue du pays, encadrée au nord et à l'est par des montagnes imposantes, et au sud par l'océan qui joue un rôle régulateur appréciable, en plein été notamment, sur les arômes du raisin. Les vins blancs, habituellement secs, possèdent beaucoup de fruit et une bonne acidité. La qualité est là, surtout si l'on a fait preuve de mesure dans l'utilisation de la barrique. Quant aux rouges, ils ont beaucoup de fruit et de saveur et on retrouve souvent une belle harmonie dans le cabernet sauvignon. C'est ici que la grande société Bergkelder, qui commercialise les vins de plusieurs domaines dans diverses régions, élabore ses vins de cépage sous le nom de Fleur du Cap et Stellenryck, ainsi que des vins effervescents sous la marque J.-C. Le Roux (WO Coastal Region). La route des vins est la plus ancienne du pays et une attraction des plus populaires, et l'on ne manquera pas de visiter ces sites, tous aussi panoramiques et invitants les uns que les autres : Greater Simonsberg, Stellenbosch Mountain, Helderberg, Stellenbosch Hills and Bottelary Hills. Il est important de signaler que c'est à Stellenbosch, une jolie ville grouillante et dynamique d'environ 70 000 habitants, dont quelque 20 000 étudiants, que se trouve l'une des grandes universités du pays, où de nombreux œnologues sud-africains ont fait leurs classes. C'est aussi à Stellenbosch qu'a lieu le Michelangelo International Wine Awards, un grand concours de dégustation (de vins exclusivement sud-africains) auquel j'ai eu le plaisir de participer en tant que juré. Je vous conseille cinq bons restaurants : D'Ouwe Werf, Tokara, Joostenberg Bistro, Wijnhuis et Lord Neethling (Neethlingshof Estate).

Le toit de chaume est fréquent dans la grande région du Cap.

Paarl
(district)

À 50 kilomètres au nord-est du Cap, Paarl est un district vinicole important en quantité mais aussi en qualité et l'un des fiefs de la culture afrikaner du pays. Les étés sont longs et chauds et les pluies sont assez fréquentes pour ne pratiquer l'irrigation que dans des circonstances exceptionnelles. Chardonnay, chenin blanc et sauvignon tirent bien leur épingle du jeu et cabernet sauvignon, shiraz et pinotage, dans des vignobles en altitude, donnent des résultats convaincants. À côté des domaines privés et des nombreuses coopératives, c'est ici que l'on trouve le siège social et l'immense complexe viticole de la KWV. Incontournable pour l'amateur de vin, Paarl n'a cependant pas le charme des villes voisines, Stellenbosch et Franschhoek. On y retrouve entre autres deux très bons établissements : Marc's restaurant & garden, et pour les plus fortunés, Grande Roche, un Relais & Châteaux.

Franschhoek Valley *(vallée de Franschhoek, secteur viticole du district de Paarl)*

Située à environ une vingtaine de kilomètres au sud-est de Paarl, c'est l'une des régions les plus petites et les plus pittoresques, où le français est à l'honneur même si on ne le pratique plus depuis belle lurette. C'est dans cette vallée entourée des hautes montagnes du Drakenstein que se sont installés, à la fin du XVIIe siècle, ces Français huguenots qui enseigneront leur savoir-faire en matière de viticulture, d'œnologie... et de cuisine. Franschhoek est très prisé des épicuriens du Cap et de la région parce qu'on y trouve une bonne concentration d'excellents restaurants, du moindre bistro au Relais & Châteaux, en passant par des établissements à la mode ou plus traditionnels. Voici cinq bonnes adresses : La Petite Ferme, Reuben's, Monneaux, Le Quartier Français et Haute Cabrière.

Juste avant d'arriver dans la vallée de Franschhoek.

Wellington
(secteur viticole du district de Paarl)

Wellington est peut-être plus connu pour ses nombreux pépiniéristes, qui profitent ici d'un climat idéal pour cette industrie importante.

Durbanville
(secteur viticole du district de Tygerberg)

Quatre domaines, dont Meerendal et Altygedacht, subsistent sur cette étroite bande de terre dans la banlieue nord du Cap et produisent des vins de pinotage et de shiraz de qualité.

Philadelphia
(secteur viticole du district de Tygerberg)

Nouveau secteur viticole situé au nord de Durbanville, celui-ci bénéficie aussi de l'influence rafraîchissante de l'océan Atlantique. Quelques vignobles en altitude profitent d'une température parfaite pour un lent mûrissement des raisins. Grâce à cela, cabernet sauvignon et merlot, seuls ou en assemblage, participent à des vins de qualité (*voir* Capaia p. 56).

Swartland
(district)

Ce district, au nord de Paarl et de Durbanville, est réputé pour la culture du blé et pour son vignoble qui suit le cours de la rivière Berg jusqu'à l'Atlantique. Le terroir profond est composé essentiellement d'argile, de schiste et de granit. On y produit des vins de liqueur et des rouges colorés et corsés.

Tulbagh
(district)

En venant du Swartland, Il suffit de passer la rivière Berg au nord de Paarl pour se retrouver dans cette région, suffisamment chaude et aride pour y pratiquer l'irrigation. Les vignobles fleurissent à côté des vergers et des champs de blé, et le secteur est caractérisé par l'écart extrême de températures entre le jour et la nuit. Une bonne quinzaine de *wineries* produisent de plus en plus de vins recherchés, notamment ceux à base de pinotage. Il faut prendre le temps de visiter la ville de Tulbagh, puisque celle-ci se vante de posséder 32 monuments nationaux. Tout un programme !

Darling
(district)

Cette récente zone de viticulture officiellement reconnue jouit d'une température favorable, à une heure environ de la ville du Cap. Le secteur de Groenekloof est renommé pour son sauvignon, et l'océan Atlantique y est pour quelque chose, climatiquement parlant. C'est aussi à Darling que l'on pourra, au printemps, assister au Floral Festival et admirer les milliers de fleurs sauvages dont le pays est à juste titre très fier. Parmi celles-ci, *romulea eximia, gazania perctinata* ou *spiloxene capensensis* éblouiront les fleuristes en herbe.

La WO BOBERG, installée en partie dans les districts de Paarl et de Tulbagh, est connue pour ses vins fortifiés.

BREEDE RIVER VALLEY REGION
(région de la vallée de la rivière Breede)

Cette région moins connue comprend trois districts : Robertson, Worcester et Swellendam. Les deux derniers sont de moyenne importance, en terme de qualité.

Robertson
(district)

Cette région située au cœur de Breede River Valley est protégée par les montagnes au nord comme au sud, et son terroir calcaire permet d'obtenir des vins de syrah et de chardonnay d'une certaine finesse, mais aussi des cuvées de sauvignon et de cabernet sauvignon non négligeables. J'ai été assez impressionné par ce coin de pays où l'on trouve aujourd'hui une quarantaine de fermes viticoles, dont certaines se démarquent de toute évidence (*voir* Robertson Winery, De Wetshof, Bon Courage et plus particulièrement Springfield Estate).

Worcester
(district)

Dans cette région située directement à l'est de Paarl, beaucoup de brandy mais aussi des vins de sauvignon, de chenin blanc, de colombard, de pinotage et de cabernet sauvignon sont produits par de nombreuses caves coopératives. Ce district est le plus important du pays, en terme de surface plantée (20 % de la surface totale) et de production (27 % du volume total, vins et spiritueux confondus).

Swellendam
(district)

Volume et qualité moyenne caractérisent les vins produits principalement par des caves coopératives dans cette zone qui se situe dans le prolongement du Robertson District, de chaque côté de la rivière Breede.

KLEIN KAROO REGION
(région)

De Montagu à Oudtshoorn, parallèle à l'océan Indien, Klein Karoo, ou en anglais Little Karoo Region, s'étire sur toute sa longueur et fournit une grande quantité de chenin blanc et de vins de dessert. Cette région semi-aride avec des précipitations minimes (200 mm de pluie par année), est connue pour ses vins fortifiés de style porto, notamment dans le district de Calitzdorp où l'on cultive les variétés tinta barocca et touriga nacional, bien connues dans la vallée du Douro, au Portugal.

OLIFANTS RIVER REGION
(région de la rivière Olifants)

Après leur départ, les éléphants ont donné leur nom à cette région située au nord-ouest du pays, et qui s'étire du nord au sud, de chaque côté de la rivière Olifants. On commence à y produire des vins d'une certaine qualité, et cela à prix raisonnables, malgré une rigueur climatique indéniable. Les étés sont chauds et très secs et si l'irrigation est presque indispensable, la culture de la vigne en pergola est incontournable.

AUTRES RÉGIONS À DÉCOUVRIR

Overberg
(district du sud)

Au sud de Paarl et de Stellenbosch, le vignoble bénéficie de bonnes conditions climatiques (maturité tardive du raisin), et son sol de schiste conviendrait au chardonnay, au sauvignon, au shiraz et au pinot noir. Le secteur d'Elgin, est aussi connu pour ses vergers et ses pommes de qualité.

Walker Bay
(district du sud)

Pas très loin de la ville côtière d'Hermanus, chardonnay et pinot noir profitent d'un climat frais et d'un terroir idéal pour donner des vins fruités et agréables. Outre les baleines qu'il est possible d'admirer, notamment en août et en septembre, quelques domaines se font remarquer pour leurs vins d'une grande fraîcheur et d'une certaine finesse (*voir* Bouchard Finlayson et Hamilton Russel p. 49 et 86).

Chez Bouchard Finlayson, des rosiers sont plantés au bout des rangs de vignes, comme dans le Médoc, en France.

Cape Agulhas

(district du sud)

La plupart des vignobles sont situés dans la pointe la plus au sud du pays, autour de Cape Agulhas, dans le secteur d'Elim, là où l'océan Atlantique et l'océan Indien se rencontrent. On visitera le pittoresque village fondé en 1824, et on en profitera pour déguster les vins de l'endroit issus principalement du sauvignon blanc, du sémillon et du shiraz.

Piketberg

(district du nord)

Au nord de Tulbagh, Piketberg est un district où l'on doit irriguer en raison de la sécheresse et des faibles pluies. On y produit des vins fortifiés.

Lower Orange

(secteur viticole du nord)

Ce vignoble, situé le plus au nord du Cap, à proximité de la rivière Orange, est le quatrième plus grand secteur. On y cultive des raisins secs, du muscat d'Alexandrie pour élaborer des vins de dessert et d'autres cépages destinés à la distillation.

Vrede Farm à côté de Stellenbosch.

TABLEAU RÉCAPITULATIF

PAR ZONE VITICOLE POUR 2006 *(excluant le sultana)*

Zone viticole	Surface en hectares	% du total d'hectares
Worcester	20 200	19,7
Paarl	17 733	17,3
Stellenbosch	17 358	17,0
Malmesbury	15 200	14,8
Robertson	13 603	13,2
Olifants River	9 890	9,6
Orange River	5 160	5,5
Klein Karoo (Little Karoo)	3 002	2,9
Total	**102 146**	**100,00**

TABLEAU RÉCAPITULATIF

Régions	Districts	Secteurs viticoles (*Wards*)	Principaux producteurs
BREEDE RIVER VALLEY	ROBERTSON	Agterkliphoogte Bonnievale Boesmansrivier Eilandia Hoopsrivier Klaasvoogds Le Chasseur McGregor Vinkrivier	Bon Courage, Cloverfield, De Wetshof, Rietvallei, Graham Beck, Robertson winery, Springfield, Viljoensdrift, Zandvlivet
	WORCESTER	Aan-de-Doorns Goudini Nuy Scherpenheuvel Slanghoek	Aan-de-Doorns Goudini Bergsig
	SWELLENDAM	Buffeljags Stormsvlei	Slanghoek

Régions	Districts	Secteurs viticoles *(Wards)*	Principaux producteurs
COASTAL	CAPE POINT	Constantia	Buitenverwachting, Steenberg, Constantia Uitsig, Constantia Glen, Groot Constantia, Klein Constantia
	DARLING	Groenekloof	Darling Cellars, Groote Post
	PAARL*	Franschhoek Valley Wellington Simonsberg-Paarl Voor Paardeberg	L'Ormarins, La Motte, Cabrière, Franschhoek Vineyards, Laborie, Cape Chamonix, KWV, Joostenberg, Boschendal, Backsberg, Glenwood, Diemersfontein, Boekenhoutskloof, Haut Espoir, Rupert & Rothschild, Nederburg, Dieu Donné, Perdeberg, Graham Beck, Villiera, Fairview, La Petite Ferme, Stony Brook, Scali, Glen Carlou, Plaisir de Merle
	TYGERBERG	Durbanville Philadelphia	Altygedacht, Meerendal, Nitida, Diemersdal, Durbanville Hills, Capaia, Havanna Hills, Bloemendal
	STELLENBOSCH	Jonkershoek Valley Papegaaiberg Simonsberg-Stellenbosch Bottelary Devon Valley Banghoek	Asara, Bellevue, De Trafford, Uitkyk, Kanonkop, Simonsig, Neethlingshof, Bergkelder, Jordan, Dornier, Muratie, Le Bonheur, Meerlust, Beyerskloof, Rust & Vrede, Middelvlei, Warwick, Delheim, Morgenster, Kaapzicht, Clos Malverne, L'Avenir, Ernie Els, Mulderbosch, Morgenhof, De Toren, Eikendal, Rustenberg, Kleine Zalze, Ken Forrester, Laibach, Lanzerac, Remhoogte, Tokara, Cordoba, Mooiplaas, Vergelegen, Waterford
	SWARTLAND	Malmesbury Riebeekberg	Allesverloren, Kloovenburg, Lammershoek
	TULBAGH*	Tradouw	Lemberg, Theuniskraal, Twee Jongegezellen

Régions	Districts	Secteurs viticoles *(Wards)*	Principaux producteurs
OLIFANTS RIVER	CITRUSDAL MOUNTAIN	Piekenierskloof Bamboes Bay	Citrusdal, Vredendal, Cederberg
	CITRUSDAL VALLEY LUTZVILLE VALLEY	Koekenaap Spruitdrift Vredendal	
NORTHERN CAPE	DOUGLAS	Hartswater Lower Orange Rietrivier (FS)	Douglas Cellar
	PIKETBERG		
WESTERN CAPE	OVERBERG	Elgin Klein River	Beaumont, Oak Valley, Paul Cluver, Thandi
	CAPE AGULHAS	Elim	Agulhas, Zoetendal
	WALKER BAY	Cederberg Ceres Herbertsdale Prince Albert Valley Ruiterbosch Swartberg	Bouchard Finlayson, Hamilton Russel, Hemelzicht, Springfontein, Sumaridge, Raka, Whale Haven
KLEIN KAROO (Little Karoo)	CALITZDORP	Montagu Tradouw Upper Langkloof Outeniqua	Axe Hill, Calitzdorp, Boplaas

* L'appellation BOBERG est utilisée pour les vins fortifiés de Paarl et de Tulbagh.

LES MAISONS

Je présente les maisons sud-africaines dans l'ordre alphabétique, tout en indiquant les régions viticoles auxquelles elles sont rattachées, ainsi que la ville où elles sont installées. Un peu comme dans d'autres pays du Nouveau Monde, si des producteurs sont identifiés à un vignoble en particulier, ce qui est le plus souvent le cas dans ce pays, d'autres peuvent produire des vins de plusieurs régions.

Les structures de production

Malgré les difficultés rencontrées par les producteurs de vin en Afrique du Sud, de nouvelles *wineries* continuent de s'implanter à un rythme effarant. C'est ce que révèle la nouvelle édition du fameux *John Platter Guide*, véritable bible de la filière viticole qui recense chaque année l'ensemble des caves du pays et leurs différentes cuvées. 72 nouveaux établissements ont fait leur apparition dans le guide 2006 contre 57 l'année précédente. Les nouveaux arrivants créent généralement des maisons de plus petite taille, détenues soit par des propriétaires de vignobles qui décident d'élaborer leurs vins, soit par des passionnés, hommes d'affaires ou professionnels, qui se lancent dans l'aventure. Un tiers d'entre eux sont des *winemakers* qui se diversifient en créant leur propre gamme de vins. La production continue de croître de façon exponentielle avec 500 nouvelles cuvées recensées cette année, ce qui devrait placer le pays au huitième rang mondial prochainement. Ce développement n'est pas uniquement dû aux nouvelles implantations: les fermes déjà bien établies diversifient aussi leurs gammes et lancent de nouveaux produits.

Le prix des vins

Contrairement à ce que l'on retrouve en Australie et en Nouvelle-Zélande, le prix des vins sud-africains est moins élevé au pays qu'à l'exportation, notamment pour ceux de basse et moyenne gamme. Je mentionne pour de nombreuses maisons des prix spécifiques à une cuvée, ou une fourchette de prix à titre indicatif, en dollars canadiens.

Note: Je ne précise pas le mot «mont» ou «montagne» lorsqu'il s'agit d'un massif dont le nom se termine par «berg», puisque ce suffixe signifie justement «mont» ou «montagne».

La plupart des photographies présentées dans ce chapitre sont de Julie Orhon.

BERGKELDER

STELLENBOSCH | **Coastal Region**
(Stellenbosch)

La société Bergkelder (en français *la cave dans la montagne*), a été construite en 1968, et est l'une des plus développées de l'hémisphère sud. Elle est installée sur les pentes raides du Papegaaiberg. D'après la légende, ce massif fut ainsi nommé après qu'un pigeon d'argile (*papegaai* en hollandais) fut tué pour souligner l'anniversaire du gouverneur Simon Van der Stel, à la fin des années 1700. Bergkelder, qui appartient aujourd'hui au groupe Distell, fait figure de chef de file dans le pays. Elle s'est notamment distinguée par ses importantes innovations dans l'industrie du vin sud-africain, en encourageant les producteurs à planter les variétés qui font le succès viticole d'aujourd'hui. En 1979, Bergkelder a été l'une des premières maisons à utiliser le chêne français pour l'élevage des vins, pratique aujourd'hui couramment répandue. En 1998, elle a lancé sa ligne de vins non filtrés, Fleur du Cap, marque célèbre dans le monde.

> En 1979, Bergkelder a été l'une des premières maisons à utiliser le chêne français pour l'élevage des vins, pratique aujourd'hui couramment répandue.

Paysage de Stellenbosch.

Les vins

Fleur du Cap se décline donc en deux gammes. La première, **Standard,** propose de nombreuses cuvées, mais c'est indéniablement le **chenin blanc,** fruité et minéral, qui se distingue malgré un haut degré d'alcool, ainsi que le **riesling,** excellente vendange tardive, et le **cabernet sauvignon,** fruité, juteux, plutôt souple et, ce qui n'est pas négligeable, très abordable. Dans la gamme **Unfiltered Collection,** pas moins de huit vins nous sont proposés. Parmi les blancs, le **chardonnay** est d'une bonne facture, mais les deux cuvées de **sauvignon** semblent dérangées par un taux d'alcool élevé. Le **viognier,** petit nouveau, ne fait pas non plus dans la dentelle, avec presque 15 % d'alcool. **Cabernet sauvignon** et **merlot** s'en tirent mieux avec de la concentration, beaucoup de petits fruits noirs bien mûrs, et des tanins présents, mais bien enrobés. (Entre 15 et 35 $.)

BEYERSKLOOF

STELLENBOSCH | **Coastal Region**
(Koelenhof)

Beyerskloof se trouve au cœur du vignoble de Stellenbosch, et de ses vignes soigneusement entretenues proviennent des vins, il faut bien l'avouer, d'une certaine classe. Que ce soit en blanc ou en rouge, ils sont produits en petite quantité, ce qui n'est pas pour me déplaire, et j'ai pu constater sur le terrain que Beyerskloof est devenu synonyme d'excellence. Le propriétaire, Beyers Truter, qui a bâti sa réputation chez Kanonkop dans les années 1980, a terminé ses études à l'université de

Au pied des montagnes de Franschhoek.

Stellenbosch en 1978, et a beaucoup voyagé dans les deux hémisphères. Depuis ses débuts timides en 1989, trois personnes partageant sa vision l'ont aidé à transformer son projet en réalité. Ils ont exploré la région du Cap et ont trouvé une ferme parfaitement située dans le secteur de Koelenhof. Celle-ci avait appartenu à la famille Beyers pendant cinq générations, jusqu'à ce que Jan Andries Beyers la vende en 1895. Beyers Truter est donc un descendant direct (du côté de sa mère) de Jan Marthinus Beyers, qui a possédé la ferme en 1849. On comprend qu'il fut aisé de trouver un nouveau nom à la propriété, *beyerskloof* signifiant *vallée boisée*. Doté d'un certain sens de l'humour, le propriétaire dit de ses vins : « Beyerskloof est un jus extrait de langues de femmes et de cœurs de lions. Après en avoir bu une quantité suffisante, on peut parler à jamais et même combattre le diable ».

« Beyerskloof est un jus extrait de langues de femmes et de cœurs de lions. Après en avoir bu une quantité suffisante, on peut parler à jamais et même combattre le diable ».

Les vins

Le **pinotage** possède un très joli nez et beaucoup de fruit en bouche. Vin de soif plus que vin de garde, ses notes de cuir en rétro-olfaction lui donnent une certaine personnalité. Le **pinotage Reserve** est beaucoup plus complexe, plus riche, avec encore une pointe de cuir mais aussi de belles fragrances épicées. Enfin, le **Synergy** de trois ans m'a épaté, avec son nez empyreumatique et ses parfums sensuels d'épices douces. Élaboré avec le cabernet sauvignon (57 %), le pinotage (38 %) et le merlot, il est toujours d'une grande jeunesse, plutôt charpenté, mais le boisé est déjà fondu. Une très belle découverte ! (Entre 20 et 35 $.)

BOEKENHOUTSKLOOF

FRANSCHHOEK VALLEY | **Coastal Region**
(Franschhoek)

On retiendra plus facilement la marque Porcupine Ridge, joliment illustrée sur l'étiquette, que le nom même du domaine. Fondée en 1776, Boekenhoutskloof est l'une des plus anciennes fermes de Franschhoek Valley et un domaine réputé en Afrique du Sud. C'est en 1994 que Marc Kent, le septième associé, a rejoint Boekenhoutskloof. Il va souvent en France d'où il a rapporté ses techniques et sa philosophie de vinificateur. Gastronome averti, il est associé avec Reuben Riffel dans l'un des restaurants les plus en vue de Franschhoek, Reuben's, où j'ai vécu l'une des bonnes expériences culinaires de mon voyage. C'est avec la première syrah, en 1997, que Boekenhoutskloof a attiré l'attention, devenant en quelque sorte une référence pour ce cépage. Il faut dire que Rudiger Gretschel, le *winemaker*, ne badine jamais avec le raisin et est peu enclin aux compromis. Il sait où il s'en va et élabore certaines cuvées qui m'ont littéralement enthousiasmé.

Les vins

Boekenhoutskloof a le mérite de ne pas élaborer trop de cuvées différentes. Dans la gamme **Porcupine**, le **sauvignon**, très léger, offre de petites notes végétales au nez et citronnées en bouche. Léger, fruité et court, le **sémillon** m'a paru plus intéressant, avec de la rondeur et du gras, des notes de noisette et une bonne longueur. La **syrah** est, quant à elle, très expressive, avec une pointe de poivre blanc. Très compacte, aux tanins serrés, elle est dotée d'une forte acidité. On dégustera aussi un vin d'assemblage, le **Wolfstrap**, élaboré avec syrah, cinsault, mourvèdre et une touche de viognier. Un vin assez simple et un peu rude qui offre plus d'intérêt au nez qu'en bouche. (Entre 14 et 20 $.)

On devinera aisément les parfums de cacao dans le Chocolate Block, un assemblage dans lequel la syrah et le grenache dominent.

Boekenhootskloof est l'une des plus anciennes fermes de la vallée et un domaine réputé.

Dans la gamme **Classique,** le **cabernet sauvignon,** associé à 10% de cabernet franc, est élevé 27 mois en barriques (chêne français seulement). C'est un vin d'une grande élégance aux tanins bien enrobés. La **syrah,** issue de vieux plants poussant sur un sol de granit décomposé de la région de Wellington, m'a vivement impressionné, avec un fruit très mûr, des notes d'épices, des tanins fins et une longueur surprenante. Enfin, on devinera aisément les parfums de cacao dans le **Chocolate Block,** un assemblage dans lequel la syrah et le grenache dominent. Cabernet sauvignon, cinsault et un peu de viognier complètent la palette, apportant une certaine élégance à ce vin robuste, capiteux, très fruité et aux saveurs poivrées. (Entre 18 et 35 $.)

Afrique du Sud

BON COURAGE

ROBERTSON | Breede River Valley
(Robertson)

Depuis 1818, le domaine Bon courage, au nom si évocateur, se trouve là où la rivière Klaas Voogds rejoint la rivière Breede, à neuf kilomètres de Robertson, sur la pittoresque route de Bonnievale. Moins connue que ses voisines du sud, la région de Robertson est réputée pour ses vins d'une grande profondeur et d'une certaine concentration, et cela est dû en partie au sol riche en argile et aux conditions climatiques qui prévalent dans cette région.

Une partie de la ferme Goedemoed a été acquise en 1927 par le patriarche Willie Bruwer. Son fils André, l'actuel propriétaire,

> Moins connue que ses voisines du sud, la région de Robertson est réputée pour ses vins d'une grande profondeur et d'une certaine concentration.

Les Bruwer sont restés attachés à la culture française, et ils ne manquent pas de courage.

a ensuite suivi ses traces, après l'obtention de son diplôme universitaire. Après la modernisation de la cave en 1974, André a agrandi la propriété en achetant une ferme voisine, en 1983, qu'il a rebaptisée du joli nom de Bon Courage. Il faut dire qu'il n'en manque pas. En 1990, son fils Jacques s'est joint à lui, achetant une autre ferme, pour porter la surface du domaine à 175 hectares. Comme son père, Jacques Bruwer a étudié l'œnologie et l'horticulture à l'université agricole Elsenburg à Stellenbosch. À l'issue d'une bonne feuille de route, tant en France qu'en Allemagne, il s'est joint à son père et a grandement influencé celui-ci dans l'intégration de nouvelles technologies. Fort occupé à surveiller l'embouteillage lors de ma visite au domaine, Jacques s'était assuré de faire hisser le drapeau canadien et m'avait préparé toute une dégustation. C'est peut-être là où le bat blesse car il est facile de se perdre dans cette pléthore de cuvées qui vont du Cape Classique au soi-disant porto, en passant par tous les cépages qu'il est possible de vinifier dans le pays.

Les vins

Trop d'étiquettes à mon goût chez ce producteur aussi sympathique que prolifique. Cependant, je retiens son **Cape Classique Jacques Bruère,** un brut équilibré au niveau du dosage, élaboré comme en Champagne avec 60 % de pinot noir et 40 % de chardonnay, et gardé trois ans sur ses lies avant dégorgement. Parmi les blancs secs, le boisé du **chardonnay,** malgré la matière, m'a semblé mal intégré, alors que le **sauvignon** s'est montré d'une grande fraîcheur, très sec et expressif, avec des notes d'agrumes légèrement végétales. En rouge, les cuvées les plus intéressantes portent la marque **Inkara**: des robes foncées, beaucoup de fruit, de la structure, des tanins mûrs et très bien enrobés, avec beaucoup d'élégance dans le **cabernet sauvignon** et des notes vanillées et de douces épices dans la **syrah**. (Entre 18 et 25 $.)

BOSCHENDAL

PAARL | Coastal Region
(Groot Drakenstein)

Avec l'architecture typique des bâtiments collés à la montagne, on sent tout de suite l'influence des huguenots, arrivés en 1685, dans cet environnement magnifique fidèle à l'image que l'on se fait de ce coin du monde. Nous sommes entre les monts Groot Drakenstein et Simonsberg, pas très loin de Paarl, de Franschhoek et de Stellenbosch. Sur une longueur de six kilomètres, 19 entités viticoles pour une surface totale d'environ 250 hectares, constituent l'une des propriétés dominantes de la région. La corporation anglo-américaine Stellenbosch, qui en a repris les rênes en 1969, cultive les cépages habituels et a revu toute sa structure de vinification, pour cueillir, en 2004, le titre de domaine le plus réputé du pays.

Une jolie maison au pied d'arbres majestueux.

Les vins

Boschendal propose beaucoup de cuvées (environ une vingtaine) et garde, malgré l'importance de l'entreprise, un niveau de qualité assez élevé. J'aime bien leur **sauvignon Reserve Collection**, particulièrement typé et plutôt riche en matière fruitée. L'assemblage **shiraz/cabernet sauvignon** de la **gamme 1685** possède une belle expression. La syrah apporte des notes d'épices et le cabernet sauvignon se charge de la structure et de l'élégance. Quant au **shiraz Reserve Collection**, il se démarque des autres vins par une expression très pure, de la matière et un équilibre entre les tanins, l'acidité et le moelleux. **The Pavillion** est l'entrée de gamme, mais on se fera particulièrement plaisir avec le **sauvignon** et le **shiraz**, qui porte la signature haut de gamme **Cecil John Reserve**. (Entre 16 et 30 $.)

> Boschendal propose beaucoup de cuvées et garde, malgré l'importance de l'entreprise, un niveau de qualité assez élevé.

BOUCHARD FINLAYSON

WALKER BAY • **OVERBERG** | **Western Cape**
(Hermanus)

Transportez votre imagination au point le plus au sud de l'Afrique, dans une vallée nommée Hemel-en-Aarde, blottie entre ciel et terre au milieu de vieilles montagnes. C'est ici que le domaine Bouchard Finlayson, consacré à l'élaboration de pinot noir, de chardonnay et de sauvignon blanc, s'est installé en 1989.

La propriété de 130 hectares, dont une vingtaine consacrés à la vigne, se trouve à environ une heure et demie du Cap, dans la région de Walker Bay. Il s'agit très certainement de la plus importante dans cette vallée cernée par le mont Galpin (810 mètres) et la Tour de Babel, à 1200 mètres. Les conditions climatiques, influencées par la proximité de l'océan, favorisent là aussi la culture de cépages nobles, dont le pinot noir, qui s'adapte parfaitement au terroir de schiste et d'argile. Il y a aussi le sauvignon blanc et le chardonnay qui sont plantés sur des sols plus profonds. Les pratiques viticoles sont basées sur le principe bourguignon, avec de fortes densités de plantations et des petits rendements. Ici, on fait tout à la main, sous la supervision de Peter Finlayson, directeur général et propriétaire, diplômé en œnologie de l'université de Stellenbosch et francophile, ce qui n'est pas pour me déplaire. Il a commencé ses études en 1975 à Geisenheim en Allemagne et a fait de nombreux voyages en Bourgogne, notamment, où il a tissé des liens d'amitié avec des gens comme Paul Bouchard. Hermanus est connu des touristes pour l'observation des baleines, mais celles-ci, quoi qu'on en dise, ne sont pas toujours au rendez-vous. Faites comme moi et profitez-en pour passer plus de temps à la cave !

> Ici, on fait tout à la main, sous la supervision de Peter Finlayson, directeur général et propriétaire.

On se croirait presque en Bourgogne...

Les vins

J'ai pris un certain plaisir à déguster toute la gamme offerte par cette cave, qui fait un travail d'orfèvre et produit des vins s'exprimant avec classe et distinction. Le premier blanc, répondant au joli nom de **Blanc de Mer,** est un judicieux assemblage de viognier (près de 40 %), de sauvignon et de riesling, avec un peu de pinot blanc et de chardonnay. D'une grande netteté, il est sec et vif, et offre des arômes d'agrumes et des saveurs de pêche et d'abricot. Le **sauvignon blanc** est très fin, délicat, floral et plein de vivacité. Avec ses saveurs d'agrumes et sa finale très légèrement amère, il se présente comme un excellent apéritif. Le **chardonnay Sans Barrique** (c'est son nom!) de l'appellation Overberg et provenant de vignes non irriguées, représente à mes yeux ce qui peut se faire de très bon en Afrique du Sud : beaucoup de fruit, de la matière, mais aussi de la souplesse et de l'élégance ! De la même appellation, le **chardonnay Crocodile's Lair** est fermenté et élevé en barriques (chêne français) pendant huit mois. Le bois y est encore présent et j'ai

Le premier blanc répondant au joli nom de Blanc de Mer est d'une grande netteté. Il est sec et vif, et offre des arômes d'agrumes et des saveurs de pêche et d'abricot.

Travail à l'ancienne pour le pinot et le chardonnay.

> L'excellent pinot noir Galpin Peak m'a tout simplement épaté. Le nez de fruit mûr est magnifique et les tanins sont soyeux.

constaté une petite carence en acidité. Par contre, le **chardonnay Missionvale** du domaine m'a séduit avec ses notes de pain grillé, sa structure, son fruit et sa rondeur. À vrai dire, j'ai trouvé du gras et de l'équilibre dans ce vin fermenté et élevé six mois en barriques, qui pourrait tenir tête à de grands vins blancs de la côte de Beaune (environ 20 $). Si le **Hannibal,** assemblage de sangiovese, de nebbiolo, de barbera, de shiraz, de mourvèdre et de pinot noir m'a bien plu par son côté fruité à boire maintenant, l'excellent **pinot noir Galpin Peak** m'a tout simplement épaté. Après 10 mois en barriques, le vin (âgé d'à peu près trois ans) se présente sous une très jolie robe d'un rouge moyennement soutenu. Le nez de fruit mûr est magnifique et les tanins sont soyeux. Il s'agit aussi d'un très bon rapport qualité-prix, comparé au **Tête de Cuvée,** un très beau **pinot noir** aux saveurs de prune, de cerise à l'eau-de-vie et d'épices qui se prolonge en bouche avec des tanins très soyeux, mais dont le prix hélas est en conséquence !

BUITENVERWACHTING

CONSTANTIA | Cape Point
(Constantia)

Buitenverwachting signifie *au-delà de l'espérance*, et cela résume bien ma visite de ce domaine chargé d'histoire. Tout d'abord, le paysage dans lequel la propriété est installée est tout simplement un écrin de beauté, sur cette route qui mène aussi à Klein Constantia. Nous sommes tout près du Cap sur les pentes du Constantiaberg, à 12 kilomètres de False Bay. À l'origine, Buitenverwachting faisait partie de Groot Constantia. Après bien des fortunes au cours des siècles, elle a été acquise par la famille Mueller, qui a redonné au domaine ses lettres de noblesse, tant du point de vue viticole qu'historique. Non sans humour, Hermann Kirschbaum, le *winemaker*, nous a fait faire le tour de la cave, pipette à la main, pour goûter les jeunes vins encore en cuve, avant de passer en revue plusieurs vins en bouteille. La journée s'est terminée au restaurant, établissement classique et cossu à la fois, bien connu des gens du Cap. Au menu, un tartare de saumon exquis, un mesclun avec fromage de chèvre et des médaillons de springbok servis en portions très généreuses, avant de terminer avec une tarte à la mangue.

> Nous sommes tout près du Cap sur les pentes du Constantiaberg, à 12 kilomètres de False Bay.

Les jardins du domaine.

Les vins

Une bonne partie des vins m'a plutôt enthousiasmé. Le **Blanc de noir,** en dépit de sa dénomination, est un **rosé** sec très fruité – c'est ainsi en Afrique du Sud –, aux saveurs de grenadine, élaboré avec les cépages bordelais. Le **sauvignon blanc** brille par sa netteté et sa longueur. J'ai été surpris par le **riesling,** assez aromatique et très agréable – on sent là l'influence allemande – et plus encore par le **chenin blanc,** au joli nez de tilleul, avec en bouche du fruit et de la matière. Parmi les rouges, le **cabernet sauvignon** m'a déçu à cause de son manque de chair et de structure. Par contre, la cuvée **Christine,** assemblage à la bordelaise avec 40% de cabernet franc, est d'un grand équilibre malgré un taux d'alcool assez élevé, charnu et aux tanins mûrs et bien enrobés. Cette grande cuvée, qui se prolonge en bouche, est issue de petits rendements (36 hl/ha) et passe 22 mois en barriques de chêne français.

False Bay, envoûtante et intrigante!

CABRIÈRE

FRANSCHHOEK VALLEY | Coastal Region
(Franschhoek)

« Soleil, Sol, Vigne, Homme. » Voici l'essence de la philosophie du maître des lieux Achim von Arnim, inscrite sur un pilier muni d'un cadran solaire. Est-ce grâce à cette devise que je partage avec ce pionnier du vignoble sud-africain ? Toujours est-il que nous avons vite sympathisé et que je me suis retrouvé à ses côtés à sabrer quelques flacons de Pierre Jourdan. Le domaine remonte à 1694, lorsque le réfugié Français huguenot Pierre Jourdan s'y installa. Aujourd'hui, l'exubérant von Arnim, peintre et poète à ses heures, a fait des vins effervescents élaborés à partir de chardonnay et de pinot noir sa spécialité. Les deux cépages réussissent particulièrement bien sur les hauteurs de la propriété, et la cave est tout à fait adaptée à ce type de vins. 300 ans après l'octroi de la terre au sieur Jourdan, une nouvelle cave a été ouverte, la Haute Cabrière Mountain Cellar. Au restaurant du même nom, on célèbre avec beaucoup de joie et de succès la gastronomie de la région. J'ai eu le plaisir de savourer l'agneau de Klein Karoo, accompagné d'une sauce divine dont le chef a le secret. Pour escorter cette viande fine et délicate, les pinots noirs 1997 et 2000 ont joué merveilleusement le jeu de l'harmonie.

On nous propose sous cette marque le brut Sauvage, un effervescent délicat, idéal pour les diabétiques puisqu'il ne contient à peu près pas de sucre résiduel.

Au cœur de Franschhoek Valley.

Les vins

En 1982, le sympathique Achim von Arnim a nommé sa gamme de vins issus de la méthode traditionnelle du nom du fondateur de la propriété, Pierre Jourdan. C'est ainsi que l'on nous propose sous cette marque le **brut Sauvage,** un effervescent délicat, idéal pour les diabétiques puisqu'il ne contient à peu près pas de sucre résiduel. On peut aussi déguster un **brut traditionnel,** un **blanc de blancs,** un **rosé** joliment dénommé la **Cuvée Belle Rose** et enfin un vin blanc tranquille très original puisqu'il est composé de 65 % de chardonnay et de 35 % de pinot noir, pratique qui se fait rarement pour ce type de vin, même en Champagne. L'élégant **pinot noir** offre des arômes de cerise, typiques du cépage, et le **chardonnay,** élevé en fûts pendant 16 mois sur ses lies, est gras et en même temps étonnamment frais. (Entre 20 et 40 $.)

Le domaine remonte à 1694, lorsque le réfugié Français huguenot, Pierre Jourdan s'y installa.

Sabrer en duo avec le sympathique Achim von Arnim : un exercice périlleux !

CAPAIA

PHILADELPHIA | Tygerberg
(Philadelphia)

C'est à une trentaine de kilomètres au nord du Cap et à 10 kilomètres de l'océan que se trouve Capaia Wines, une magnifique propriété qui appartient à Ingrid et Alexander Baron von Essen. En fait, ce domaine est tout nouveau puisque c'est en 1997 que l'on a commencé les premières études de sols et c'est en l'an 2000 que l'on a planté les premières vignes, sous la supervision de Tibor Gal, sympathique œnologue hongrois. Malheureusement, ce vinificateur hors pair que j'ai eu la chance de rencontrer chez lui à Eger en 1998, a perdu la vie dans un accident de voiture le 11 février 2005 à Stellenbosch, pendant les vendanges. Dans les chais qui ont été construits en 2001 et en 2002, les vinifications se font à la bordelaise dans des foudres de bois mis au point par la tonnellerie cognaçaise Taransaud et ce, sous l'œil attentif et les conseils de Stephan Comte de Neipperg, heureux propriétaire du château Canon La Gaffelière à Saint-Émilion. Sauvignon, cabernet sauvignon, merlot, cabernet franc et petit verdot ont été plantés sur des sols à dominante schisteuse, pour un total d'environ 60 hectares, et l'on a procédé aux premières vendanges en février 2003. Mark van Buuren, le sympathique et talentueux *winemaker*, a roulé sa bosse et a même appris le français en Bourgogne et dans le Bordelais. Il travaille dans un environnement tout simplement remarquable et dans les meilleures conditions. Il est clair à Capaia qu'on ne fait pas de concessions, mettant tout en œuvre pour produire peu de vins mais des cuvées d'une grande qualité. Une valeur sûre, à n'en pas douter, du vignoble sud-africain.

> Il est clair à Capaia qu'on ne fait pas de concessions, mettant tout en œuvre pour produire peu de vins mais des cuvées d'une grande qualité. Une valeur sûre, à n'en pas douter, du vignoble sud-africain.

« Ouiller les barriques » signifie remplir de vin afin de compenser l'évaporation.

Les vins

Conformément aux principes d'un château du Bordelais, les vins sont issus exclusivement des vignes cultivées sur le domaine. Le grand cru de la propriété est **Capaia**, une cuvée élevée 15 mois en fûts neufs à partir de merlot (55 %), de cabernet sauvignon (34 %) et de petit verdot (11 %). Il s'agit là de l'assemblage du 2005, mais le cabernet franc peut aussi être utilisé. On trouve dans le verre un vin coloré et d'une bonne extraction, très élégant, expressif, avec des arômes et des saveurs d'épices, et des tanins très soyeux (environ 35 $). Plus simple, et sous la marque **Blue Grove Hill,** en référence au bleu des terres de schiste, le **sauvignon blanc,** sec, vif et rafraîchissant m'a semblé un peu mince. Par contre, le rouge, un assemblage de merlot (65 %) et de cabernets a beaucoup d'expression, du fruit et est très charmeur. Un bon exemple de l'usage pondéré et intelligent de la barrique en Afrique du Sud : huit mois seulement d'élevage avec des fûts de première, deuxième et troisième années pour un vin qui n'a pas au départ toute la matière et la concentration d'un jus qui mérite – et peut supporter – le bois neuf.

Pour une bonne conduite de la vigne, les ouvriers attachent celle-ci aux fils de fer préalablement tendus.

CLOS MALVERNE

STELLENBOSCH | Coastal Region
(Stellenbosch)

En 1969, Seymour Pritchard a acheté les 10 hectares de la ferme Malvern, dans Devon Valley, au colonel JW Billingham, qui l'avait baptisée ainsi en faisant référence au Malvern, jolie région de collines, de son Angleterre natale. Puis, une fois n'est pas coutume, le nom fut francisé en Clos Malverne.

En 1985, les propriétaires achetaient encore des raisins, mais depuis 1988, le domaine produit des vins de bonne qualité à partir de ses propres vignes. Ici, on travaille en famille, et aujourd'hui environ 75 % de leurs vins sont exportés au Royaume-Uni, en Irlande, en Hollande, en Suisse, en Australie, en Allemagne, aux États-Unis et au Canada. En 1997, la famille a embauché Ip Smith. Celui-ci a obtenu son diplôme d'agriculture, d'œnologie et de viticulture à l'université de Stellenbosch. Après deux vendanges dans le Swartland, il a travaillé trois ans chez Simonsig. Les affaires vont bien puisque la famille Pritchard a récemment acheté deux autres propriétés. Devon Valley possède un microclimat et, bien qu'elle soit peu profonde, reçoit les brumes du matin qui couvrent Stellenbosch pendant l'été. Cette fraîcheur naturelle favorise une maturité lente des raisins et donc une meilleure concentration des arômes. De plus, grâce au barrage Theewaterskloof, les vignes bénéficient d'une irrigation contrôlée comme sur la plupart des fermes avoisinantes.

À Stellenbosch, une petite église à l'architecture typique de l'endroit.

> Devon Valley possède un microclimat et, bien qu'elle soit peu profonde, reçoit les brumes du matin qui couvrent Stellenbosch pendant l'été. Cette fraîcheur naturelle favorise une maturité lente des raisins et donc une meilleure concentration des arômes.

Les vins

On sent dans le **sauvignon blanc** de jolies notes d'agrumes, notamment de pamplemousse rose, peut-être exacerbées par un peu de gaz carbonique résiduel. En bouche, de la matière fruitée et une finale très franche sont au rendez-vous dans ce vin bien équilibré d'une longueur étonnante. Le **pinotage Reserve** a passé 12 mois en fûts, dont 30 % d'origine américaine. Trois ans plus tard, il est d'une grande netteté, avec de beaux tanins encore un peu fermes, mais un fruit bien présent, faisant de ce vin l'une des belles expressions de ce cultivar typiquement sud-africain. J'ai particulièrement aimé l'assemblage **cabernet sauvignon** (75 %) et **syrah** : une cuvée très réussie offrant un nez magnifiquement expressif d'épices douces, de fruits rouges et de rhubarbe. Le vin est aussi structuré que charmeur, avec des tanins soyeux et bien enrobés. Un délice pour lequel le bois a été intelligemment utilisé (quatre mois seulement de vieillissement avant l'embouteillage). Enfin, le **Auret,** du nom de jeune fille de la mère de Seymour Pritchard, et baptisé ainsi en son honneur, est le vin porte-drapeau de la maison. Il s'agit d'un **Cape Blend,** autrement dit d'un assemblage de cabernet sauvignon (60 %), de pinotage (25 %) et de merlot (15 %). Il a passé 11 mois en fûts de chêne français exclusivement. Dans le verre, au-delà d'une robe très concentrée, on trouve un vin charnu et savoureux, avec au nez comme en bouche des parfums de cuir et d'épices. (Environ 16 $ pour l'entrée de gamme.)

Un sourire édenté mais sincère, comme on en voit souvent dans la région.

DARLING CELLARS

DARLING | Coastal Region
(Groenekloof)

Voici une autre coopérative créée au début des années 1950 et transformée, en 1996, en cave gérée par des intérêts privés. Nous sommes dans la région de Groenekloof, à environ une heure au nord du Cap et à 15 kilomètres du littoral, dans le district de Darling.

Une vingtaine de propriétaires cultivent des vignes sur une surface qui tourne autour de 1500 hectares, ce qui n'est pas rien. Les sols de la région sont profonds et granitiques, et le climat frais et tempéré de la côte Ouest n'oblige pas les vignerons à irriguer. On a beaucoup investi depuis les dernières années, tant à la vigne qu'à la cave, et tout se fait sous l'œil averti d'Abe Beukes, le directeur, qui a obtenu son diplôme d'agriculture à l'université de Stellenbosch. Avec actuellement 85 % de la production vendue à l'exportation, Darling Cellars talonne les grandes sociétés du Cap sur les marchés extérieurs.

Fin août : une petite neige de fin d'hiver vient de tomber sur le sommet des montagnes.

Les vins

Darling Cellars offre quatre gammes de vins : **Zantsi Africa** avec des vins doux sans grand intérêt, **Flamingo Bay** avec des vins simples, **DC** (**Darling Cellars**) en blanc comme en rouge, dont le **pinotage Block** et **merlot Six Tonner,** agréables et fruités. Enfin, dans la gamme **Onyx, cabernet sauvignon, syrah et pinotage** sont des vins très structurés, aux tanins bien mûrs et au fruité proche de la confiture, mais un peu trop alcoolisés à mon goût (environ 24 $). Par contre, le **Noble Late Harvest** est une très belle illustration de ce qui peut se faire de grand dans les vins liquoreux sud-africains à base de chenin blanc.

> Les sols de la région sont profonds et granitiques, et le climat frais et tempéré de la côte Ouest n'oblige pas les vignerons à irriguer.

L'Afrique du Sud est un véritable conservatoire naturel de fleurs de toute beauté.

DE TRAFFORD

STELLENBOSCH | Coastal Region
(Stellenbosch)

De Trafford est une propriété située au bout d'une jolie route un peu perdue, sur la ferme Mont Fleur, au sommet (à environ 390 mètres d'altitude) d'une vallée spectaculaire, entre Stellenbosch et le Helderberg. L'histoire de ce magnifique domaine commence avec l'achat de la propriété, en 1976, par la famille Trafford, alors qu'elle n'était qu'un pâturage inaccessible. Malheureusement, en raison de règles absurdes, il leur faudra attendre 18 ans pour exploiter un vignoble à vocation commerciale. En 1991, les restrictions levées, cabernet sauvignon, merlot et chenin blanc ont été plantés, complétés dernièrement par la syrah, le pinot noir et le cabernet franc. Avec les vins de De Trafford, on ne peut parler de production confidentielle, mais bien d'une approche limitative pour ne livrer que des cuvées de grande qualité. David Trafford, le maître des lieux, semble prendre la vie avec beaucoup de philosophie et de sérénité, et ne veut surtout pas tomber dans le piège de la quantité. J'avais particulièrement apprécié son pinot noir avant mon voyage et j'ai eu l'occasion de continuer l'exercice dans cette cave aussi modeste que son propriétaire. Avant de partir, après un verre de vin de paille, nous nous sommes rendus chez lui, au pied de la montagne qui semblait avoir été spécialement éclairée pour nous. Pour notre plus grand plaisir, aux prémices du crépuscule, une lumière jaune dorée a inondé le paysage, précédant un émouvant coucher de soleil sur Le Cap.

> David Trafford, le maître des lieux, semble prendre la vie avec beaucoup de philosophie et de sérénité, et ne veut surtout pas tomber dans le piège de la quantité.

Les vins

Ce fut certainement l'une des plus belles dégustations du voyage. Tout d'abord, le **chenin blanc,** fermenté en barriques et élevé pendant huit mois, a toute la concentration voulue pour prendre le 20 % de chêne neuf, mais aussi la richesse, la concentration et l'équilibre, malgré un degré d'alcool élevé (14, 5 %). Le **merlot,** moyennement aromatique, est très élégant et fruité, avec ses tanins mûrs. Le **cabernet sauvignon** (avec 10 % de merlot) est d'une grande finesse avec ses parfums épicés et ses saveurs aux fragrances de tabac. On a dans ce vin qui se prolonge de la structure, de la charpente et une certaine complexité. Entre les deux **shiraz** qui ont suivi, j'ai préféré sans hésiter celui qui a été élevé dans du bois d'origine français, le bois américain prenant un peu trop de place dans le **shiraz Blueprint.** En plus des notes d'épices et de poivre noir, j'ai aimé dans le deuxième la matière et la concentration, deux éléments qui n'empêchent pas une élégance certaine. Enfin, la cuvée **Elevation 393,** issue de cabernet sauvignon (42 %), de merlot (38 %), de syrah (17 %) et de cabernet franc, et élevée 24 mois dans des barriques de chêne neuf, est un vin d'une grande séduction. Charnu et d'une étonnante longueur, cet assemblage possède un équilibre entre l'acidité, le moelleux et les tanins serrés mais bien enrobés. (Entre 18 et 40 $.)

Des installations modestes pour élaborer des grands vins.

David Trafford, propriétaire et winemaker.

Une vive lumière de fin de journée inonde le domaine.

DE WETSHOF

ROBERTSON | Breede River Valley
(Robertson)

De 1693, année d'arrivée de la famille De Wet, à nos jours, ces pionniers hollandais sont passés par Le Cap et Franschhoek, avant de s'installer, au début du XIXe siècle, dans le secteur de Robertson, à l'est de Worcester. Les caves ne sont pas très nombreuses dans ce coin de pays (environ une quarantaine), mais celle-ci est incontournable, tant pour la qualité de ses vins que pour la personnalité de son propriétaire actuel, Danie De Wet, l'une des figures emblématiques du vignoble sud-africain.

En 1952, Oom Johann De Wet, le père de Danie, a acheté une partie de la ferme Goudmyn, qui couvre aujourd'hui une grande partie de la vallée. Le domaine De Wetshof propose une quantité de vins assez impressionnante. Je garde un agréable souvenir du lunch typiquement sud-africain que la maîtresse des lieux, Lesca De Wet, nous a offert dans la maison familiale. Le chardonnay Bateleur accompagnait gentiment le poisson et, pour escorter le filet de springbok et sa gelée de coing, le pinot noir Nature in Concert, avec ses parfums de petits fruits rouges et ses tanins soyeux, a joué intelligemment le jeu de l'harmonie.

> Pour escorter le filet de springbok et sa gelée de coing, le pinot noir Nature in Concert, avec ses parfums de petits fruits rouges et ses tanins soyeux, a joué intelligemment le jeu de l'harmonie.

Équipements de vinification ultramodernes.

Les vins

Sous l'étiquette De Wetshof, j'ai goûté à un **sauvignon** au nez typique de groseille et d'agrumes. Net au nez comme en bouche, il s'est montré rafraîchissant. Le **chardonnay Bon Vallon,** très floral, qui n'a pas vu le bois, est tout en équilibre. Disponible à l'exportation, la cuvée **Lesca** qui est d'une grande fraîcheur, est fermentée en barriques et élevée brièvement sous bois. Quant au **chardonnay D'honneur,** l'élevage est de quelques mois, mais là encore, on travaille avec prudence et parcimonie. L'autre **chardonnay,** le **Bateleur,** provient d'un sol graveleux et de petits rendements. Fermenté en barriques, il est élevé pendant 11 mois, ce qui lui donne du gras et une certaine complexité. Sous la marque Danie De Wet, le **chardonnay Limestone Hill** m'a beaucoup plu : des petits rendements, une concentration moyenne mais un vin tout en fruit qui ne voit pas le bois non plus. Il en résulte un vin friand, souple et d'une belle texture. Enfin, le **cabernet sauvignon Naissance** est un vin opulent et structuré, aux saveurs de fruits noirs qui, avec ses 14,5 % d'alcool, ne fait pas tout à fait dans la dentelle. (Entre 20 et 35 $.)

En Afrique du Sud, pour lutter contre l'érosion, notamment, la vigne est le plus souvent enherbée.

DIEMERSFONTEIN

PAARL | Wellington
(Wellington)

Diemersfontein appartient à la famille Sonnenberg depuis le début des années 1940. Ici aussi, la vue est imprenable, tant à l'intérieur qu'à l'extérieur de la propriété. Nous sommes à environ cinq kilomètres au nord de Paarl, à l'ombre des majestueux monts Hawaqua. Au centre du domaine se trouvent le manoir familial et des jardins d'une surprenante beauté. Conçus par Cecilia Sonnenberg, une actrice et productrice bien connue du Cap, ils offrent une abondance de fleurs, et plus particulièrement de roses et d'azalées. Les propriétaires ont su marier les arts avec le vin, dans cet environnement aménagé avec bon goût. Si Max Sonnenberg, cofondateur de Woolworth d'Afrique du Sud, a acheté la terre, son fils Richard (Dick) y a planté les premières vignes dans les années 1970. Aujourd'hui, David, le fils de Dick et Cecilia, dirige la propriété et voit à tous les détails aussi bien à la cave qu'au Diemersfontein Country Estate, auberge de qualité où le repos est assuré. Le pinotage est le porte-drapeau du domaine, mais en plus de tous les cépages classiques, on y trouve aussi de savoureux vins de viognier, de mourvèdre et de barbera.

Les vins

Deux gammes sont proposées par ce domaine : **Diemersfontein**, avec un savoureux **pinotage** aux saveurs de moka et aux tanins très mûrs, le **Heaven's Eye**, un assemblage corpulent et massif de cabernet sauvignon, de cabernet franc, de petit verdot et de syrah, et enfin le **Summer's Lease**, un vin de garde avec une dominante de syrah (77 %), de pinotage et un peu de mourvèdre. La gamme **Carpe Diem** n'est pas en reste, bien au contraire, avec là encore des vins rouges corpulents, ainsi qu'un **pinotage** aux notes « toastées » et à la charpente impressionnante qui se mérite régulièrement des trophées dans les grands concours de dégustation. (Entre 15 et 25 $.)

> Conçus par Cecilia Sonnenberg, une actrice et productrice bien connue du Cap, les jardins offrent une abondance de fleurs, et plus particulièrement de roses et d'azalées.

DIEU DONNÉ

FRANSCHHOEK VALLEY | Coastal Region
(Franschhoek)

Difficile de trouver un nom de domaine aussi original! Et quel spectacle! Cette petite ferme lovée au pied du Simonsberg dans Franschhoek Valley, offre au visiteur un splendide panorama. Doté d'un climat tempéré et d'un sol rocailleux majoritairement granitique, le domaine possède un terroir exceptionnel. Don de Dieu à n'en point douter, cet environnement réserve de belles surprises qui se reflètent dans le verre. Trois siècles après l'arrivée des premiers huguenots, la croix de Lorraine, devenue aujourd'hui le logo de la propriété, constitue le symbole de son histoire et de ses racines françaises. Avec un certain anticonformisme qui n'est pas pour me déplaire, le *winemaker* Stephan du Toit, élabore des vins savoureux à partir de faibles rendements. Diplômé de l'université Elsenburg, il a travaillé chez Nederburg et a roulé sa bosse en Californie, en Allemagne, en Autriche mais aussi au château Margaux à Bordeaux.

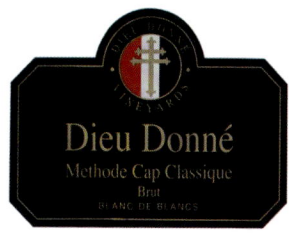

> Cette petite ferme est lovée au pied du Simonsberg dans Franschhoek Valley, offrant au visiteur un splendide panorama.

Les vins

Le **Cape Classique** méthode traditionnelle, est en fait un **blanc de blancs** issu exclusivement du chardonnay. Il m'a paru vif et quelque peu acidulé, malgré une fermentation et un élevage en barriques. Le **chardonnay,** quant à lui, fermenté en barriques et élevé 12 mois dans le chêne, dont la moitié en bois neuf, est très élégant avec ses parfums de miel et ses saveurs légèrement vanillées. La légère carence en acidité n'empêche pas d'en apprécier la texture et la rondeur. Le **merlot,** élevé 18 mois en fûts de chêne français, est savoureux et juteux à souhait. Son nez de mûre est charmeur, mais le degré d'alcool élevé nous invite à la retenue… Dans son infinie bonté, Dieu Donné élabore aussi un **sauvignon blanc,** un **chardonnay non boisé,** un **rosé,** un **pinotage,** une **syrah** et quelques assemblages à la bordelaise.

DISTELL

STELLENBOSCH | Coastal Region
(Stellenbosch)

Sans doute le plus important producteur et distributeur de vins du pays, le groupe Distell possède de nombreuses sociétés et une kyrielle de marques à donner le tournis aux œnophiles les mieux renseignés. Certains diront que la qualité de leurs vins est inversement proportionnelle à la grandeur de l'établissement qui, il faut l'avouer, est très imposante. Cela dit, il faut aborder cette réalité avec nuance, mais il semble en effet que les considérations commerciales priment dans les décisions de production. De toute façon, ce n'est pas sous le nom de Distell que les vins sont commercialisés mais sous le nom de marques et de maisons, dont plusieurs ont déjà fait leurs preuves sur les marchés internationaux. C'est pour cette raison que j'ai voulu accorder une place importante à la maison Bergkelder (*voir* p.40) qui produit le fameux **Fleur du Cap,** ainsi qu'à Nederburg (*voir* p.118), très connue pour son encan, l'un des plus importants dans le monde. Hormis ces deux caves, Distell produit et distribue entre autres African Sky, Cellar Cask, Château Libertas, Drostdy-Hof, Durbanville Hills, Obikwa, Oracle, Table Mountain, Two Oceans, Virginia et enfin Zonnebloem, qui fonctionne plutôt bien depuis de nombreuses années sur les marchés extérieurs.

De plus, le groupe préside aux destinées de Cape Legends, une compagnie qui distribue les vins de 11 domaines avec lesquels elle travaille étroitement, tant sur le plan viticole qu'œnologique. C'est ainsi que Distell est propriétaire de Plaisir de Merle (*voir* p.120), copropriétaire d'Alto, Hill & Dale, Le Bonheur (*voir* p.112), Neethlingshof (*voir* p.142), Stellenzicht et Uitkyk, et a des accords importants avec Allesverloren (*voir* p. 138), Jacobsdal, Theuniskraal et Tukulu.

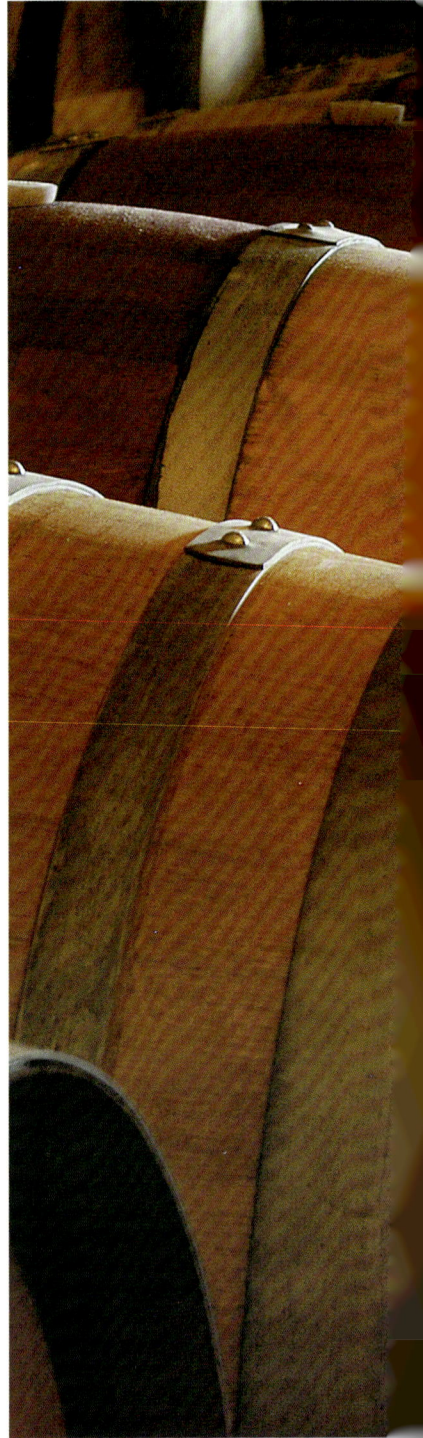

ERNIE ELS

Un magnifique chai à barriques.

STELLENBOSCH • WESTERN CAPE | Coastal Region
(Stellenbosch)

C'est fou comme le sport de haut niveau peut donner des ailes, surtout lorsqu'on a de l'argent... Parlez-en au champion de golf Ernie Els, qui a compris qu'il devrait peut-être un jour arpenter les vignes de son pays plus que tous les verts de la terre. En fait, il s'agit surtout d'une belle histoire d'amitié entre lui et son ami d'enfance Jean Engelbrecht, lui-même issu du milieu viticole sud-africain. Ainsi est né au début des années 2000, au pied du Helderberg, au sud de Stellenbosch, le vignoble de Jean et Ernie, réalisation d'un rêve dans lequel la passion et la recherche de la perfection se mêlent en harmonie. Il faut voir la cave, inaugurée en 2004, pour comprendre qu'on n'a pas lésiné sur la qualité. Tout est beau : de l'entrée de l'établissement où l'eau et la pierre se complètent merveilleusement, au salon où l'on vous reçoit dans le luxe et la simplicité, et même dans la cuverie où tout a été pensé pour traiter le raisin avec déférence, et dans le chai où les barriques sagement alignées ont été parées de leurs tapis aux couleurs rouge vin de Vittore Carpaccio. On dit d'Ernie Els qu'il est le *big easy* du golf international ; cela se ressent dans les cuvées élaborées par le *winemaker* Louis Strydom : des vins rouges massifs mais non dénués d'élégance.

La cave d'Ernie Els.

Ernie Els et Jean Engelbrecht.

Les vins

Vins de concept peut-être, mais à découvrir. Dans la gamme **Guardian Peak,** le **SMG,** pour syrah (54 %), mourvèdre (36 %) et grenache, est un vin joliment expressif d'une bonne fraîcheur, mais manquant de chair, probablement à cause du jeune âge des vignes. Dans la gamme **Cirrus,** le vin fait la part belle à la syrah, complétée par 6 % de viognier. Encore une fois, le vin est expressif, au nez comme en bouche. Dans la collection **Engelbrecht-Els,** le **Propietor's blend** illustre bien les préférences des deux propriétaires : Ernie aime le style bordelais et Jean les vins à base de syrah. C'est ainsi que cette dernière (23 %) fait bon ménage avec les cabernet, merlot, malbec et petit verdot dans un vin capiteux mais un peu sophistiqué. Enfin, la cuvée **Ernie Els** est un assemblage classique pour lequel cabernet sauvignon (60 %), merlot (25 %) et consorts se répondent judicieusement dans un vin excellent, charnu, aux tanins serrés. (Entre 20 et 40 $.)

On dit d'Ernie Els qu'il est le *big easy* du golf international ; cela se ressent dans les cuvées élaborées par le *winemaker* Louis Strydom : des vins rouges massifs mais non dénués d'élégance.

Au pied du Helderberg, au sud de Stellenbosch.

FAIRVIEW

PAARL • WESTERN CAPE • SWARTLAND | Coastal Region
(Suider - Paarl)

Voilà un bien étrange domaine et peut-être l'un des plus attachants, avec un propriétaire qui possède un humour rivalisant avec son désir de produire du bon vin. En effet, Charles Back, issu d'une famille qui s'est installée dans la région de Paarl en 1937, aborde son métier avec un brin de fantaisie qui confine pour certains à la provocation. Il est convaincu notamment que les cépages rhodaniens réussissent à merveille sur ce domaine de 300 hectares, où les chèvres (*goats*) occupent aussi une place importante pour la production de fromages. Aujourd'hui, Fairview produit plus de 60% des fromages de chèvre du pays. C'est ainsi qu'est née la gamme Goats do Roam (jeu de mots facile à décoder) avec clairette, grenache blanc et sémillon dans le vin blanc, et cépages rhodaniens pour la plupart dans le rouge. Il a même poussé l'audace jusqu'à produire un Goat Roti, délicieux et juteux vin rouge à base de shiraz et d'un soupçon de viognier. Et comme si ce n'était pas assez, l'espiègle propriétaire en rajoute avec son Bored Doe, un assemblage à la bordelaise à base de merlot (48%), de cabernet sauvignon (28%), de malbec (13%) et de petit verdot (11%), et son Goat Door, un chardonnay boisé. Même si la naissance de la première ferme remonte à 1699, les vins n'ont été embouteillés sous l'étiquette Fairview qu'en 1974. Charles Back, qui est né à Paarl, est passé par l'université Elsenburg de Stellenbosch, où il a achevé sa formation en œnologie et en viticulture. Il ne faut pas manquer le Goatshed, restaurant de style méditerranéen installé dans une vieille cave, où l'on savoure des fromages de chèvre du monde entier.

Ici, les chèvres agiles ont droit à leur propre tour d'observation.

Les vins

C'est en compagnie du *winemaker* Anthony de Jager, que j'ai procédé à cette dégustation sérieuse et quelque peu déroutante. Le **sauvignon blanc Spice Route** possède un joli nez floral, avec en bouche beaucoup de matière et de saveurs fruitées. Le **viognier** fermenté moitié en barriques, dont 50 % de bois neuf, et moitié en cuve inox, est d'une grande netteté, avec du gras et une acidité en équilibre. Le **chenin blanc Spice Route** fermenté en barriques et élevé sous bois pendant huit mois offre, sous une belle robe dorée, de la fraîcheur, de l'élégance et des saveurs de pêche blanche et de tilleul. Le **rosé Goats do Roam** est, comme il se doit, vif et fruité. Quant au rouge élaboré avec 50 % de syrah, plus du grenache, du cinsault, du mourvèdre et du pinotage, il est charnu, juteux, épicé et d'une rusticité de bon aloi. Le **Fairview Caldera** du Swartland, composé de vin provenant de très vieilles vignes de grenache (50 %), de mourvèdre (25 %) et de syrah m'a paru plus abouti, avec de l'extraction et de la longueur, ce qui n'empêche pas des tanins soyeux et de l'élégance. Le **pinotage Spice Route**, très coloré, fait partie de ces pinotages réussis qui se livrent généreusement au nez comme en bouche, avec des tanins compacts et un fruité très expressif. Enfin, le **shiraz Solitude** provient de vignes non irriguées sur un sol graveleux de la région de Paarl, ce qui lui confère du caractère, de la structure et de la finesse. (Entre 15 et 35 $.)

Charles Back, issu de cette famille qui s'est installée dans la région de Paarl en 1937, aborde son métier avec un brin de fantaisie qui confine, pour certains, à la provocation.

En plein travail avec le winemaker *Anthony de Jager.*

Afrique du Sud

FRANSCHHOEK VINEYARDS

FRANSCHHOEK VALLEY | Coastal Region
(Franschhoek)

Au cœur de Franschhoek Valley, le fameux « Coin des Français », se trouve le charmant village du même nom où l'on visitera le Huguenot Memorial et le musée attenant qui nous ramène au XVIIe siècle, lorsque les colons français sont arrivés dans la région. Devenu aujourd'hui l'un des endroits préférés des habitants du Cap pour le lèche-vitrines, Franschhoek est considéré comme la capitale de la gastronomie du pays. Il faut dire qu'entre les restaurants Haute Cabrière, Le Bon Vivant, La Petite Ferme, La Couronne, Le Ballon Rouge, Le Chamonix, Le Quartier Français, un Relais et Châteaux, ou Reuben's, un établissement tendance, on a l'embarras du choix. Pour en avoir essayé plusieurs, je peux dire que l'expérience vaut d'être vécue, avec en prime à chaque fois, au détour d'une préparation ou d'une dénomination particulière, un parfum de francophonie qui n'est pas pour me déplaire, même si l'on doit communiquer en anglais. C'est donc dans cet environnement magnifique, propice aux plaisirs du palais, que la cave coopérative a été créée, en 1945. Aujourd'hui, une cinquantaine de vignerons livrent le raisin à la cave et les domaines La Dauphine, La Provence et La Motte (*voir* p.108) en font partie. Une nouvelle équipe mise en place dernièrement et composée du *winemaker* Stephan Smit, assisté de Jolene Calitz et d'Annette van der Merwe, a insufflé un dynamisme à cette cave dont elle avait bien besoin, et qui commence aujourd'hui à se refléter dans le verre.

> Devenu aujourd'hui l'un des endroits préférés des habitants du Cap pour le lèche-vitrines, Franschhoek est considéré comme la capitale de la gastronomie du pays.

Restaurants haut de gamme, bistros, terrasses ou simples cafés, on a l'embarras du choix.

Les vins

Auparavant, les variétés principales en blanc étaient le sémillon, le chenin blanc et la clairette blanche. Dernièrement, il s'agissait dans l'ordre de chenin, de sémillon et de sauvignon blanc. Le **sémillon Cellars Reserve** fermenté complètement dans du bois neuf (40 % de bois américain) et élevé huit mois avec bâtonnages réguliers, est très expressif et le chêne est moyennement intégré, même après deux ans. Mais malgré la matière et le gras en milieu de bouche, la finale est hélas un peu sèche. Bien qu'on ait toujours cru difficile de faire du bon rouge dans cette région, je me suis régalé du petit verdot (92 % de l'assemblage avec merlot et syrah) doté d'un degré d'alcool raisonnable, avec beaucoup d'extraction, de l'élégance, et des parfums de framboise et de cassis très agréables. Une surprise savoureuse ! Quant au **merlot**, malgré un nez très expressif, on fait plus dans la confiture que dans le vin, avec des tanins asséchants en finale et un pourcentage alcoolique à faire peur (16 %). **Cabernet sauvignon, pinotage** et **shiraz** complètent la gamme. (Entre 14 et 25 $.)

Rencontre professionnelle et amicale à Glenwood Farm.

À Franschhoek, parfum de francophonie garanti !

GLEN CAROU

PAARL | Western Cape
(Klapmuts)

*David Finlayson,
en pleine dégustation.*

La ferme de Glen Carlou, de 150 hectares dont 100 plantés de vignes, est située sur les collines au nord du Simonsberg. Les conditions de plantation, en blanc comme en rouge, sont parfaites pour obtenir des vins de qualité. Ajoutez à cela des installations ultramodernes et une équipe dynamique et passionnée et vous trouverez dans votre verre des vins délicieux, qui ont le mérite d'être bien vinifiés et qui m'ont enthousiasmé.

Walter Finlayson a créé Glen Carlou en 1985, et l'a nommée ainsi en hommage à ses origines écossaises. Son fils David l'a rejoint en 1994 à titre de *winemaker* et de responsable des opérations. Le domaine appartient aujourd'hui au groupe Hess Collection, connu pour ses vins californiens et surtout pour sa fabuleuse collection d'art contemporain. David a cependant les coudées franches, adoptant une approche artisanale, aussi bien à la vigne qu'à la cave. Les cépages ont été soigneusement sélectionnés en fonction des terroirs et il privilégie les petits rendements. Glen Carlou fait assurément partie des valeurs sûres du vignoble sud-africain.

Les vins

Glen Carlou propose trois gammes de vins. La première, joliment dénommée **Tortoise** (un clin d'œil à une proche colline qui a la forme d'une tortue géante) se décline en deux assemblages. Le blanc est composé de sauvignon (75 %), de chardonnay (20 %) et de viognier. Le nez, très expressif, est un véritable bouquet exotique dans lequel on retrouve de la mangue, du litchi et de la banane bien mûre : du fruit à revendre dans ce vin très charmeur. Le rouge provient de cabernet sauvignon (70 %), de zinfandel (9 %), de syrah (12 %), de touriga nacional (5 %) et de merlot (4 %). Un curieux mélange qui donne beaucoup de fruit bien mûr, des notes de prune, d'épices et de cacao. Dans la **gamme Classique**, le **chardonnay** tire bien son épingle du jeu, mais on sent la présence du bois américain neuf (5 %). Il a cependant suffisamment de matière pour tenir trois ou quatre ans. Le **pinot noir**, d'une très jolie couleur, a du fruit à revendre. Très franc et très net, il se termine sur des tanins un peu anguleux. La **syrah**, gorgée de fruits noirs au nez comme en bouche, est très élégante grâce à des parfums de violette qui lui donnent de la classe, et à des tanins bien mûrs et soyeux. Le **Grand Classique**, de facture bordelaise (50 % de cabernet sauvignon,

Walter Finlayson a créé Glen Carlou en 1985, et l'a nommée ainsi en hommage à ses origines écossaises.

Les tonneliers français font des affaires d'or chez les producteurs du Nouveau Monde.

35 % de merlot, 5 % de cabernet franc, 8 % de malbec et 2 % de petit verdot) a de la structure mais aussi de la rondeur. Élégant et expressif avec ses notes d'épices, il s'agit là d'une belle cuvée à prix raisonnable (environ 20 $). Pour avoir aussi goûté le 1998, on devine le potentiel de garde de ce vin. Enfin, le haut de gamme est composé de deux cuvées dont le nom fait référence au sol où pousse la vigne. En blanc, le **chardonnay Quartz Stone,** fermenté en fûts neufs et élevé 11 mois dans du chêne français, est un vin qui pourrait se comparer aisément aux grands de la côte de Beaune, avec de la matière, de la minéralité, de la rondeur et de la longueur, et un équilibre certain entre le moelleux et l'acidité. Un délice ! En rouge, le **Gravel Quarry** est composé de 93 % de cabernet sauvignon et de 7 % de petit verdot. Beaucoup d'extraction, du corps, des tanins compacts et serrés et une grande longueur caractérisent ce vin particulièrement réussi. (Entre 30 et 40 $ pour le vin haut de gamme.)

La salle d'accueil et de dégustation
.

Afrique du Sud

GRAHAM BECK

ROBERTSON | **Breede River Valley**
(Robertson)

FRANSCHHOEK VALLEY | **Coastal Region**
(Franschhoek)

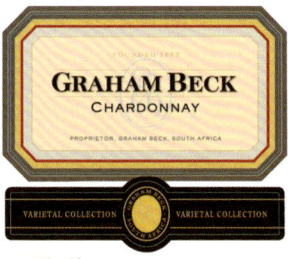

Voilà certainement l'une des caves les mieux connues à l'extérieur du pays. Le propriétaire, Graham Beck, est né au Cap, et sa réputation comme pionnier de l'industrie du vin sud-africain d'aujourd'hui n'est plus à faire. Son succès comme entrepreneur a été précédé par le rôle qu'il a joué dans la recherche pour le transport centralisé et l'exportation de charbon. L'aventure viticole a commencé pour Graham Beck en 1983 et nul doute que celui-ci a réussi son pari de percer les marchés extérieurs avec des vins d'une qualité constante. Les vignobles sont installés sur quatre sites différents et chaque domaine est dirigé individuellement, en tenant compte de ses spécificités. Celui de Franschhoek (97 ha) est sous la responsabilité de Lochner Bester. Celui de Firgrove (Skoongesig ; 36 ha et Vredenhof ; 64 ha) est dirigé par Dérek Hamman et Pieter Ferreira s'occupe de Madeba (189 ha) dans le district de Robertson. Les deux vignobles du secteur Firgrove, dans la zone du Helderberg à Stellenbosch, fournissent la majeure partie des raisins pour l'élaboration des vins rouges. En visitant ses vignobles admirablement entretenus, on comprend comment Graham Beck a fait avancer les choses, grâce à sa vision, son engagement et sa passion. Parfois, au détour d'un chemin, on se croirait presque dans le Médoc, avec toutes ces roses que son épouse Rhona cultive jalousement.

Les vins

On peut comprendre qu'avec un aussi grand vignoble, cette maison propose pas moins de 25 cuvées. C'est à mon avis beaucoup trop. Le **sauvignon blanc Pheasant's Run** montre une forte présence végétale, avec un relent d'asperge verte. La bouche est assez dense avec de la matière, mais le tout manque un peu de finesse. Les rouges ont fait mieux. Le **Ridge,** élaboré avec 100 % de **syrah,** supporte bien le bois américain, très présent dans cette cuvée. Charmeur, avec des notes de torréfaction, on tient là un vin typiquement Nouveau Monde, rond, confituré et d'une bonne longueur. Techniquement bien fait, il manque peut-être de personnalité car on en trouve beaucoup du même acabit (environ 32 $). Le **Joshua** (de Franschhoek) est un assemblage de syrah (92 %) et de viognier, un peu comme en Côte-Rôtie. Charmeur lui aussi, très expressif avec ses notes de café, il a du fruit à revendre mais m'a semblé un peu court et encore marqué par le chêne américain, malgré ses trois années d'existence. (Entre 12 et 35 $.)

> En visitant ses vignobles admirablement entretenus, on comprend comment Graham Beck a fait avancer les choses, grâce à sa vision, son engagement et sa passion.

La cave de Graham Beck, installée dans la région de Robertson.

GROOT CONSTANTIA

CONSTANTIA | Cape Point
(Constantia)

Il serait bien difficile de séparer l'histoire de ce domaine mythique de celle de son fondateur Simon Van der Stel, gouverneur du Cap entre 1679 et 1699. En fait, la Compagnie des Indes avait donné des centaines d'hectares à cet illustre personnage qui devint le premier propriétaire de vignoble en Afrique du Sud. En guise de remerciement, il baptisa sa propriété Constantia, du nom de la fille du gouverneur de la VOC (Vereingde Oost-Indische Compagnie).

À sa mort en 1712, la propriété fut divisée mais le cœur du domaine, qui correspond aujourd'hui à Groot Constantia, reste l'un des hauts lieux de la viticulture du pays. D'ailleurs, l'héritage culturel et historique dans ce contexte viti-vinicole se retrouve dans le Manor House, magnifique maison de maître qui abrite des tableaux, de la vaisselle et du mobilier de l'époque. Groot Constantia (ou « grande Constance ») appartient de nos jours à un trust à but non lucratif qui a pour mission d'entretenir et de valoriser ce site national important pour le pays. Comme à Klein Constantia (« petite Constance »), la vigne profite d'un écosystème favorable, aussi bien pour le climat (excellent ensoleillement, vents asséchants venant de l'océan) que pour des sols très bien adaptés à la culture des *vitis vinifera*. Si la visite de Groot Constantia reste un incontournable, tant du point de vue historique que culturel, on sera vigilant car la gamme proposée est très étendue.

Michelle Rhodes, winemaker.

> La vigne profite d'un écosystème favorable, aussi bien pour le climat (excellent ensoleillement, vents asséchants venant de l'océan) que pour des sols très bien adaptés à la culture des *vitis vinifera*.

Les vins

L'assemblage **sémillon/sauvignon** offre peu d'intérêt, avec en finale une pointe d'amertume. Le **sauvignon blanc** est plus agréable, typique du cépage, très fruité et d'une grande netteté. Le **chardonnay Gouverneurs** a du gras et de la matière, et malgré un boisé encore présent, n'est pas dénué d'élégance. Parmi les rouges, le **merlot** possède du fruit et des saveurs de mûre très précises. Quant au **shiraz,** on y retrouve de l'extraction et des tanins très mûrs, avec en rétro-olfaction des notes d'épices. Le **Gouverneurs Reserve**, né d'un assemblage de cabernet sauvignon (55%), de merlot (22%), de cabernet franc (14%) et de malbec (9%) est charmeur et très expressif, avec des notes de cassis, de fraise et de framboise. Pour terminer, l'assistante *winemaker* et néanmoins très compétente Michelle Rhodes nous a apporté le **Grand Constance,** vin magnifique à la robe ambrée issu du **muscat.** Des parfums entêtants de pain d'épices et de noix grillée ainsi que des saveurs de miel et d'abricot confit se révèlent dans une fine expression, laissant deviner une harmonie parfaite avec une tarte aux pacanes. (Entre 14 et 25 $.)

Prélèvement de vin à la pipette pour la dégustation à la barrique.

GROOTE POST

DARLING | Coastal Region
(Darling)

Comme son nom l'indique, il s'agissait autrefois du plus grand poste de garde qui servait à protéger le bétail des voleurs. Dans cette région de jolies et douces collines, plusieurs fermes de dimensions gigantesques font partie de cet ensemble agricole dépassant les 4000 hectares, ce qui n'est pas rien. Groote Post, situé à sept kilomètres de l'océan, a été créé en 1808 et la famille Pentz gère ce domaine viticole prometteur installé sur des sols profonds, dominés par l'argile. Délaissant peu à peu les bovins, ils ont décidé de s'investir sur une surface de 120 hectares, dans la production de bons vins. Les fraîches conditions climatiques des Darling Hills autorisent notamment l'élaboration de blancs vifs et expressifs avec le cépage sauvignon. C'est après avoir emprunté une petite route qui semblait interminable que j'ai rencontré Lukas Wentzel, un *winemaker* sympathique et passionné, et c'est dans la cave que nous avons passé en revue sa production, qui a débuté en 1999.

Lukas Wentzel, un winemaker *passionné et fort expérimenté*.

Les vins

Le **sauvignon blanc** au nez d'agrumes est réussi, avec de la minéralité et de la matière. Le **Reserve**, très long, a encore plus de gras, compensé par une acidité qui donne au vin du relief. Le **chardonnay** non boisé est excellent, avec des parfums délicats de miel et de fleurs blanches, tandis que le **chardonnay** de trois ans, dont le bois a été habilement dosé, offre des notes de noisette, d'amande et de pain grillé. Le moelleux, avec du gras sans excès et une bonne acidité, fait de ce vin une cuvée somptueuse. Je passe sur le **pinot noir,** fruité mais handicapé par des parfums herbacés. Le **merlot,** au fruité indéniable, est mal servi par des tanins envahissants. Le **shiraz** de trois ans, quant à lui, se pointe dans le verre avec des arômes qui rappellent le poivre blanc. Les tanins sont soyeux et le vin, d'une belle densité, se prolonge en bouche avec élégance. Enfin, le même **shiraz,** de cinq ans cette fois-ci, clos en beauté cette dégustation : une robe d'encre, des tanins compacts, des épices et des saveurs de réglisse. Avec ses 20 % de bois américain, cette cuvée superbe s'installe confortablement dans le temps.

Groote Post, situé à sept kilomètres de l'océan, a été créé en 1808 et la famille Pentz gère ce domaine viticole prometteur installé sur des sols profonds, dominés par l'argile.

Fleurs emblématiques de l'Afrique du Sud, les splendides protées (proteas ou protéacées) comptent de nombreuses variétés.

HAMILTON RUSSELL

WALKER BAY • OVERBERG | Western Cape
(Hermanus)

Anthony Hamilton-Russel, en pleine explication.

Avec celui de Bouchard Finlayson, le vignoble d'Hamilton Russell est l'un de ceux qui ont bâti leur réputation dans cet environnement situé le plus au sud du pays, dans la région de Walker Bay, tout près d'Hermanus, vieux village de pêcheurs où l'on vient surtout pour voir s'ébattre les baleines. Les vignes profitent de la proximité de la mer, mais sont protégées des forts vents du sud-est par de hautes falaises. Tim Hamilton-Russell, le fondateur, a cherché longtemps avant de trouver le terroir idéal dans ce climat très frais d'Afrique du Sud. Après y avoir planté les premières vignes, dans les années 1970, il a passé le relais à son fils Anthony. Détail important et non dénué d'intérêt : les 64 hectares du vignoble sont d'un seul tenant, et à l'instar de leur voisin, sont composés de pinot noir (23 ha), de chardonnay (28 ha) et de sauvignon blanc (13 ha). Un autre détail qui en dit long sur l'évolution des vins du Nouveau Monde : comme chez de nombreux producteurs sud-africains, on utilise ici la barrique et le chêne neuf avec parcimonie car on ne veut pas de vins trop marqués par le bois. Bravo !

> On utilise ici la barrique et le chêne neuf avec parcimonie car on ne veut pas de vins trop marqués par le bois.

Arrivée chez Hamilton Russel.

Les vins

Les trois cuvées de **chardonnay** dégustées ont en commun la netteté et la franchise des parfums, la fraîcheur, un moelleux équilibré par une bonne acidité, avec en plus, dans celui de trois ans, de la richesse et de l'élégance. De belles réussites ! Le **pinot noir** est indéniablement l'une des meilleures expressions du cépage dans ce pays : une belle couleur, des parfums et des saveurs de fumée et de cerise bien mûre, une certaine minéralité et des tanins soyeux, bien servis par un élevage mesuré en barriques de chêne français. Dans la gamme **Southern Right** (qui correspond à un vignoble distinct et voisin), **le sauvignon**, aux délicates senteurs d'asperge et de groseille, est très fruité et désaltérant. Quant au **pinotage**, aux notes fumées typiques du cépage, il est tout simplement savoureux, d'une grande franchise et certainement bien structuré et charnu, grâce à des rendements très raisonnables. (Entre 25 et 35 $.)

En quittant le domaine, on surplombe le joli panorama d'Hermanus et de Walker Bay.

HAVANA HILLS

PHILADELPHIA | Tygerberg
(Philadelphia)

Située dans la région de Philadelphia à environ une vingtaine de kilomètres au nord du Cap, Havana Hills comprend près de 300 hectares, dont 62 plantés de vignes. Celles-ci montent jusqu'à 350 mètres d'altitude au-dessus du niveau de la mer, au sommet des pentes du mont Olifantskop. En 1999, Kobus du Plessis, un entrepreneur visionnaire, a décidé de développer cette terre pour en faire l'un des grands vignobles du pays. L'un de ceux à surveiller, même s'il reste encore à faire tant à la vigne qu'à la cave!

Beaucoup de producteurs de vins d'Afrique du Sud possèdent un terrier Jack Russel: petit, mais gardien efficace!

Les vins

L'entrée de gamme **Havana Hills** propose plusieurs vins, dont un **sauvignon** assez expressif, un peu herbacé et très fruité. Le **Lime Road** est un assemblage bien fait à partir de syrah (36%), de cabernet sauvignon (34%) et de merlot. Élevé dans du chêne américain et français, il est très expressif, avec de la chair, une grande fraîcheur et de l'élégance. Comme son nom l'indique, l'**Italian Job,** un assemblage de sangiovese, de barbera et de nebbiolo surprend, tant par son authenticité que son originalité. Dans le haut de gamme **Du Plessis**, le **shiraz** a passé 18 mois en barriques, dont 30% en fûts neufs. Le vin est assez fruité et les tanins sont souples, avec en rétro-olfaction des saveurs de cuir, de café et de moka. L'assemblage à la bordelaise, avec 60% de cabernet sauvignon, s'est présenté sous des tanins délicats et des saveurs d'épices douces, dont l'anis étoilé. Enfin, sous la marque **Virgin Earth, sauvignon** et **chenin blanc** ne m'ont pas impressionné, si ce n'est l'expression agréable de pêche, de miel et d'abricot dans le chenin. Le **High 5** est un curieux vin rouge issu également d'un assemblage à la bordelaise, avec en prime un peu de syrah. Le fruit est mûr et l'ensemble est correct, sans plus. (Entre 15 et 25 $.)

> Située dans la région de Philadelphia à environ une vingtaine de kilomètres au nord du Cap, Havana Hills comprend près de 300 hectares, dont 62 plantés de vignes.

JOOSTENBERG

PAARL | Coastal Region
(Muldersvlei)

Située dans le secteur de Muldersvlei, à environ 15 kilomètres au nord de Stellenbosch et tout autant de Paarl, cette propriété est une véritable entreprise familiale. Actuellement, Philip et Gill Myburgh et trois de leurs enfants vivent à Joostenberg, domaine acheté par l'ancêtre Philippus Albertus Myburgh en 1876. Ici, on ne privilégie pas la quantité mais bien la qualité, avec une petite gamme de quatre à cinq vins, aussi bien en rouge qu'en blanc. Les 33 hectares de vignes profitent d'un écosystème parfait avec un climat idéal. Les pluies (jusqu'à 640 mm) surviennent en grande partie l'hiver. Pendant la période de maturation des raisins, ceux-ci sont rafraîchis par les brumes matinales et par les vents du sud-ouest soufflant de l'océan Atlantique l'après-midi. En automne, les brumes et la chaleur encouragent la prolifération de la pourriture noble sur le chenin blanc, permettant ainsi de produire une excellente vendange tardive. En 2000, les frères Tyrrel et Philip ont repris la tradition vinicole, avec Tyrrel comme responsable de la production. Susan, la sœur de Tyrell, a ramené de France Christophe Dehosse, un cuisinier talentueux qui est devenu son mari, mais aussi le chef du restaurant Joostenberg, que je recommande sans hésiter.

Tyrrel Myburgh, en compagnie de son chef français Christophe Dehosse.

Les vins

L'association **chenin blanc**/**viognier** donne un vin fruité, très agréable et pas compliqué. La cuvée **Fairhead** est un surprenant assemblage de chenin (55 %), de viognier (38 %) et de chardonnay. Il en résulte un excellent blanc sec assez complexe, avec du gras et humant le tilleul. Le mariage **syrah** (93 %) et **viognier** est à l'origine d'un rouge savoureux, au nez très expressif de violette et de poivre. D'une grande souplesse et doté de tanins bien mûrs, il s'agit là d'un vin charnu et savoureux. Le **Bakermat**, après 18 mois en fûts, dont 25 % neuf, offre beaucoup d'extraction, du corps, de la finesse et de la longueur. Enfin, le **Noble Late Harvest,** élaboré avec 100 % de **chenin blanc,** est digne des grands liquoreux de la Loire, avec des fragrances de miel, de pêche et d'abricot.

Ici, on ne privilégie pas la quantité mais bien la qualité, avec une petite gamme de quatre à cinq vins, aussi bien en rouge qu'en blanc.
Les 33 hectares de vignes profitent d'un écosystème parfait avec un climat idéal.

Le quartier malais du Cap et ses maisons colorées.

À l'hôtel-village Spier, les bouteilles poussent dans les arbres...

Les coccinelles jouent un rôle important contre les invasions de mealybugs.

Afrique du Sud

JORDAN

STELLENBOSCH | Coastal Region
(Stellenbosch)

De jolies fleurs jaunes vous accueillent à l'entrée de cette ferme datant de plus de 300 ans, où les Jordan se sont installés en 1982. Le fils, Gary, a pris la suite en 1992 avec son épouse Kathy, après une expérience internationale. Géologue de profession, il était bien placé pour s'embarquer dans un vaste programme de replantation. Il faut dire aussi que ce domaine de 146 hectares a de la gueule, avec des vignobles à différentes altitudes et des pentes magnifiquement exposées aussi bien au nord, au sud, à l'est qu'à l'ouest. Les vignobles profitent du brouillard côtier et des brises fraîches de l'océan, et un climat doux de type méditerranéen réduit au minimum les risques causés par le gel. Petit clin d'œil aux caméléons, nombreux sur la propriété, le maître des lieux a installé des panneaux pour prévenir les visiteurs des traversées de ce gentil et néanmoins étrange animal.

La cave est ouverte aux visiteurs de passage.

Les vins

Dans l'entrée de gamme, l'assemblage **chenin/sauvignon blanc Bradgate** est un peu court, malgré une structure acide évidente. Dans la gamme **Jordan**, le **Blanc Fumé** s'est montré très agréable, avec du fruit et de la matière. Le **chenin blanc** est peut-être moins à la hauteur, tandis que le **Chameleon**, un assemblage **cabernet sauvignon/merlot**, offre du fruit et une certaine élégance, avec en prime des tanins assez serrés. La **syrah** constitue l'une des belles surprises de la maison, avec au nez une grande expression aromatique, et en bouche une acidité en équilibre avec les tanins et le moelleux. Enfin, parmi les grandes cuvées, le **chardonnay Nine Yards** est une grande réussite, élaborée à 100 % dans du chêne neuf français. (Entre 15 et 30 $.)

Les vignobles profitent du brouillard côtier et des brises fraîches de l'océan, et un climat doux de type méditerranéen réduit au minimum les risques causés par le gel.

Attention ! Passage de caméléons.

KAAPZICHT

STELLENBOSCH | Coastal Region
(Sanlamhof)

Kaapzicht se trouve dans la région du Bottelary, au nord-ouest de Stellenbosch. Grâce à un climat idéal et à des sols de vieux granit décomposé, le domaine de 174 ha, dont 146 sont plantés de vignes, propose d'excellents vins, dans une proportion de 70 % en rouge. Cette propriété appartient à la famille Steytler depuis 1946. En 1984, à l'occasion des premières mises en bouteille au domaine, on a définitivement adopté le nom de Kaapzicht, d'après la vue exceptionnelle de la ferme sur Le Cap et Table Mountain. Le sympathique Danie Steytler dirige de main de maître les opérations, assisté de sa charmante épouse Yngvild. Son frère George est responsable des cultures, tandis que Mandy, sa femme, s'occupe du *cottage* où l'on organise entre autres de succulents *braai*, sortes de barbecues africains, généreusement arrosés, il va de soi.

En pleine dégustation.

Lumière de fin de soirée lors d'un braai *d'accueil (BBQ local).*

Les vins

Les vins blancs, notamment le **sauvignon,** sont très agréables, nets et fruités mais un peu courts. Le plaisir se fait sentir dans les rouges, surtout dans la gamme **Steytler,** avec son **pinotage,** puissant et d'un grand potentiel de garde, et son savoureux **Vision,** issu d'un assemblage de cabernet (50 %), de merlot (10 %) et de pinotage (environ 50 $). Dans l'entrée de gamme, les vins de style bordelais ne sont pas en reste, avec en général des tanins très mûrs, de la structure et des saveurs d'épices douces. On trouve des notes de fumée dans le **pinotage,** et dans les cuvées à base de **syrah,** d'agréables notes poivrées.

C'est en 1984, à l'occasion des premières mises en bouteille au domaine, qu'on a définitivement adopté le nom de Kaapzicht, d'après la vue exceptionnelle de la ferme sur Le Cap et Table Mountain.

Sue van Wyk, Master of Cape, et Yngvild Steytler, propriétaire avec son mari de Kaapzicht Estate.

Afrique du Sud

KANONKOP

SIMONSBERG • STELLENBOSCH | Coastal Region
(Elsenburg)

Kanonkop Wine Estate est situé au pied du Simonsberg, entre Stellenbosch et Paarl, sur la fameuse route 44. Le domaine possède 125 hectares, dont 100 plantés de vignes. Le nom Kanonkop est dérivé de *kopje* (petite colline), d'où au XVIIe siècle, on tirait au canon pour alerter les fermiers que des navires arrivaient au Cap pour y refaire leurs provisions, le temps d'une halte. La propriété appartient à la même famille depuis quatre générations, sous l'habile direction de Johann et Paul Krige, assistés d'Abrie Beeslaar. Comme dans les autres fermes du coin, la vigne profite d'un microclimat idéal pour les vins rouges, avec des brises fraîches venant de la mer et de longues journées d'été favorables à la maturation des raisins. Les vignes s'étalent joliment, de 60 à 120 mètres au-dessus du niveau de la mer, sur des sols rouges d'argile et de granit décomposé. Quand on visite le domaine, on sent que les propriétaires ont su développer chez leurs employés un grand sentiment d'appartenance, la plupart vivant sur place dans d'excellentes conditions. C'est avec beaucoup d'humour que Johann, avocat de profession qui aime bien se définir aussi comme *l'avocat du pinotage*, a dirigé la dégustation.

Cuves de vinification à aires ouvertes.

Ici, on laisse vieillir de vénérables flacons.

> Les vignes s'étalent joliment, de 60 à 120 mètres au-dessus du niveau de la mer, sur des sols rouges d'argile et de granit décomposé.

Les vins

Le **Kanonkop Kadette** est le deuxième vin du domaine. Issu d'un assemblage de pinotage (plus de 50 %), de cabernet sauvignon et de merlot, il est élevé 16 mois en barriques de chêne français et offre du fruit et de la finesse. Une petite verticale de pinotage m'a démontré que l'on sait vinifier ce cultivar avec précision. Provenant de vignes non irriguées et d'une vinification traditionnelle avec de vastes cuves à aires ouvertes, les vins sont d'une couleur profonde, avec beaucoup d'expression aromatique (épices et minéralité), des tanins serrés et bien mûrs et de la structure, ce qui n'empêche pas la rondeur et la souplesse. Le **cabernet sauvignon Kanonkop** de 15 ans est encore jeune, tant dans la robe que dans le bouquet et l'équilibre en bouche. Enfin, le **Paul Sauer** (du nom du grand-père), un assemblage à la bordelaise avec une dominante de cabernet sauvignon (70 %) est à la fois complexe, structuré et capiteux. (Entre 18 et 45 $.)

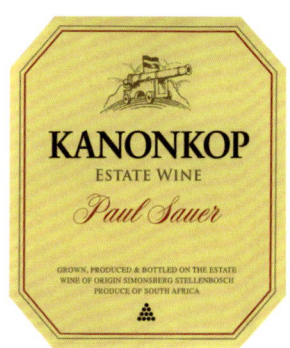

Entretiens œnologiques avec Johann Krige.

KLEIN CONSTANTIA

CONSTANTIA | **Cape Point**
(Constantia)

Klein Constantia est située à 20 kilomètres seulement du centre-ville du Cap, en allant vers le sud en direction du cap de Bonne-Espérance. Dans un paysage magnifique et une nature luxuriante, nous sommes au cœur du berceau du vignoble sud-africain. À l'instar de Groot Constantia, c'est dans cette région que tout a commencé, en 1689, avec le fameux Vin de Constance, nectar sublime qui remontait, paraît-il, le moral de Napoléon en séjour à Sainte-Hélène, et qui fut aussi chanté par Dickens et Baudelaire. La maison familiale, qui date de 1824, étant un bijou de l'architecture locale, la nouvelle cave a été partiellement coulée sous terre pour réduire l'impact visuel extérieur. La proximité des océans de chaque côté de la péninsule du Cap assure un climat maritime frais et doux. On pense d'ailleurs que la propriété est l'un des vignobles avec les températures les plus fraîches du pays. Les sols riches et profonds sont composés principalement de granit décomposé. Les vignes situées sur les flancs du Constantiaberg bénéficient d'un excellent drainage, et l'achèvement récent d'un nouveau barrage assure une capacité d'irrigation suffisante pour les 75 hectares de vignes plantés entre 90 et 300 mètres au-dessus du niveau de la mer. La plupart des cépages rouges poussent au bas du versant nord, et les raisins blancs proviennent des coteaux du versant sud. Klein Constantia appartient à la famille Jooste, qui a acquis la propriété en 1980 et a immédiatement amorcé une restauration du domaine et du vignoble. Lowell, le fils de Duggie Jooste, a passé un an à l'université Davis en Californie et a travaillé pour Robert Mondavi. Très bien secondé par Adam Mason depuis les vendanges de 2004, il apporte au domaine l'expérience qu'il a acquise à l'étranger, mais aussi de la rigueur et une bonne dose d'enthousiasme.

L'embouteillage à Klein Constantia.

Les vins

À prix très correct (20 $), le **sauvignon blanc** est expressif, avec des arômes de fleurs blanches et d'agrumes, et possède du fruit et de la matière. Un vin savoureux ! Le **chardonnay,** fermenté et élevé partiellement en barriques (60 %) a gardé une bonne acidité, conférant à ce vin rond beaucoup d'équilibre. La cuvée **Mme Malbrooke** est un assemblage de sémillon (52 %), de chardonnay (20 %), de sauvignon (20 %) et de muscat. Très fruité au nez comme en bouche, avec en finale des saveurs de coriandre et de noix de coco. Je passe sur le **pinot noir** car la production est confidentielle pour m'arrêter sur les assemblages à la bordelaise. Des deux, le **Malbrooke,** au boisé encore présent, fait dans le fruit et la finesse (environ 25 $). Enfin, le

À l'instar de Groot Constantia, c'est dans cette région que tout a commencé, en 1689, avec le fameux Vin de Constance, nectar sublime qui remontait, paraît-il, le moral de Napoléon en séjour à Sainte-Hélène, et qui fut aussi chanté par Dickens et Baudelaire.

La proximité des océans de chaque côté de la péninsule du Cap assure un climat maritime frais et doux.

fameux **Vin de Constance,** servi dans un beau riedel à sauternes s'offre à nos lèvres dans toute sa splendeur, avec un bouquet de miel et de cire. Élaboré avec des raisins passerillés et non botrytisés, on reconnaît là toute la maîtrise des vinificateurs, qui ne sont pas tombés dans le piège de la surextraction, avec une acidité en équilibre, malgré le fort taux de sucre résiduel (environ 65 $).

KLOOVENBURG

COASTAL REGION • MALMESBURY | Swartland
(Reebeek Kastel)

La vigne fut plantée à la ferme Kloovenburg vers le milieu du XVIIIe siècle, mais ce n'est qu'en 1998 que Pieter du Toit a produit son premier shiraz. Le propriétaire, au prénom hollandais coiffé d'un patronyme français, a profité du succès de son vin pour agrandir le vignoble et rénover les caves. *Kloovenburg* signifie *la place dans le ravin*. C'est dire la configuration particulière de cette ferme de 300 hectares, dont 130 sont consacrés aux raisins de cuve, 25 aux raisins de table et 30 aux oliviers. Le sol de la région de Malmesbury est constitué de schiste argileux, avec de la glaise en surface et du sable au bas des pentes. On y trouve 60 % de variétés rouges avec la syrah, le merlot, le cabernet sauvignon, le pinotage et le pinot noir et 40 % de blanc avec le chardonnay, le sauvignon, le chenin blanc et un peu de colombard. La plupart des vins m'ont plutôt convaincu, et je me suis régalé des huiles d'olive et autres tapenades d'Annalene, qui semble aussi passionnée par ses oliviers que son mari par ses vignes.

Kloovenburg signifie la place dans le ravin. C'est dire la configuration particulière de cette ferme de 300 hectares.

Les vins

Le **chardonnay**, fermenté et élevé en barriques neuves de chêne français, est impeccable. Le bois est bien dosé et l'on trouve au nez comme en bouche tout ce qui fait le plaisir de ce cépage, c'est-à-dire des notes de noisette et de pain grillé, et une acidité tempérée par du gras et de la rondeur. Quant au **shiraz**, cette cuvée d'une robe profonde possède de la matière, du fruit et des tanins enrobés. Avec ses épices en bouche, notamment la noix de muscade, ce vin est d'une grande sensualité. Le **cabernet sauvignon** n'est pas en reste, ni le **merlot**, qui est tout en rondeur.

Il est courant, en Afrique du Sud, de rencontrer des babouins sur le bord des routes.

KWV

STELLENBOSCH • WESTERN CAPE | **Coastal Region**
(Paarl)

Entreprise géante dans l'industrie du vin du pays, la KWV (Kö-Operatiwe Winbouwers Vereniging) a d'abord été une énorme coopérative créée en 1918 pour stabiliser l'économie viticole sud-africaine, notamment suite aux ravages du phylloxera. En 1997, la coopérative a été convertie en société privée et en 2002, les membres sont devenus des actionnaires à part entière. Aujourd'hui, KWV Limited a trois filiales : KWV SA, KWV International et KWV Investissements. KWV achète principalement des raisins et possède des équipements ultra-sophistiqués, tant pour les vinifications que pour l'élevage du vin. Elle a non seulement une capacité de plus de 20 000 tonnes de raisins, mais gère aussi la vinification de Vinnova dans la région de Robertson. Il sera judicieux, lors d'un voyage dans ce pays, de visiter les caves situées à Paarl et connues sous le nom et la marque Cathedral Cellar. Construites en 1930, elles abritent des centaines de foudres, dont plusieurs sont ornés de sculptures retraçant l'histoire du vin sud-africain. Ici, tout est grand,

> Malgré le gigantisme de la société, les différents *winemakers* avec lesquels j'ai eu le loisir de m'entretenir et de déguster, travaillent dans des conditions optimales, se permettant à l'occasion d'élaborer des microcuvées, que ce soit sur une base expérimentale ou pour commercialiser des petits volumes.

et si tout ce qui se fait n'est pas toujours au *top* niveau, il n'en demeure pas moins qu'un réel effort est fait pour obtenir de la qualité. Malgré le gigantisme de la société, les différents *winemakers* avec lesquels j'ai eu le loisir de m'entretenir et de déguster, travaillent dans des conditions optimales, se permettant à l'occasion d'élaborer des microcuvées, que ce soit sur une base expérimentale ou pour commercialiser des petits volumes. Le chai à barriques en contient environ 22 000 et est aussi impressionnant qu'une cave de la Rioja (en Espagne), avec une majorité de chêne français. On ne manquera pas de visiter l'Emporium, situé sur la rue principale à Paarl. Véritable vitrine de l'entreprise, ce lieu intelligemment administré permet aux visiteurs de déguster dans un cadre propice à la découverte, et de se retrouver dans le dédale des (trop) nombreuses gammes de la maison. Juste en face, dans un cadre bucolique cette fois, il est fort agréable de passer quelques heures au château Laborie, soit pour goûter les vins du domaine (propriété et fierté, à juste titre, de la KWV), soit pour découvrir la cuisine de haut niveau que l'on vous sert avec beaucoup de gentillesse et de professionnalisme.

Les appartements luxueux d'une des maisons du domaine.

Détail d'une murale évoquant les vendanges.

Les vins

C'est avec le chef *winemaker*, Steryk De Wet, que j'ai passé en revue la plupart des vins étiquetés **Cathedral Cellar**. On a attaqué fort avec un **sauvignon blanc** qui ne fait pas dans la dentelle, et dont le degré alcoolique flirte avec les 16 %, un niveau beaucoup trop élevé pour un vin dont on attend fraîcheur et légèreté. Le **chardonnay,** fermenté en barriques, m'a beaucoup plu, avec du corps, de la matière, un boisé bien dosé, une longue finale et surtout une bonne acidité qui lui donne du relief (pas de malolactique). Parmi les rouges, j'ai aimé le nez très fruité du **pinotage,** l'élégance du **merlot** et les épices dans la **syrah,** mais c'est le **cabernet sauvignon** qui remporte la palme, avec sa structure et son équilibre. Plus populaire, le **Roodeberg** est un assemblage **cabernet sauvignon/syrah/merlot** avec de la souplesse et du fruité. Simple mais bien fait ! La grande cuvée de la maison s'appelle **Perold,** rare et dispendieuse (environ 90 $), elle est nommée en l'honneur d'Abraham Perold, l'un des géants de la viticulture sud-africaine moderne. Elle est issue de vieilles vignes de syrah plantées à Paarl (4 ha) sur des coteaux de sols granitiques qui culminent à 550 mètres au-dessus du niveau de la mer. D'une couleur riche et dense, le vin est d'une grande complexité, très long et chargé de saveurs épicées (poivre noir) et de tabac dans la cuvée 1996. Une excellente découverte !

L'une des plus belles collections de foudres au pays.

Le domaine Laborie, à Paarl.

Les vins étiquetés **Laborie** sont dans un autre registre. Contrairement à ceux de **Cathedral Cellar**, le **sauvignon blanc** (12,5 % d'alcool) est très agréable, vif et rafraîchissant. Par contre, le **chardonnay** m'a semblé un peu mou. Les vins rouges affichent une certaine souplesse, avec des tanins plutôt soyeux. Le **cabernet sauvignon** est excellent et la **syrah** est expressive et tout en équilibre. Élevée uniquement dans du chêne américain pendant 24 mois, la **syrah** de la grande cuvée **Jean Taillefert** possède une robe encore sombre malgré ses trois ans, des tanins compacts et serrés, et un indéniable potentiel de vieillissement. (Entre 14 et 60 $.)

Les caves voûtées de la KWV sont impressionnantes.

LAIBACH

SIMONSBERG • STELLENBOSCH | Coastal Region
(Stellenbosch)

Située au pied du Simonsberg sur la route 44, à seulement 10 kilomètres au nord de Stellenbosch, cette propriété faisait partie autrefois d'un très grand vignoble appelé Bon Succès, ou Goede Suces en hollandais. Celui-ci a été divisé en trois parties, dont l'une s'appelle maintenant Warwick (*voir* p.135). La famille Laibach, d'origine allemande, a donc concrétisé un vieux rêve en 1994, en achetant cette terre située tout près de Kanonkop. Depuis, le sol rouge et profond accueille des vignes de cabernet sauvignon, de merlot, de pinotage, de cabernet franc, de petit verdot, de malbec, de sauvignon et de chardonnay. On privilégie avec un certain bonheur la culture biologique, et si je me fie à ce que j'ai dégusté chez eux, nous tenons là un domaine qu'il faudra suivre avec intérêt. Le vignoble, d'un seul tenant et très pentu, jouit d'une exposition exceptionnelle. Le chef de culture, Michael Malherbe, est un passionné qui m'a expliqué sa philosophie de la viticulture. On sent déjà les prémisses de la biodynamie. Ce ne sont pas des rosiers (que l'on dispose parfois à chaque rangée de vignes pour prévenir d'éventuelles maladies cryptogamiques), mais du fenouil qui a été planté, afin d'attirer une myriade de coccinelles (*ladybirds* en anglais et *ladybugs* en américain) qui vont contrôler les invasions de *mealybugs*. Ces insectes ont la fâcheuse habitude d'envelopper les grappes, attirant ainsi les fourmis dévastatrices.

> Ce ne sont pas des rosiers (que l'on dispose parfois à chaque rangée de vignes), mais du fenouil qui a été planté, afin d'attirer une myriade de coccinelles qui vont contrôler les invasions de *mealybugs,* ces insectes qui ont la fâcheuse habitude d'attirer les fourmis dévastatrices.

Les vins

Le **chenin blanc** non boisé est un agréable vin de soif sentant bon les fleurs et la pêche blanche, avec en bouche une vivacité rafraîchissante. Dans le même style, le **sauvignon** est vif, fruité et surtout pas trop exubérant. Le **chardonnay Ladybird Organic** (85 %), assemblé avec viognier et chenin issus de la culture biologique, a de la matière, du gras et de la rondeur. Même qualité dans le **Ladybird** rouge composé de merlot (80 %) et de cabernet. Il est savoureux, charnu, et possède des tanins soyeux. Le **cabernet sauvignon** étiquette noire provient d'une seule parcelle. Mine de plomb au nez et structure en bouche, ce vin a des tanins serrés et très mûrs. C'est l'un des grands vins de la maison! Enfin, le **pinotage,** au nez de mûre, n'a pas le défaut des nombreux vins élaborés avec ce cultivar. Au diable les odeurs d'écurie ou d'étable, et vive les fruits mûrs et les épices, dont la muscade! Un vin idéal pour accompagner un morceau de springbok... (Entre 15 et 25 $.)

Michael Malherbe, passionné de viticulture autant que de vin.

LA MOTTE

FRANSCHHOEK VALLEY • WESTERN CAPE | Coastal Region
(Franschhoek)

C'est en hommage à son village natal, La Motte d'Aigues, que le Français huguenot Pierre Joubert, qui avait acheté cette terre en 1709, l'a nommée ainsi. Il est indéniable qu'aujourd'hui ce domaine historique qui se trouve au cœur de Franschhoek Valley, représente l'une des perles de l'héritage huguenot. Depuis l'acquisition de La Motte par le docteur Anton Rupert en 1970, l'esprit innovateur de ce leader économique a participé à la réputation d'un domaine connu pour ses vins, sa restauration et le rayonnement d'une certaine culture. Ces valeurs ont d'ailleurs été transmises à la propriétaire actuelle, Hanneli Koegelenberg, et à son mari Hein. Hanneli, qui est connue chez les mélomanes sous son nom d'artiste Hanneli Rupert, est considérée comme l'une des grandes mezzo-sopranos d'Afrique du Sud. Aussi passionné par les fleurs que par la vigne, Hein nous a réservé un accueil chaleureux, nous faisant d'abord visiter ses cultures de lavande et autres fleurs odoriférantes qui sont envoyées en partie à Grasse, en France, chez les meilleurs parfumeurs. Avant la dégustation, nous avons découvert tout un village créé afin de donner aux employés de couleur des conditions de vie décentes, avec école, crèche, bibliothèque et équipements sportifs.

Les barriques sont gerbées en hauteur derrière de grandes baies vitrées.

Au domaine La Motte, la lavande et d'autres fleurs odoriférantes sont cultivées pour l'élaboration des parfums.

Les vins

Le **sauvignon Classique,** très net avec des parfums de fleurs et d'agrumes, est équilibré et d'une bonne fraîcheur. Le **sauvignon Pierneef Collection,** issu d'un vignoble de Walker Bay travaillé en culture biologique, est d'une grande finesse, avec du gras qui n'empêche pas la subtilité. Le **chardonnay** est fermenté en barriques de 500 litres (90% de chêne français et 10% de chêne hongrois) et est très bien vinifié, avec en conséquence un boisé discret, de la rondeur et beaucoup de personnalité. Parmi les rouges, le **cabernet sauvignon** est agréable, sans toutefois se démarquer des autres. Par contre, le **Millennium** est un savoureux assemblage de cabernet sauvignon (55%), de merlot (40%), de cabernet franc, de petit verdot et de malbec. Après 24 mois d'élevage en fûts de chêne français (33% de bois neuf) et un an en bouteille, il a gardé son expression fruitée, sa structure, et se présente paré de tanins soyeux. Le **shiraz,** encore très jeune et prometteur, offre des tanins un peu fermes, tandis que le **Pierneef Collection** composé de 90% de syrah et de 11% de viognier est un vin tout à fait abordable, charnu et fruité, avec en finale des épices douces et de la réglisse. (Entre 12 et 25 $.)

C'est en hommage à son village natal, La Motte d'Aigues, que le Français huguenot Pierre Joubert, qui avait acheté cette terre en 1709, l'a nommée ainsi.

Dégustation en compagnie de Werner, l'un des winemakers *de la maison.*

L'AVENIR

STELLENBOSCH | Coastal Region
(Stellenbosch)

Notre ami Michel Laroche, célèbre producteur de grands vins de chablis, ne pouvait choisir meilleur domaine pour investir et s'impliquer dans cette partie du Nouveau Monde. En effet, l'avenir est devant lui avec cette très jolie propriété située à Stellenbosch, acquise en 2005. Il s'agit là du coin des Michel puisque la ferme Remghoote où officie Michel Rolland est située juste en face. Le domaine jouissait déjà d'une excellente réputation sous la houlette de Marc Wiehe, l'ancien propriétaire. L'intention de Michel est de continuer avec la politique de qualité mise en place dans ce domaine qui avait besoin toutefois d'un bon *lifting*, tant à la vigne (certaines parcelles sont à arracher et à replanter) qu'à la cave, où tout un ménage a déjà été entamé. Tout cela se fait de main de maître par le sympathique et compétent Tinus Els, Sud-Africain qui a étudié la viticulture et l'œnologie à Stellenbosch et qui compte 12 ans d'expérience en tant que vigneron dans les deux hémisphères.

> Les cuvées de chenin m'ont épaté : des parfums très nets de pêche blanche, de miel et de tilleul, de la matière et beaucoup d'élégance.

Tinus Els compte 12 ans d'expérience dans les deux hémisphères.

Les vins

Parmi les blancs, je suis resté sur ma soif avec le **sauvignon,** un peu vert et aux notes herbacées, mais les cuvées de **chenin** m'ont épaté : des parfums très nets de pêche blanche, de miel et de tilleul, de la matière et beaucoup d'élégance. Le **rosé de pinotage,** aux saveurs de bonbon anglais et de framboise, vif et fruité, est vinifié comme un vin gris. L'assemblage à la bordelaise, avec 70 % de cabernet sauvignon m'a paru un peu anguleux, tandis que le **cabernet** est beaucoup plus élégant, avec de la matière et des saveurs de cassis. Belle surprise avec le **pinotage Platinum,** aux saveurs de prune, de cerise noire et de café, et des tanins mûrs et enrobés. Enfin, le **pinotage Grand Vin,** cultivé à 100 % en taille gobelet (*bushvines*) et élevé en totalité dans du chêne neuf français, est très coloré, expressif, charnu, avec une colonne vertébrale et une finale aux saveurs épicées qui se prolonge. (Entre 18 et 35 $.)

Dans cet environnement exceptionnel, L'Avenir peut à juste raison parier sur l'avenir...

LE BONHEUR

STELLENBOSCH | **Coastal Region**
(Klapmuts)

Cette propriété de 163 hectares, au nom on ne peut plus optimiste, est située sur les collines de Klapmuts, au nord du Simonsberg. *Klapmuts* est un vieux mot hollandais qui signifie chapeau, et quand on observe les collines à une certaine distance, leur forme ressemble effectivement à un chapeau. Autrefois connue sous le nom de Oude Weltevreden (ce qui signifie *bien satisfait*), cette grande ferme était un rendez-vous important pour les voyageurs, offrant aux visiteurs de l'eau de source fraîche dans un secteur situé à la jonction du Cap, de Paarl et de Stellenbosch. La ferme, construite dans le style hollandais, est un exemple classique de l'architecture de l'époque. Après quatre ans de travail minutieux, Le Bonheur a été complètement rénovée pour devenir l'une des belles propriétés de la région. La plupart des 65 hectares de vignes sont bien installés face au nord, tandis que quelques autres font face à l'est et au sud-est. Les vignes sont plantées à des altitudes différentes, de 200 à 350 mètres au-dessus du niveau de la mer. Le chardonnay se trouve dans des secteurs dont le sol est bien drainé et où l'exposition au soleil est maximale. Le sauvignon blanc pousse sur des pentes plus douces, dans des sols d'argile. Les vignobles en altitude sur des terres rouges et des sols de granit décomposé se prêtent parfaitement à la culture du cabernet sauvignon et du merlot. Sous les bons auspices de Cape Legends, qui appartient au groupe Distell, et grâce à un climat tempéré par les vents du sud-est et à l'air frais de la montagne, ce domaine élabore bon an mal an de bonnes cuvées.

> Après quatre ans de travail minutieux, Le Bonheur a été complètement rénovée pour devenir l'une des belles propriétés de la région.

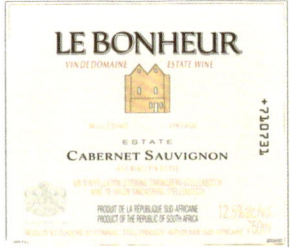

Les vins

Le choix est relativement limité et c'est très bien ainsi car il est plus facile de s'y retrouver. Le **sauvignon**, très franc, est d'une bonne vivacité. Le **chardonnay**, de sa belle couleur aux reflets paille bien affirmés, nous livre des parfums floraux très subtils, tandis que le **cabernet sauvignon**, aux notes légèrement épicées, joue dans l'élégance. Enfin, le **Prima**, judicieux assemblage de merlot (environ 75 %) et de cabernet, élaboré 18 mois en fûts, dont 50 % neufs, offre un bon équilibre entre le fruit, la matière, les tanins un peu fermes malgré tout, et l'acidité. (Entre 15 et 30 $.)

L'Afrique du Sud possède l'un des plus beaux conservatoires naturels au monde de fleurs sauvages.

L'ORMARINS

FRANSCHHOEK VALLEY | Coastal Region
(Franschhoek)

Voici un autre huguenot, du nom de Jean Roi, qui s'est servi de sa ville natale, Lourmarin dans le Lubéron (sud de la France), pour baptiser sa terre d'adoption. Il planta ses premières vignes sur les pentes du Groot Drakenstein, faisant très tôt de L'Ormarins un point de repère autant qu'un site viticole respecté dans la région du Cap. 275 ans plus tard, le domaine de L'Ormarins a été acquis par la famille Rupert, et en 1984, la ferme et la cave qui datent respectivement de 1811 et de 1799, ont été complètement rénovées en respectant les canons de l'architecture originale. On comprend, en découvrant la beauté et la richesse de style des lieux, qu'ils aient été déclarés monuments nationaux. Sous la direction de Johann Rupert, cette propriété bénéficie théoriquement de tous les soins, au même titre que La Motte et Rupert & Rothschild, domaines qui font partie du groupe familial, mais je ne l'ai pas vraiment constaté dans le verre...

De Lourmarin, dans le Lubéron, à L'Ormarins, il n'y avait qu'un petit pas à franchir...

Les vins

Un peu lourd et très moyen, le **sauvignon** ne m'a pas épaté, ni le **chardonnay,** manquant définitivement de matière. Par contre, l'original **pinot grigio Terra del Capo**, sec, agréable et fruité, est un bon vin de soif, rafraîchissant et léger. Toujours sous la dénomination **Terra del Capo**, le **sangiovese** se distingue avec toute sa typicité et ses saveurs de cerise et d'épices. Les vins rouges à base de merlot ou de cabernet sauvignon m'ont semblé vieux style et un peu lourds. Enfin, le **porto Late Vintage,** au nez légèrement poussiéreux, n'a de porto que le nom, encore usurpé, mais cela devrait changer sous peu, le mot porto devant disparaître de la législation sud-africaine. Il était temps! (Entre 15 et 22 $.)

> On comprend, en découvrant la beauté et la richesse de style des lieux, qu'ils aient été déclarés monuments nationaux.

MEERLUST

STELLENBOSCH | Coastal Region
(Faure)

La ferme Meerlust, située à 30 minutes de voiture du Cap et cinq minutes de False Bay, a été fondée en 1693. Aujourd'hui, la tradition familiale est perpétuée par le propriétaire, Hannes Myburgh, et son maître de chai Chris Williams. Cette jolie propriété a un terroir unique et jouit d'un écosystème exceptionnel grâce aux brises océanes et aux brumes nocturnes qui rafraîchissent le vignoble. Ce climat permet aux grappes de mûrir lentement, donnant ainsi des arômes riches et concentrés. Meerlust s'est lancée avec succès dans la compétition internationale en 1984 avec des assemblages à la bordelaise. Hannes Myburgh représente la huitième génération à Meerlust. Il a terminé ses études en 1982 à l'université de Stellenbosch avec un diplôme en lettres spécialisé en français et en anglais, avant d'étudier le vin à Geisenheim en Allemagne. Hannes a aussi travaillé au château Lafite, ce qui somme toute n'est pas négligeable.

> Le propriétaire Hannes Myburgh a aussi travaillé au château Lafite, ce qui somme toute n'est pas négligeable.

Les vins

On constate chez ce producteur une certaine maîtrise dans les vinifications. Le **chardonnay** au boisé bien intégré, et le **pinot noir** aux tanins structurés, tirent admirablement leur épingle du jeu (environ 28 $). Le **merlot** est un peu mince et sans grande complexité. Quant au **Rubicon**, on voit que tout comme Jules César, ils ont su le franchir avec cet assemblage (70 % de cabernet sauvignon et de merlot et du cabernet franc pour la différence), sorte de meritage à la californienne dans lequel la puissance et la concentration n'empêchent pas le fruit et une certaine délicatesse, même si cela se termine sur des tanins un peu asséchants (environ 40 $).

MORGENSTER

STELLENBOSCH | Coastal Region
(Somerset West)

La grande maison du domaine Morgenster (ce qui signifie *étoile du matin*), brille de toute son influence hollandaise tant dans son histoire que dans son architecture. Cette ferme prospère installée à Somerset West, tout près de Vergelegen, profite d'un écosystème parfait pour la viticulture, avec l'influence directe des brises marines de False Bay. Giulio Bertrand, qui a acheté la ferme en 1992, s'est immédiatement mis à l'œuvre et produit plusieurs vins rouges d'excellente qualité dans un style très bordelais, avec la trilogie habituelle cabernet sauvignon, cabernet franc et merlot. Il faut préciser que l'œnologue Pierre Lurton, directeur général des châteaux Cheval Blanc et d'Yquem, est activement impliqué dans la propriété depuis les vendanges de 1999. On découvre en même temps toute une gamme d'huiles d'olive, dont une huile joliment aromatisée au citron qui ne manque pas d'intérêt. La coquille Saint-Jacques sur le pignon de la ferme a été adoptée comme logo de Morgenster. Ornant le verre sombre des bouteilles d'huile d'olive, elle apparaît aussi sur les bouteilles de vin.

> On découvre aussi toute une gamme d'huiles d'olive, dont une huile joliment aromatisée au citron qui ne manque pas d'intérêt.

L'influence bordelaise, tant à la cave que dans le verre, se fait sentir.

Les vins

Deux vins se distinguent: le **Lourens River Valley** et le **Morgenster.** Le premier est un assemblage dans lequel le merlot domine. Très expressif et d'une certaine élégance, il offre des tanins serrés mais bien mûrs et des saveurs de chocolat en finale (environ 30 $). Beaucoup plus cher, le **Morgenster** est issu d'un assemblage classique de cabernet sauvignon, de cabernet franc et de merlot. Vinification bien maîtrisée et travail impeccable avec la barrique de chêne français pour ce vin puissant et charnu, aux saveurs moyennement épicées et au potentiel indéniable.

MULDERBOSCH

STELLENBOSCH | Coastal Region
(Koelenhof)

Juste à côté de Beyerskloof, la ferme Mulderbosch est située dans le secteur principal de Koelenhof, au nord de Stellenbosch. Le Dr Larry Jacobs a acheté la ferme en 1989, et son association avec Mike Dobrovic, l'un des vignerons les plus doués d'Afrique du Sud, a été déterminante. En effet, après avoir planté les premières vignes et construit la cave, Mike s'est fait remarquer par les journalistes spécialisés, avec son sauvignon blanc. En 1996, Larry a vendu le domaine à un groupe de Pretoria, Hydro Holdings, mais Mike est resté et dirige les opérations, tant dans la vigne qu'à la cave. Le vignoble de 48 hectares est maintenant composé de chardonnay, de cabernet sauvignon, de cabernet franc, de merlot, de malbec et de sauvignon, avec une large part réservée à ce dernier.

Les vins

Beaux assemblages avec le **Faithful Hound,** structuré et doté d'un bon potentiel de vieillissement, et le **Beta Centauri,** impressionnant dans sa jeunesse. On découvre aussi un **chenin blanc** du nom de **Steen-op-Hoot,** bien nourri, avec de la matière et de la persistance. Le **chardonnay** fermenté en barriques est de style Nouveau Monde, tandis que le **sauvignon** joue plus dans le registre de la fraîcheur et de la minéralité. (Entre 13 et 22 $.)

> Mike Dobrovic, l'un des vignerons les plus doués d'Afrique du Sud, s'est fait remarquer par les journalistes spécialisés, avec son sauvignon blanc.

Tout près du cap de Bonne-Espérance, des autruches gambadent en toute liberté.

NEDERBURG

PAARL | Franschhoek Valley • Coastal Region
(Paarl)

Nederburg est un heureux mélange de tradition et d'innovation. Ce domaine, dont les vins remportent souvent des distinctions dans les concours, est l'un des plus connus du pays. Située à 60 kilomètres au nord-est du Cap, au pied du Drakenstein, la propriété se trouve dans le secteur vinicole historique de Paarl. Elle fut construite en 1800 par Philippus Wolvaart, qui acquit la terre dans la vallée de Paarl en 1791. Razvan Macici, dans la jeune quarantaine, est aujourd'hui le patron de l'équipe technique. Il a commencé son doctorat en œnologie en Roumanie, son pays d'origine, et il a travaillé en Europe avant d'arriver en Afrique du Sud en 1997. Toujours aussi passionné, il m'a fait part de ses préoccupations, notamment en ce qui concerne l'élevage sous bois, et des projets qu'il a pu mettre en place dans cette cave, même si Nederburg fait partie de l'imposant groupe Distell, et qu'il doit élaborer de très nombreuses cuvées. Nederburg possède un magnifique manoir où l'on donne parfois des réceptions privées, et est l'hôte chaque année du Nederburg Auction, l'un des encans de vins les plus importants au monde.

« Le vin est travail, vérité et sagesse ! »

L'élevage sous bois est l'une des préoccupations de la maison.

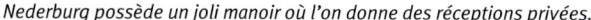

Les vins

Réservée à leur fameux encan, la catégorie **Private Bin,** suivie d'un numéro comme dans l'approche australienne, offre une douzaine de cuvées. J'ai goûté un **chardonnay (Bin D270)** encore marqué par le bois, peut-être parce qu'il y a passé un peu trop de temps. Le **cabernet sauvignon (Bin R163)** et plusieurs assemblages, notamment de cabernet et de syrah, ont du caractère et du fruit à revendre. Le **sauvignon Manor House** est très aromatique et garde une certaine vivacité malgré un degré alcoolique élevé. Le **Rhine riesling** ne m'a pas convaincu, tandis que les **Noble Late Harvest,** des vendanges tardives dans lesquelles dominent le **sémillon** ou le **chenin,** sont de belle facture. Les vins les moins chers coûtent environ 13 $.

Nederburg possède un magnifique manoir où l'on donne parfois des réceptions privées, et est l'hôte chaque année du Nederburg Auction, l'un des encans de vins les plus importants au monde.

Nederburg possède un joli manoir où l'on donne des réceptions privées.

PLAISIR DE MERLE

PAARL | Franschhoek Valley • Coastal Region
(Simondium)

Les pics élancés du Simonsberg sont depuis longtemps les gardiens de la naissance et du renouveau de ce domaine joliment baptisé Plaisir de Merle. La vigne pousse sur les contreforts situés à l'est de cette montagne majestueuse, donnant des raisins d'une très bonne qualité. Comme beaucoup de ses amis huguenots, Charles Marais reçut cette terre en 1688. Sous la direction de son petit-fils, Jacob Marais, un homme inspiré, le domaine devint à cette époque le plus somptueux de la région. Remanié de nombreuses fois, Plaisir de Merle prit forme et devint au fil des ans la propriété de la famille Hugo, au XIXe siècle. Aujourd'hui membre de Cape Legends, émanation commerciale importante du groupe Distell, Plaisir de Merle possède une nouvelle cave inaugurée en 1993. La douve qui l'entoure – regorgeant de poissons koi – rafraîchit et isole celle-ci, favorisant une température idéale pour les vins en phase de maturation. Près de la douve, le petit moulin à eau au charme rustique est la fidèle reproduction de celui que Jacob Marais fit construire pour sa femme Maria en 1730. Niel Bester, le *winemaker* fait ici un excellent travail. J'ai été fort impressionné par cet établissement qui sert un peu de vitrine à toute la région. Quel décor inoubliable!

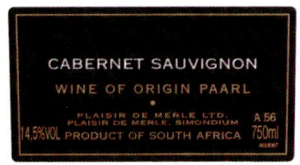

Cuisine et vins font bon ménage dans la région de Franschhoek.

Les vins

Curieusement, et c'est très bien ainsi, cette immense propriété ne propose pas trop d'étiquettes. Une mention spéciale pour le **sauvignon**, charmant et très expressif et le puissant et charnu **Grand Plaisir**, un judicieux assemblage de cabernet sauvignon (50 %), de merlot (24 %), de petit verdot et de syrah, avec selon les années, un soupçon de malbec (environ 30 $). Un élevage pendant 16 mois dans des barriques de chêne français lui assure une certaine finesse et des tanins de velours. Le **cabernet sauvignon** (100 %), d'une grande profondeur, offre des senteurs de fumée et une structure tannique étonnante, tandis que le **shiraz** (environ 30 $), d'un rouge soutenu et très fruité, a des saveurs prononcées d'épices et plus précisément de poivre blanc.

> Une mention spéciale pour le puissant et charnu Grand Plaisir, un judicieux assemblage de cabernet sauvignon (50 %), de merlot (24 %), de petit verdot et de syrah, avec selon les années, un soupçon de malbec.

On vient du Cap et des alentours apprécier les parfums et les saveurs de la région.

L'entrée de la cave.

REMHOOGTE

SIMONSBERG • STELLENBOSCH | Coastal Region
(Stellenbosch)

Situé sur la pente ouest du Simonsberg, en face de L'Avenir Estate, Remhoogte Wine Estate appartient à la famille Boustred depuis 1995, même si les contrats originaux de ce domaine remontent à 1812. Le nom hollandais, Remhoogte, date des premiers jours de Stellenbosch, quand les *oxwagons* devaient mettre leurs freins sur les collines menant à Stellenbosch. En 2001, Murray et Juliet Boustred se sont associés à Michel et Dany Rolland, œnologues bien connus sur la place de Bordeaux. Remhoogte a 30 hectares de vignes à l'heure actuelle, avec un potentiel de 12 hectares à venir. Les sols d'argile et les pentes très abruptes constituent un excellent terroir pour les différentes variétés. Les vignes ont été intensivement replantées au cours des dix dernières années, mais certaines, plus anciennes, ont été maintenues. Judicieusement, on pratique l'irrigation au goutte-à-goutte lorsque c'est nécessaire. Ce n'est pas une coquetterie mais bien une décision éclairée, la moitié seulement des raisins récoltés est utilisée sous le nom du domaine, le reste étant vendu sous contrat à une ferme voisine. Il est évident que l'arrivée de Michel Rolland a ajouté une nouvelle dimension aux vins de la propriété. La cave, de taille modeste, a été agrandie et de nombreux investissements ont été consentis sous la houlette du maître bordelais qui depuis 2002, supervise les vinifications et participe aux assemblages. En prime, Murray, le maître des lieux et ancien ingénieur en construction, partage avec le visiteur sa passion des animaux sauvages. Juste avant la dégustation, quelques zèbres, des gnous, des springboks et autres animaux du pays gambadaient devant nous pour notre plus grand plaisir.

Murray Boustred, pipette à la main.

Les vins

Tout d'abord, l'**Aigle Noir,** un assemblage de pinotage (44 %), de merlot (40 %) et de cabernet sauvignon, n'a rien de compliqué et constitue un vin de soif fruité et très agréable. Le merlot domine (60 %) dans le **Remhoogte Estate,** un vin minéral rond, charnu et élégant, avec en bouche des saveurs de noix de muscade (environ 30 $). L'assemblage principal (un peu dans les mêmes proportions) est le **Bonne Nouvelle,** et la bonne nouvelle réside dans le fait que l'on tient là un vin aux parfums sensuels, savoureux, dominé par le fruit et, rendons-nous à l'évidence, très bien vinifié. On sent aussi une excellente maîtrise du fût de chêne, d'autant plus que le vin a passé 18 mois dans le bois neuf, mais il faut bourse délier... (environ 65 $).

Ce n'est pas une coquetterie mais bien une décision éclairée, la moitié seulement des raisins récoltés est utilisée sous le nom du domaine, le reste étant vendu sous contrat à une ferme voisine.

Des zèbres, des gnous et des springboks s'ébattent ici en toute liberté.

ROBERTSON WINERY

ROBERTSON | Breede River Valley
(Robertson)

Créée en 1941, la cave coopérative de Robertson est la troisième plus grande cave d'Afrique du Sud. Plus de 40 propriétaires livrent le raisin à cette société dynamique dont ils sont, à n'en point douter, des actionnaires impliqués. Il n'y a qu'à goûter ce qui se fait chez certains producteurs indépendants de la région (Springfield ou De Wetshof par exemple) pour comprendre que la vallée est propice à l'élaboration de vins excellents. Il faut cependant être vigilant en regardant la kyrielle de cuvées que cette cave nous propose. En effet, des vins effervescents aux *tetrapacks* en passant par les gammes Robertson, Old Chapel et Vineyard Selection, il y a de quoi attraper le tournis, même avant d'avoir avalé la moindre goutte, puisqu'on compte pas moins d'une trentaine d'étiquettes.

Les vins

Dans la gamme **Vineyard Selection**, le **shiraz Wolfkloof** ne manque pas de saveur et de fruit, avec une tendance vers la confiture de cerise noire. Le **pinotage Phanto Ridge** est très expressif et plutôt original, tandis que le **chardonnay Kings River**, marqué par le bois, verse sans scrupule dans l'exotisme. Je passe sur le **sauvignon blanc Retreat**, un peu exubérant à mon goût, pour mieux savourer les excellents **Noble Late Harvest**, notamment le **Wide River Reserve**, à base de riesling botrytisé. Sous l'étiquette **Robertson**, peu de choses à signaler, si ce n'est des vins rouges éminemment fruités, à boire pour le plaisir et sans trop se poser de questions. Le **cabernet sauvignon Prospect Hill** est généreux, charnu, mais sans grande envergure. (Entre 10 et 20 $.)

Il est courant de voir des springboks, antilopes d'Afrique australe, dont le nom d'origine hollandaise signifie bouc sauteur.

> Il y a de quoi attraper le tournis, même avant d'avoir avalé la moindre goutte, puisqu'on compte pas moins d'une trentaine d'étiquettes.

La VW de Marc Friederich, restaurateur et sommelier à Paarl.

Prélèvement de vin à la pipette.

Restaurant africain à l'hôtel-village Spier.

RUPERT AND ROTHSCHILD

FRANSCHHOEK VALLEY | Coastal Region
(Franschhoek)

Rupert et Rothschild Vignerons est né d'une association entre la famille Rupert d'Afrique du Sud, et le baron Benjamin de Rothschild, fils du dernier baron Edmond de Rothschild, du château Clarke à Listrac, dans le Médoc. Les deux familles ont, de toute évidence, un intérêt profond pour la vigne et le vin. Les Rupert possèdent aussi deux propriétés que je présente dans ce livre, La Motte et L'Ormarins. Le domaine de Fredericksburg est situé sur les pentes du Simonsberg, entre Paarl et Franschhoek. La ferme a été fondée en 1690 par les frères Jean et Daniel Nortier (se prononce « Nortjie »). La maison du manoir, construite autour de 1711, était à l'origine une maison simple qui a été transformée pendant les deux siècles suivants par une série de propriétaires. Anthonij Rupert, le plus jeune fils du docteur Anton Rupert, hélas aujourd'hui décédé, acquis Fredericksburg en 1984. Il y planta les meilleures variétés sur 90 hectares, et la restauration des bâtiments originaux commença en 1991, après une recherche poussée sur les origines de la ferme. Dans l'ensemble, la qualité des vins est irréprochable, tout particulièrement le Baron Edmond. Un petit bémol cependant au niveau des prix, quelque peu élevés.

Yvonne Lester est la jeune winemaker *de la maison.*

Le chardonnay Baroness Nadine, dont 80 % de la production est fermenté en barriques, est bien équilibré, avec de la vivacité, de la rondeur et du charme : un style meursault qui n'est pas pour me déplaire…

Les vins

Le **chardonnay Baroness Nadine,** dont 80% de la production est fermenté en barriques, est bien équilibré, avec de la vivacité, de la rondeur et du charme : un style meursault qui n'est pas pour me déplaire... (environ 35 $). Le **Classique,** composé de cabernet sauvignon (60%) et de merlot, est très expressif, avec des notes de cassis et une bonne charpente en bouche. À peu près dans les mêmes proportions, le **Baron Edmond** est issu de vignes plus vieilles. D'une couleur concentrée, il est doté d'un nez de fruits noirs très mûrs et d'épices. Les tanins sont présents mais bien enveloppés. C'est un vin racé d'une grande longueur. (Entre 25 et 35 $.)

Au pied du Simonsberg, entre Paarl et Franschhoek.

Afrique du Sud

RUST EN VREDE

STELLENBOSCH | Coastal Region
(Stellenbosch)

Même si Rust en Vrede date de 1694, la renommée viticole de cette ferme est beaucoup plus récente. Les bâtiments construits entre 1780 et 1825 sont des exemples parfaits de l'architecture hollandaise du Cap et ont été rénovés avec bonheur par Jannie Engelbrecht et sa famille, les actuels propriétaires. Dès 1978, le vignoble et la cave ont été reconstitués et ce domaine, très curieusement, revendique le titre de première propriété sud-africaine à se spécialiser dans le vin rouge. Pour arriver à ses fins, Jannie Engelbrecht a fait construire en 1984 une cave souterraine de vieillissement qui ferait pâlir de jalousie bien des producteurs européens. En effet, si Rust en Vrede privilégie des bois français et américains pour l'élevage de ses vins rouges, comme la plupart des maisons sud-africaines, elle est l'une des rares, à ma connaissance, à faire vieillir les vins en bouteille un an ou deux dans ses caves, avant de les commercialiser. Petite anecdote significative, le président Nelson Mandela a choisi Rust en Vrede pour le dîner du Prix Nobel de la Paix de 1994 servi en son honneur à Oslo.

Gerbage des fûts, façon Nouveau Monde.

Rust en Vrede aime bien laisser ses vins mûrir en cave avant de les commercialiser.

Les vins

Le **merlot,** moyennement expressif, est encore sur sa réserve deux ans après les vendanges, mais laisse entrevoir un bel avenir avec une forte extraction de couleur et de saveurs de cassis, de mûre et de chocolat notamment. Le **shiraz**, épicé, structuré, charnu et aux tanins serrés m'a prouvé hors de tout doute que cette variété fait souvent bon ménage avec le bois américain. Le **cabernet sauvignon** est aussi de même style. Enfin, l'assemblage **Estate Wine,** élevé dans des barriques de 300 litres pendant 23 mois, et composé de cabernet sauvignon (60%), de syrah (30%) et de merlot est tout simplement savoureux. Ce vin élégant aux tanins fermes et compacts est juteux, charnu et pourvu d'une bonne acidité. C'est un excellent travail signé Louis Strydom, le *winemaker* qui officie chez le célèbre Ernie Els (*voir* p.70), par contre, il n'est pas donné. (Entre 20 et 40 $.)

Rust en Vrede est l'une des rares maisons, à ma connaissance, à faire vieillir les vins en bouteille un an ou deux dans ses caves avant de les commercialiser.

De la cuve à la bouteille.

Afrique du Sud

SPRINGFIELD

ROBERTSON | Breede River Valley
(Robertson)

C'est de la vallée de la Loire que les Bruères (d'autres Français huguenots), sont arrivés en 1688 en Afrique du Sud, avec quelques plants de vignes dans leurs malles. Beaucoup plus tard, on retrouve les Bruwer (leur nom a été transformé au fil des ans) dans cette région pittoresque de Robertson. Propriété familiale s'il en est, elle est située dans un très joli cadre offrant une vue magnifique sur les chaînes de montagnes McGregor et Langeberg, et sur les gazelles qui ne sont jamais bien loin. Les propriétaires actuels, Abrie et sa sœur Jeanette, sont aussi dynamiques que passionnés. Jeanette, qui s'occupe beaucoup du vignoble et des plantations, voit à la commercialisation et à la promotion et Abrie est le vinificateur en chef. Autodidacte intuitif, cet amant de la nature privilégie l'élégance et est partisan des vinifications traditionnelles tout en intervenant le moins possible. J'ai aimé ses cuvées de sauvignon, bien réussies, ce qui l'a touché, car c'est un cépage qu'il vinifie avec beaucoup de plaisir. Tous les vins de ce domaine m'ont emballé et je dois dire que ses chardonnays ont du panache. Ce n'est pas la photographe qui m'accompagnait (en l'occurrence ma fille Julie) qui me dira le contraire, puisqu'elle m'a avoué qu'elle ferait des bassesses pour son chardonnay Wild Yeast.

Tous les travaux de la vigne sont effectués à la main.

Les vins

Le **sauvignon Life from Stone** porte bien son nom, car en plus des notes de groseille et de fruit de la passion, on y découvre une minéralité (sol de quartz à 70 %) qui lui confère des saveurs délicatement salées. C'est un vin aérien et tout en pureté ! Le **sauvignon Special Cuvée** est plus dense, mais la matière n'empêche pas le fruit. Le premier **chardonnay** dégusté, le **Wild Yeast,** élaboré avec des levures indigènes, est délicieux et possède matière et fraîcheur, de la longueur et de la personnalité, même s'il n'a pas vu le bois. C'est un chardonnay comme on aimerait en boire plus souvent ! Le **chardonnay Méthode Ancienne** a passé 12 mois en barriques. Issu de petits rendements, il a bien digéré son bois et possède un gras qui se prolonge sensuellement en finale. Parmi les rouges, le **Whole Berry,** élaboré avec 100 % de cabernet sauvignon a passé un an en cuve, puis un an en barriques de chêne français. Fruité et charnu, ce vin a de la structure mais aussi de la finesse. Enfin, le **Work of Time** est un assemblage à la bordelaise, composé de merlot (42 %), de cabernet sauvignon (31 %) et de cabernet franc. Après quatre ans, il est encore très concentré, soyeux, fruité à souhait et d'une longueur étonnante. En conclusion, c'est un domaine à surveiller, qui ne fait pas de compromis, n'élaborant de grands vins que lorsque la nature le permet, et cela à partir de vieilles vignes et de petits rendements. Comme quoi il n'y a pas de secret ! (Entre 18 et 40 $.)

Abrie est le vinificateur en chef. Autodidacte intuitif, cet amant de la nature privilégie l'élégance et est partisan des vinifications traditionnelles tout en intervenant le moins possible.

Quiétude sur le lac bordant la propriété.

VERGELEGEN

STELLENBOSCH | Coastal Region
(Somerset West)

En hollandais, *vergelegen* signifie *situé très loin*. Il faut se rendre en effet au sud de Stellenbosch, tout près de l'océan, dans False Bay, pour admirer ce paysage à couper le souffle au pied du Helderberg. Très vite, on a transformé la terre non cultivée en un véritable paradis. Les descendants du gouverneur Simon Van der Stel y ont planté des vignes, des chênes, des vergers et des orangers et introduit le bétail. La conception octogonale de la cave reflète celle du jardin octogonal créé en 1700. C'est avec surprise que l'on découvre les camphriers géants, importés d'Asie du Sud-Est il y a plus de 300 ans. Depuis 1987, la propriété appartient à la compagnie minière Anglo-American, qui a entrepris un important programme de rénovation afin de préserver l'histoire culturelle de ce lieu hors du commun. Ce qui ne gâte rien, la qualité des vins est plutôt remarquable, avec un point fort sur les rouges. Depuis qu'il a rejoint Vergelegen en 1998, le *winemaker* Andre Van Rensburg, qui n'a pas la langue dans sa poche, continue de veiller de façon très professionnelle sur la production.

> C'est avec surprise que l'on découvre les camphriers géants, importés d'Asie du Sud-Est il y a plus de 300 ans.

Entrée futuriste pour se rendre dans les chais de Vergelegen.

Les vins

Tout d'abord, le **sauvignon,** issu d'un sol de granit décomposé, est très aromatique et d'une grande netteté. Le **chardonnay Reserve,** minéral, a une robe soutenue et de la matière. Vinifié sans apport de levures sélectionnées, il passe 12 mois sur ses lies dans des fûts de chêne français, dont 50 % de barriques neuves, et est bâtonné régulièrement. L'assemblage **sémillon** (65 %) et **sauvignon** est joliment aromatique et a des airs de famille avec les très bons blancs des Graves (Bordelais). Le premier cépage apporte le gras et la matière tandis que le sauvignon assure la fraîcheur (environ 20 $). Le **Mill Race,** très bordelais lui aussi avec son assemblage merlot (dominant) et cabernet sauvignon, est charmeur avec ses notes de framboise, d'épices et de tabac blond, et son aspect charnu

Les camphriers géants ont plus de 300 ans.

Inspiration médocaine dans le chai et à la cuverie.

Afrique du Sud

et velouté en bouche. Merlot et cabernet sauvignon sont respectivement ronds et structurés, et ont en commun couleur, expression aromatique, extraction et finesse, tout cela rendu possible grâce, en grande partie, à des petits rendements et à des vinifications irréprochables. Pour conclure la série, le **Estate,** issu d'un assemblage de cabernet sauvignon (46 %), de merlot (29 %) et de cabernet franc est éblouissant de finesse, de classe mais aussi de complexité. Un vin d'exception qu'il faut payer environ 60 $.

C'est vrai qu'il faut se rendre très loin (vergelegen *en hollandais*) pour admirer ce paysage à couper le souffle.

WARWICK

SIMONSBERG • STELLENBOSCH | Coastal Region
(Klapmuts)

Propriété acquise par un colonel de la guerre des Boers, la ferme fut baptisée du nom de Warwick en hommage à son régiment. Il faudra attendre 1964 et l'arrivée de Stan et de son épouse Norma Ratcliffe, ancienne championne canadienne de ski, pour voir la vigne pousser quelques années plus tard. Les nouveaux propriétaires ont vite compris le potentiel de leur terroir, notamment pour le cabernet sauvignon. C'est en 1984 que le premier millésime a été présenté. Stan est décédé en 2004, mais le vigneron Louis Nel a pris la suite de Norma dans les vignes, et Mike Ratcliffe, le fils, tient les rênes du domaine. On aurait toutefois avantage à réduire le nombre de cuvées car il est facile de s'y perdre...

Mike Ratcliffe tient les rênes du domaine.

Les vins

Le **sauvignon blanc Professor Black** est très délicat avec ses notes de citron vert et ce gras non dénué de fraîcheur. Le **chardonnay Estate** d'un an, au bois encore très présent, offre des saveurs très marquées de noix de coco. Le **pinotage** s'en tire bien avec un certain fruité et des fragrances agréablement fumées, malgré ses notes d'écurie. Le **Three Cape Ladies** est un heureux assemblage de cabernet sauvignon (50%), de cabernet franc et de pinotage à parts égales. D'un joli nez de fruits rouges et d'épices, il a de la matière et une certaine élégance. Le **Trilogy**, un autre assemblage ressemblant au précédent, avec cette fois-ci du merlot à la place du pinotage, m'a paru marqué par ses 24 mois d'élevage dans le chêne. Quant au cabernet franc de trois ans, le fruit domine, soutenu par des tanins bien mûrs, et affiche encore une belle jeunesse. Des vins à prix abordables, entre 18 et 30 $.

> Les nouveaux propriétaires ont vite compris le potentiel de leur terroir, notamment pour le cabernet sauvignon.

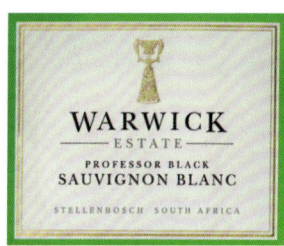

WINECORP

STELLENBOSCH • DARLING • PAARL | Coastal Region • Western Cape
(Stellenbosch)

C'est avec la fusion des trois caves suivantes, Spier, Longridge et Savanha qu'est née Winecorp South Africa en 1999. Aujourd'hui, sous la responsabilité de Vernon Davis, le grand patron, une équipe dynamique réussit à produire bon an mal an des vins qui se méritent des médailles ici et là. Les vignobles de Savanha sont situés dans la région de Darling à Burgherspost, et ceux de Longridge au sud de Stellenbosch. C'est là, sur les collines sises au pied du majestueux Helderberg, que l'on élabore des vins très Nouveau Monde, un peu sophistiqués. Quant au domaine Spier, tout droit issu de la tradition viticole de la région du Cap, on y élabore des cuvées de chenin blanc étonnantes. J'ai pu les goûter à quelques reprises puisque je résidais, pendant mon séjour en tant que juré au concours de dégustation Michelangelo, à l'hôtel-village Spier, un vaste complexe de 155 chambres avec salle de conférences et plusieurs restaurants.

> C'est là, sur les collines sises au pied du majestueux Helderberg, que l'on élabore des vins très Nouveau Monde, un peu sophistiqués.

Les vins

Pour avoir goûté principalement les vins de Spier, le **chenin blanc** (et colombard) **Discover** m'a laissé quelque peu sur ma soif, avec une amertume en finale. Le **Private Collection,** toujours en **chenin**, était beaucoup plus intéressant, fermenté et élevé en barriques de chêne français pendant 10 mois, avec au final de la matière et beaucoup de présence. Même constatation en ce qui concerne le **sauvignon.** Beaucoup plus d'expression, du gras et du fruit dans le **Private Collection**. Ceci dit, le **sauvignon Classique** est assez rafraîchissant. Parmi les trois **shiraz** dégustés, le **Private Collection** contient un peu de viognier et le **Vintage Selection** est composé de shiraz (76 %), de mourvèdre (21 %) et d'un peu de viognier. Ce sont deux beaux vins juteux, fruités, charnus et épicés. Enfin, le **Cape Blend Vintage Selection** est un assemblage à la bordelaise très fruité, et le **pinotage Private Collection** est d'une bonne franchise, avec au nez comme en bouche des saveurs de fruits, de cuir et d'épices.

Panneau mural à l'hôtel-village Spier.

Ma fille Julie en pleine séance de maquillage à l'africaine.

Travail à la table de tri.

Afrique du Sud

D'AUTRES MAISONS À DÉCOUVRIR

AFRICAN TERROIR (PAARL)

C'est en 1991 que la société suisse Africain Terroir a acheté la propriété Sonop, dans la région de Paarl. Dans un élan de solidarité sociale et économique indéniable, Winds of Change (WOC) a été lancé en 1999 par cette société pour consolider l'intégration noire dans l'industrie viticole du pays. Sur près de 1200 hectares cultivés, les familles qui vivent ici possèdent 12 hectares de terre et un pourcentage des bénéfices va directement aux projets de la communauté. Ils produisent plusieurs gammes de vins dont **Tribal, Out of Africa, Diemersdal, Cape soleil, Elixir** et **Sonop** (des vins issus de culture biologique) et **Winds of Change**.

ALLESVERLOREN (SWARTLAND)

Une bonne maison qui produit entre autres un excellent **shiraz,** un bon **cabernet sauvignon,** un soi-disant **porto style LBV** et même du **touriga nacional** (*voir* Distell p. 68).

BELLEVUE (STELLENBOSCH)

Depuis 1861, la famille Morkel est installée sur cette ferme qui a aussi gardé sa vocation agricole et l'élevage de chevaux. Principalement axée sur la production de vins rouges, Bellevue Estate élabore des cuvées de **malbec,** de **petit verdot** et de **pinotage** qui se distinguent.

BELLINGHAM (WELLINGTON)

Une maison qui fait partie de Douglas Green Bellingham (DGB) et qui offre de nombreux vins, dont certains constituent de bons rapports qualité-prix. Je vous conseille les **chardonnay, merlot, cabernet franc** et **pinotage** dans la gamme **Spitz** et les **chenin blanc, viognier** et **syrah** sous l'étiquette **Maverick**. Parmi les assemblages, le **cabernet sauvignon/merlot** est honnête.

BERGSIG (WORCESTER)

Dans ce vignoble situé à l'est de Paarl, dans Breede River Valley, la famille Lategan exploite une ferme immense de près de 500 hectares, où le mot biodiversité n'est pas usurpé (conservation de fleurs sauvages et réserve ornithologique). Près de la moitié de cette surface est consacrée à la vigne. De nombreuses cuvées, sous plusieurs marques, sont proposées au consommateur qui doit faire un petit effort pour s'y retrouver. Le **pinotage** et le **chardonnay** sortent du lot.

BOUTINOT (Paarl)

Boutinot est une société sud-africaine qui importe et distribue des vins, notamment au Royaume-Uni. Elle s'est bâtie une réputation depuis les 10 dernières années, et ses rapports avec de nombreux producteurs ont favorisé l'acquisition, en 2004, de vignes dans la région de Stellenbosch. Jean du Toit, le PDG et Werner Engelbrecht, le chef de culture, semblent animés d'une certaine philosophie de qualité. Cela se sent sur la jolie propriété située au pied du Helderberg. Cela dit, **sauvignon blanc, chardonnay,**

pinotage et **shiraz,** sous l'étiquette **False Bay,** sont agréables, mais pas transcendants. On élabore aussi le **chardonnay** et le **sauvignon** sous l'étiquette **Peacock Ridge.** Quant au **Paarl Heights, cinsault/shiraz** et **chenin blanc** sont honnêtes mais font bien pâle figure si on les compare avec ce qui se fait ailleurs.

CONSTANTIA GLEN (CONSTANTIA)

L'élégant banquier et homme d'affaires Gus Allen a décidé d'investir dans un site exceptionnel afin de donner naissance à une cave-boutique dans laquelle deux vins seulement seront élaborés : un blanc à base de sauvignon et un rouge à la sauce bordelaise. Pour l'instant vinifiés par le *winemaker* John Loubser (de Steenberg), les deux premiers millésimes de **sauvignon blanc** dégustés sont d'une grande pureté, avec au rendez-vous matière, gras et minéralité. Pour le rouge il faudra attendre puisque les vignes sont encore bien jeunes. Une cave de haut niveau à surveiller !

CONSTANTIA UITSIG (CONSTANTIA)

Pas très loin de Klein Constantia, et voisin de Buitenverwachting, ce magnifique domaine de 32 hectares offre aussi d'excellents services d'hébergement dans un cadre bucolique, ainsi que trois restaurants, dont La Colombe, rendez-vous hautement gastronomique, et River Café où l'on mange très bien. Sous la supervision d'André Rousseau, un descendant de huguenots qui ne parle pas le français, les vins s'expriment avec finesse, notamment le **sauvignon** et le **chardonnay non boisé,** qui sont fruités, très nets et d'une grande fraîcheur. Le **sémillon** est particulièrement réussi. Floral, élégant, avec beaucoup de miel en bouche, ce vin, qui a été élevé 11 mois en fûts de chêne français de deux et trois ans, offre un bon équilibre entre le moelleux et l'acidité. Le **Constantia Red** est un heureux assemblage de merlot (50 %), de cabernet sauvignon (41 %) et de cabernet franc : très beau nez, beaucoup de matière fruitée et des tanins de velours.

DELHEIM (SIMONSBERG • STELLENBOSCH)

La ferme Delheim, fondée en 1699 et située au pied du Simonsberg, appartient à une famille qui produit un grand choix (peut-être trop grand) de vins de bonne qualité. Spatz Sperling, assisté de Vera et de leurs enfants, s'implique passionnément pour faire de son domaine l'une des maisons respectées de la région de Stellenbosch. J'ai commencé ma dégustation avec un **gewurztraminer** non dénué d'intérêt, surtout en ce qui concerne l'expression aromatique, fidèle à ce que l'on attend de cette variété. Agréable et facile à boire, il n'en est pas moins doucereux et plutôt court en bouche.

Pour ceux qui aiment ce genre de vin, pourquoi ne pas l'essayer avec des plats au curry et de la cuisine d'inspiration thaï. Puis, le **Delheim Grande Reserve**, assemblage de cabernet sauvignon et de merlot était très expressif, mais sans doute à cause de son âge (cinq ans), décharné en bouche et doté de tanins anguleux. On pourra se rattraper avec le **Cape Classique**, un effervescent délicat, et le **sauvignon blanc**, tout à fait désaltérant.

DE TOREN (STELLENBOSCH)

Petit domaine qui a le vent en poupe, De Toren cultive 22 hectares de vignes consacrés aux cépages rouges à la bordelaise. Le tout est vinifié dans des conditions impeccables, sous la supervision du *winemaker* Albie Koch. La cuvée **Z** contient les cinq cépages, le tout vinifié en barriques de chêne français, sauf le malbec qui passe dans le bois américain. On y retrouve du fruit, de la matière et des saveurs de réglisse et de chocolat en finale. La cuvée **Fusion V** comprend plus de cabernet sauvignon (55 %). D'une certaine complexité et d'une grande finesse, ce vin délicieux, aux saveurs d'épices douces, présente des tanins bien enrobés et persiste longtemps en bouche.

DORNIER (STELLENBOSCH)

Cave résolument moderne construite récemment (achevée en 2003), qui vient de recevoir un prix pour son architecture, et où l'on ressent l'influence du peintre Christophe Dornier. 80 hectares sont consacrés à la vigne et trois cuvées principales sont proposées. Les assemblages, en rouge comme en blanc, portent le nom de **Donatus**. Le rouge, d'inspiration bordelaise, est particulièrement réussi.

GLENWOOD (FRANSCHHOEK)

Cette ferme fait partie d'un panorama exceptionnel. Sous la houlette de DP Burger, le *winemaker*, son équipe élabore six cuvées dans un style très Nouveau Monde. Le **sauvignon** fait penser aux vins de Nouvelle-Zélande et le **chardonnay** est très influencé par le bois. Par contre, le **shiraz Vigneron's Selection** m'a fait grande impression avec ses aspects fruité, épicé en diable, fumé et charnu. L'élevage sous bois français pendant 15 mois lui confère structure et harmonie.

HAUT ESPOIR (FRANSCHHOEK)

Joli nom porteur d'espoir pour cette cave confortablement installée à Franschhoek, tout près de Boekenhoutskloof (*voir* p.44). On y élabore quelques cuvées, dont un **sémillon** fort réussi, avec du gras et une bonne longueur. Le **cabernet sauvignon**, aux parfums de fraise et de poivre est bien équilibré, avec du fruit et de la structure.

KEN FORRESTER (STELLENBOSCH)

Excellent domaine où l'on peut d'ailleurs séjourner dans deux jolis cottages. Trois gammes sont proposées. Tout d'abord, sous le nom de **Petit**, **chenin** et **pinotage** sont d'agréables vins de soif. Sous le nom de **Ken Forrester,** en plus du **merlot** et d'un assemblage **grenache/syrah,** un savoureux **chenin blanc** issu de vignes trentenaires se distingue nettement. Enfin, dans la gamme **Icon**, le **chenin blanc** se décline en presque sec, avec rondeur et gras, et en vendange tardive, magnifique et liquoreuse à souhait. La cuvée **Gypsy** est un ensemble musclé et impressionnant de grenache, de syrah et de pinotage.

KLEINE ZALZE (STELLENBOSCH)

On produit du vin depuis 1695 dans cette propriété familiale située à trois kilomètres de Stellenbosch. On y trouve un terroir exceptionnel, des chênes centenaires, de grands jardins dans un panorama à couper le souffle et un restaurant, Le Terroir, où l'on se régale d'une cuisine méditerranéenne mâtinée de recettes locales. Ajoutez à cela un terrain de golf de classe internationale, et vous comprendrez pourquoi Kleine Zalze est un incontournable en Afrique du Sud pour les golfeurs œnophiles. Petit bémol : une pléthore de vins à travers trois gammes, **Reserve, Selection** et **Foot of Africa**.

KUMALA (STELLENBOSCH)

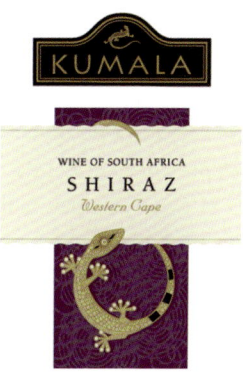

Kumala est plus une marque qu'une maison. Le mot *kumala* provient d'une combinaison de dialectes africains tribaux locaux, et signifie *faire les choses différemment*. Les vins proviennent principalement de Paarl, de Stellenbosch et de Worcester. Il s'agit en fait d'un concept très fort commercialement dont la cible est une clientèle jeune. Les vinifications sont sous la direction de Ben Jordaan, un *winemaker* talentueux et plein d'avenir. Tout ce qui peut se vinifier en Afrique du Sud se retrouve sous l'étiquette **Kumala**. Western Wines est le nom de la société.

MEERENDAL (DURBANVILLE)

La naissance de cette propriété située sur les pentes du Tygerberg, près de Durbanville, remonte à 1702. Si elle appartient au patrimoine viticole et à la longue histoire de la région, elle ne fait pas moins partie aujourd'hui des domaines très respectés qui ont su se projeter dans l'avenir. C'est un consortium d'hommes d'affaires sud-africains avisés et visionnaires qui a acheté Meerendal en février 2004. Les installations du dernier cri ne sont pas là pour épater la galerie car la qualité se retrouve indéniablement dans le verre.

MURATIE (STELLENBOSCH)

Joliment situé au bas des pentes du Simonsberg, le domaine Muratie nous permet de remonter dans le temps et dans l'histoire viticole sud-africaine. Évidemment, de nombreux propriétaires se sont succédé sur cette terre depuis 1699. C'est en 1988 que Ronnie Melck, une forte personnalité du vin de la grande région du Cap, est devenu le 21e maître des lieux, pour reconstruire à sa manière ce vignoble qui jouissait déjà d'une certaine renommée. Ayant laissé les droits à sa famille, l'histoire se prolonge sous la gestion de ses enfants. On sent un désir de bien faire mais il y a encore du pain sur la planche.

NEETHLINGSHOF (STELLENBOSCH)

Une très belle propriété à laquelle on accède par un long chemin pittoresque que longent de hauts pins majestueux. On y découvre un joli manoir d'architecture typique Cape Dutch, où l'on propose une cuisine classique d'inspiration sud-africaine. Dans la gamme **standard**, le **shiraz** et le **Noble Late Harvest** à base de **riesling** sont particulièrement réussis, tandis que la gamme **Lord Neethling** offre **chardonnay, pinotage, cabernet franc** et **cabernet sauvignon** en de savoureuses cuvées séparées. Enfin, le **Laurentius**, élaboré avec cabernet sauvignon (70%), cabernet franc, merlot et syrah, et élevé en fûts pendant un an (90% de chêne français) est savoureux, juteux à souhait, et persiste longtemps en bouche. Neethlingshof fait partie de Cape Legends.

RUSTENBERG (SIMONSBERG • STELLENBOSCH)

Comme pour beaucoup de vignobles de la région, il faut remonter à 1682 pour comprendre la riche histoire de ce domaine. 100 ans plus tard, on produisait déjà 3000 caisses de vin, ce qui n'était pas négligeable pour l'époque. Au début des années 1800, Rustenberg a été divisé par le propriétaire de l'époque, puis la récession et les maladies ont entraîné la disparition du vignoble. Après bien des déboires, Peter et Pamela Barlow ont acheté Rustenberg en 1941, et leur fils Simon en a repris la direction en 1987. Dans la gamme **Régionale**, le **chardonnay** m'a paru un peu lourdaud et dénué de fraîcheur. Par contre, le **John X Merriman**, un assemblage à la bordelaise dans lequel on trouve du merlot (46%), du cabernet sauvignon (36%), du cabernet franc et du petit verdot, possède des tanins assez soyeux, du fruit, de la longueur, avec en prime au nez comme en bouche de jolies notes de torréfaction. Dans la gamme **Brampton**, j'ai particulièrement apprécié le shiraz (90%), accompagné de mourvèdre (8%) et de viognier. On devine la finesse de ce vin de grande extraction, qui vieillira en beauté grâce à des tanins fermes et serrés. Il ne faudrait pas négliger non plus le **chardonnay Five Soldiers**, une excellente cuvée issue d'un vignoble bien spécifique.

SIMONSIG (STELLENBOSCH)

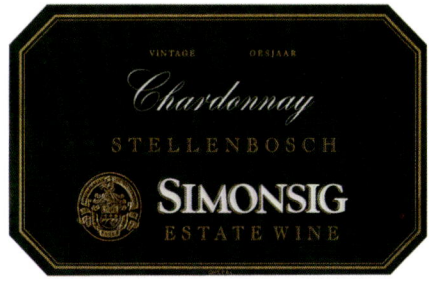

Ici, tout a commencé quand Jacques Malan, un autre Français huguenot, est arrivé en terre sud-africaine en 1688. Conformément à la règle hollandaise, on lui a donné une terre où planter des vignes, puis il s'y est installé. Deux siècles et demi plus tard, en 1953, son descendant, Frans Malan, a mis la main sur ce qui allait devenir Simonsig. Il a commencé à replanter dans les années 1960 et a beaucoup contribué au projet de la route des vins de la région de Stellenbosch en 1971. Aujourd'hui, les trois fils de Frans perpétuent la tradition familiale. Hélas, Simonsig n'échappe pas à la tentation de produire beaucoup de cuvées. J'ai retenu cependant un excellent **chenin blanc** fermenté dans des barriques de 400 litres de chêne français et élevé sur ses lies pendant un an. D'une couleur affirmée aux reflets dorés, cette cuvée nous propose des notes de tilleul et de miel, typiques de ce cépage. Beaucoup de matière et du moelleux caractérisent ce vin sec doté d'une bonne fraîcheur malgré un degré d'alcool élevé (14,5 %).

STEENBERG (CONSTANTIA)

Plus connu pour son hôtel de luxe, Steenberg accède maintenant à la reconnaissance viticole puisque la maison Graham Beck vient d'en prendre le contrôle. Sous la supervision du renommé *winemaker* John Loubser, Steenberg propose des vins de grande qualité comme le **sauvignon blanc Reserve,** expressif (des notes de fumée au premier nez), complexe, avec du gras en bouche et une persistance étonnante. Le **sémillon,** savoureux et quelque peu exubérant (assemblé avec environ 5 % de sauvignon), aux parfums subtils de miel et de tangerine, est fermenté dans des barriques de chêne français. Un délice! Steenberg élabore aussi plusieurs rouges à base de merlot, de syrah ou de nebbiolo, ainsi que la cuvée **Catharina,** issue de l'assemblage des cépages précédents dans lequel on ajoute les cabernets. Une belle expression aromatique, des tanins fins et une certaine structure caractérisent ce vin fort agréable. Enfin, une méthode traditionnelle, le **brut Steenberg 1682** (70 % de chardonnay et 30 % de pinot noir) fait partie des excellents **Cape Classique** du pays.

AUSTRALIE

L'AUSTRALIE EN BREF
COMMONWEALTH OF AUSTRALIA

CAPITALE
Canberra

VILLES PRINCIPALES
Darwin
Brisbane
Sydney
Canberra
Melbourne
Hobart
Adélaïde
Perth

POPULATION
20 000 000 d'habitants

SUPERFICIE DU VIGNOBLE
166 660 hectares

PRODUCTION
14 250 000 hl

CONSOMMATION
20 l/hab.

DIVERS
> six grandes régions viticoles dans les six états

RÉGIONS ET SOUS-RÉGIONS

NEW SOUTH WALES
(Nouvelle-Galles du Sud)
Canberra District
Cowra
Hilltops
Hunter ou Hunter Valley
Mudgee
Orange
Riverina
Shoalhaven Coast

QUEENSLAND
Granite Belt
South Burnett

VICTORIA
Beechworth
Bendigo
Geelong
Goulburn Valley
Grampians
Heathcote
Mornington Peninsula
Pyrenees
Yarra Valley

WESTERN AUSTRALIA
(Australie occidentale)
Geographe
Great Southern
Margaret River
Pemberton
Swan Valley

SOUTH AUSTRALIA
(Australie méridionale)
Adelaide Hills
Barossa Valley
Clare Valley
Coonawarra
Eden Valley
Langhorn Creek
McLaren Vale
Padthaway
Riverland

TASMANIA
(Tasmanie)

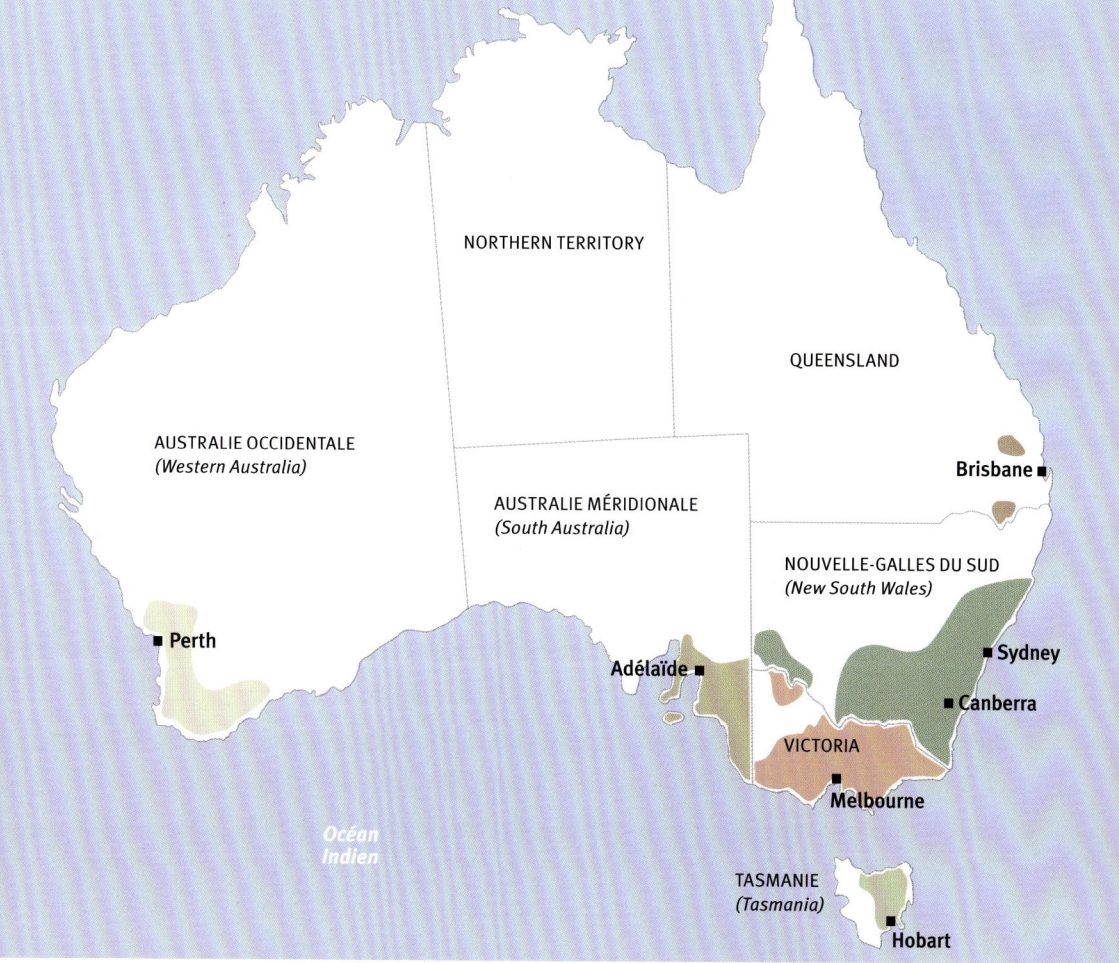

De la Tasmanie à Perth, après avoir traîné mes bottes à Margaret River, Barossa Valley, Adélaïde, Melbourne, Sydney et Hunter Valley, me revoici, la tête pleine d'émotions, d'images, de couleurs, de senteurs fugaces et de saveurs poivrées, d'accents et d'expressions parfois difficiles à décoder, ainsi que du souvenir des gens que j'y ai connus, rencontres déterminantes s'il en est. Les connaissances que ce voyage m'a apportées sont de celles qui nous font réaliser, le temps d'une question, qu'on ne sait pas grand-chose. L'Australie n'est pas un pays comme les autres. Pour le petit occidental que je suis, c'est avant tout une île du bout du monde. Une île assez grande cependant, c'est en effet la plus grande au monde, (on pourrait y loger la France 14 fois), avec sa diversité, ses déserts, ses récifs coralliens et ses côtes échancrées, ses marsupiaux agiles, ses eucalyptus et ses paysages déconcertants. On y prend l'avion comme on prend le train ou l'autobus, pour se rendre d'un domaine à l'autre dans le Sud du pays. Quel privilège de découvrir sur le terrain ce qui a pu y attirer les colons du XIXe siècle et d'étudier les subtilités de ce vignoble fascinant !

UN PEU D'HISTOIRE

On peut remercier les immigrants d'avoir transporté dans leurs malles des ceps de vigne, mais une fois n'est pas coutume, ce sont des Anglo-Saxons et non des Latins qui encouragèrent la vocation viticole de cet immense pays aux allures de continent. Robert Tinlot, directeur général honoraire de l'Office International de la Vigne et du Vin, explique dans le guide Hachette des vinalies internationales* que «Les autorités britanniques voulurent faire de l'Australie un "vignoble anglais"». Ils ont réussi! Avec tout ce que cela comporte comme vision au niveau de la viticulture (ils sont pratiques), de la technologie (ils sont forts), de la commercialisation (ils sont très forts), du goût (ils ont d'autres références...). Il n'empêche que si le capitaine MacArthur, en 1820, et ce brave James Busby quelques années plus tard n'avaient pas eu le bon goût de planter, de vinifier et d'enseigner cet art à leurs compatriotes pour mieux partager ensuite le bon jus de la treille, l'Australie serait peut-être encore à l'eau et à la bière, les régions pauvres et désolées qui ont été acclimatées en auraient rebuté plus d'un.

À première vue, à part cet ensoleillement qui déclencha peut-être l'étincelle œnologique des premiers colons, les conditions naturelles du pays ne semblaient pas vraiment propices à la culture des cépages de cuve... à part pour le raisin de table et les raisins secs. Pour faire pousser des variétés nobles sur de vastes étendues chaudes et arides, des territoires où les pluies sont si rares qu'ils ressemblent au désert et sont plus hospitaliers au serpent qu'à la fleur de vigne, il fallait avoir du cran, la foi... et une furieuse envie de boire du vin. Mais voilà, pour cela, on employa les grands moyens, et l'irrigation massive fut LE moyen. Dès la fin du XIXe siècle, de vastes réseaux (canalisations, rigoles, barrages, etc.) furent mis en place pour apporter l'eau dans les zones quasi désertiques. Cette approche qui n'est pas toujours estimée dans les vignobles conventionnels n'est sans doute pas la panacée, mais elle se pratique malgré tout dans certains pays comme le Chili et l'Argentine, avec un certain succès, assurant de (trop?) bons rendements et une tranquillité économique non négligeable...

Défilé du Anzac Day (fête nationale) à Adélaïde.

Aujourd'hui...

De nos jours, de Margaret River à Hunter Valley, l'irrigation se fait au goutte-à-goutte, mais certains producteurs se targuent de ne pas s'y adonner. Après la crise phylloxérique et les difficultés reliées au marché mondial, l'Australie s'est dotée relativement tôt de moyens technologiques impressionnants. Dès le début des

*1000 vins du monde, la sélection des œnologues, Hachette, 2007 p. 32

années 1960, on réorganisa la viticulture afin de favoriser le développement des sélections clonales (choix de plants identiques identifiés pour leurs qualités diverses, leur résistance aux maladies, leur capacité de production, etc.) et la mécanisation. De fait, des rangées de vignes plus espacées facilitent l'emploi de machines de toutes sortes, dont un outil mis au point dernièrement par des étudiants de l'université d'Adélaïde. Il s'agit en fait d'un robot capable de tailler la vigne quatre fois plus vite qu'un être humain, il ressemble à un quad muni de bras mécaniques de chaque côté, est équipé d'un GPS et permet de voir des images numériques. Une autre machine très utilisée est le véhicule à poser et à enlever les filets qui protègent les raisins des oiseaux affamés. Enfin, depuis longtemps, on utilise aussi la machine à vendanger, le plus souvent la nuit, pour profiter de températures adéquates, préservant ainsi l'expression aromatique des raisins et du vin à venir. L'inconvénient, en ce qui concerne la viticulture en Australie, est que de faibles densités de plantation favorisent une dilution qui hélas, le plus souvent, ne justifie pas l'utilisation de la barrique, pour manque de matière et d'extraction. Et pourtant la mode et la banalisation (pour ne pas dire la mondialisation) du goût ont conduit l'homme à faire le contraire. Cela dit, il est important de préciser que bien souvent les faibles densités de plantation sont justifiées par un stress hydrique latent. En d'autres termes, il ne sert à rien de mettre trop de pieds de vigne en concurrence puisque de toute façon, l'eau se fait rare. C'est donc à chaque maison de trouver le compromis heureux entre quantité de pieds et qualité des jus.

Une autre façon de protéger les vignes des insectes prédateurs.

Marché et artisanat au cœur du quartier The Rocks, aux abords du port de Sydney.

L'œnologie a aussi fait un bond prodigieux grâce aux universités et à des experts qui se sont formés un peu partout sur la planète. C'est ainsi que depuis plusieurs décennies, les cuves en acier inoxydable se sont généralisées et les températures de vinification sont maîtrisées, limitant les risques d'oxydation et préservant le fruit et la fraîcheur. Comme partout ailleurs, bien des progrès ont été réalisés depuis le début des années 2000. L'industrie vitivinicole australienne, qui a fait beaucoup en peu de temps, se remet encore en question, et des plans de formation sont offerts aux producteurs. Les notes boisées, beaucoup trop présentes dans les blancs (on utilise encore les copeaux de bois), tendent à s'estomper pour laisser la place à des vins plus frais et moins lourds. Même si on essaie de planter depuis longtemps les bons cépages aux bons endroits, certaines régions comme la Tasmanie et Yarra Valley, près de Melbourne, produisent de plus en plus de vins rouges fruités et rafraîchissants à base de pinot noir, d'autant plus que le réchauffement climatique menace les régions traditionnelles qui risquent de devenir beaucoup trop chaudes pour obtenir des vins équilibrés (d'où la pratique peu orthodoxe de l'acidification).

Du côté des producteurs, on a assisté à une augmentation exponentielle des exploitations, puisqu'on est passé de 934 domaines ou sociétés en 1997 à plus de 2000 en 2007. Même chose pour la surface cultivée, la production et les exportations : on a en effet planté 68 000 hectares de vignes entre 1998 et 2005 (une augmentation de 70 %), la production a plus que doublé, et les exportations, pour la même durée, ont plus que triplé. Ajoutez à tout cela les récoltes pléthoriques de 2004 à 2006 et l'Australie s'est retrouvée en surproduction. Mais la nature fait bien les choses : les vendanges de 2007 viennent de subir une baisse de 20 à 25 %, suite aux dégâts conjugués du gel et de la sécheresse. Le porte-parole de la fédération des *winemakers* australiens annonçait, au début des vendanges de 2007, que grâce à cette baisse notoire, l'industrie vinicole australienne pourrait retrouver son équilibre plus tôt que prévu. Il s'agit là d'une bonne nouvelle, car il faut avouer que de nombreuses sociétés traversent de graves turbulences à cause d'une production mondiale dépassant la consommation. En ce qui concerne la consommation australienne, je comprends pourquoi une frange importante de la population continue de se désaltérer à la bière, car que l'on achète les vins dans un magasin ou directement à la cave (*cellar door*), le prix de la bouteille est très élevé. En fait, les producteurs sont assujettis à 39 % de taxes, ce qui fait que souvent, le vin est presque au même prix que sur la plupart des marchés extérieurs. De plus, à l'instar de ce qui se passe ailleurs, il y a dialogue de sourds entre les producteurs et le lobby antialcoolique. La génération vieillissante des baby-boomers achète 60 % du vin local, mais il faut trouver de nouvelles façons de séduire les 18-24 ans, qui ne représentent que 6 % des consommateurs.

LA LÉGISLATION

Même si une réglementation prévoyant un système d'indications géographiques a vu le jour en 1993, la notion de marque reste encore solide en Australie. Certes, la mention CAW (*Certified Appellation Wine*) est assujettie à un contrôle qualitatif, mais il n'en demeure pas moins que beaucoup de grandes maisons commercialisent avant tout des vins provenant d'un cépage ou d'assemblages. Le vin peut être issu de plusieurs régions, au demeurant fort disparates, mais aux dires de certains, cette pratique apporterait un équilibre au produit final. Dans ce cas, la région indiquée sur l'étiquette correspond au nom de l'état, comme Victoria ou South Australia. Il est cependant recommandé de choisir des vins qui proviennent d'une sous-région précise et bien délimitée. À l'instar d'autres pays du Nouveau Monde, la règle du 85 % s'impose encore une fois. Si le nom du cépage apparaît sur l'étiquette, le vin doit être élaboré avec au moins 85 % de cette variété. Même principe si le nom d'une région est mentionné. On doit cependant reconnaître que la contre-étiquette australienne, laquelle indique souvent les mentions obligatoires (contenance, pourcentage alcoolique, adresse de l'embouteilleur, etc.), renseigne assez bien le consommateur sur l'encépagement, l'élaboration et les caractères du vin, tout en donnant de vagues suggestions d'harmonies avec les mets. Mais

L'église Saint-Jean, à Richmond en Tasmanie, est la plus vieille église catholique du pays.

En Australie, l'eucalyptus est roi.

le souci de précision chez nos amis australiens va peut-être un peu trop loin. En effet, à l'usage du marché domestique, les producteurs doivent dorénavant indiquer si le vin contient des traces d'œuf ou de poissons (on utilise parfois les substances collagènes du blanc d'œuf ou des poissons pour clarifier les vins fins). Aux yeux du néophyte, cela doit représenter toute une surprise, mais j'ai presque envie de dire que la présence de cette mention serait une indication de qualité... Une bonne nouvelle du côté des appellations usurpées : l'accord sur le commerce des vins signé entre l'Union européenne et l'Australie semble porter fruit. On ne pourra plus, à l'avenir, utiliser les termes *porto*, *chablis* et *bourgogne* par exemple. Houghton, une cave qui fait partie du géant Constellation, a décidé de débaptiser l'une de ses plus importantes marques de vin, renonçant à utiliser la dénomination *burgundy*. Enfin, les membres du World Wine Trade Group, comité informel de représentants gouvernementaux et de l'industrie viticole de plusieurs pays émergents, ont signé au début de 2007 un traité standardisant la présentation des mentions légales sur l'étiquette des vins.

L'ENCÉPAGEMENT

À part le sultana (pour les raisins secs), plusieurs cépages hybrides, dont certains ont été créés en Australie, et d'autres variétés à gros rendement pour les vins ordinaires, on trouve dans ce pays une quarantaine de cépages, mais on tourne toujours, surtout à l'exportation, autour de huit ou dix variétés. Syrah, cabernet sauvignon et chardonnay représentant à eux seuls près de 60 % de l'encépagement total. Il est donc important de mettre en perspective tous les chiffres que j'indique dans le tableau récapitulatif de la p.157. Il faut préciser que le vignoble sud-australien est aux prises depuis quelques années avec le phylloxéra, pour la bonne raison que 70 % de celui-ci a été planté franc de pied, c'est-à-dire non greffé. Une situation qui dépasse l'entendement pour bien des acteurs de la filière viticole du pays.

LES CÉPAGES BLANCS

Chardonnay (44 %)

Le grand cépage bourguignon est devenu l'étoile montante de la production australienne, et cela depuis les années 1990. Auparavant, la couleur jouait parfois dans le jaune, presque fluo aux dires d'un ami, mais la situation s'est améliorée. Le vin est sec et ample, avec un certain gras, et l'équilibre acidité-moelleux est au rendez-vous lorsque le raisin vient d'une zone relativement fraîche. Heureusement, si l'utilisation à outrance de la barrique persiste, masquant souvent la finesse et favorisant la lourdeur et le manque d'harmonie, on commence à voir de plus en plus de cuvées sur le fruit et la fraîcheur, des vins de chardonnay *unoaked* ou *unwooded*. C'est rassurant ! Dans les vins très boisés, on retrouve les senteurs variétales (beurre, miel, fleurs blanches), mais les arômes sont souvent marqués par des notes grillées et «toastées» offertes en bonus par le chêne. On se demande si aux yeux (et au nez) de certains, le bois n'est pas plus important que le raisin, surtout quand on a une présence assez marquée de beurre rance, due semble-t-il à une fermentation malolactique qui aurait pu être évitée. Mais soyons optimistes car le vent de l'élégance et de la fraîcheur tourne dans le bon sens, et apprécions les vins de ceux qui font des efforts, et dont on a envie de finir la bouteille… C'est un signe qui ne trompe pas !

Sémillon (9 %)

Variété du bordelais et du sauternais par excellence, le sémillon donne de beaux résultats (des vins secs et riches) dans plusieurs régions

Un très beau vignoble dans la vallée de la rivière Coal, en Tasmanie.

viticoles, certaines cuvées, dans Hunter Valley par exemple, se bonifiant avec le temps. Néanmoins, au lieu de jouer avec le bois, certains producteurs feraient mieux, tant qu'à s'inspirer des vins européens, de l'assembler avec le sauvignon et de produire un vin sec de grande qualité, comme on sait si bien le faire dans les Graves (région de Bordeaux). Curieusement, l'association se fait encore avec le chardonnay, ce qui ne manque pas de déconcerter les amateurs de l'hémisphère nord, d'autant plus que le résultat final est parfois trop lourd et manque de fraîcheur et d'équilibre.

Sauvignon blanc (6 %)

Beaucoup plus populaire en Nouvelle-Zélande qu'en Australie, le sauvignon fait toutefois des percées intéressantes dans ce grand pays. On est passé de 1900 hectares, en 1998, à plus de 4150 en 2005, ce qui n'est pas si mal. Bien entendu, la fraîcheur climatique de certaines régions, comme Adelaide Hills, la Tasmanie et l'Australie occidentale, favorise les arômes d'agrumes parfois exotiques de ce cépage si populaire et des saveurs vives et fruitées.

Riesling (6 %)

Le célèbre cépage rhénan (Alsace et Allemagne) est vinifié en sec et en liquoreux, mais de plus en plus en demi-sec (avec un taux important de sucre non transformé en alcool) pour suivre une mode qui s'est insidieusement installée à travers le monde. Moins exporté que ses précédents collègues, le riesling donne pourtant de magnifiques résultats dans Clare Valley et Eden Valley, deux sous-régions de l'Australie méridionale, où l'on trouve des vins très secs, étonnants de fraîcheur et de pureté. Il faut prendre garde de ne pas confondre cette grande variété avec le clare riesling, appelé plus justement crouchen, cépage qui pousse dans les Pyrénées françaises... et aussi, dans une moindre mesure, en Australie.

Verdelho (2 %)

Cépage d'origine portugaise qui donne des vins demi-secs sur l'île de Madère et sert aussi à produire le porto blanc dans la vallée du Douro (sous le nom de gouveio), le verdelho s'est fait une petite place en Australie en prenant une expansion moyenne. J'en ai dégusté de fort intéressants dans Hunter Valley.

On cultive aussi le colombard, le viognier (de plus en plus en assemblage avec la syrah), le gewurztraminer (ou traminer), le pinot gris, le chenin blanc, le trebbiano, la marsanne et la roussanne, sans oublier le muscat pour les vins de dessert et les vins fortifiés (*voir* le tableau récapitulatif à la page 157).

LES CÉPAGES ROUGES

Shiraz (41 %)

Synonyme de l'illustre syrah cultivée dans la vallée du Rhône, le shiraz est très représentatif des vins rouges australiens. C'est le plus cultivé (41 % parmi les rouges et le quart de tous les cépages confondus) et il donne de belles cuvées riches en matière, en arômes (fruits noirs, épices, fumée, torréfaction, tabac, etc.) et en personnalité. Bien entendu, de nombreuses variations sur la syrah existent dans ce grand pays, en fonction de la sous-région où elle est cultivée. Elle participe également avec succès à des assemblages avec le cabernet sauvignon. Je me permets dans ce livre d'utiliser invariablement les deux terminologies.

Cabernet sauvignon (30 %)

Avec 16 % de tout l'encépagement australien, le célèbre plant du bordelais, seul ou en assemblage avec la syrah ou le merlot, met tout son potentiel au service de l'œnologie australienne. Au menu : du fruit, des arômes mentholés parfois, des tanins mûrs et de la matière, de la structure et une certaine élégance... quand on n'a pas trop fait infuser le vin dans le chêne ! On obtient de remarquables résultats dans plusieurs régions, dont Adelaide Hills, les Hilltops (Nouvelle-Galles du Sud), Coonawarra et Padthaway.

Merlot (11 %)

Cépage du Bordelais, le merlot est vinifié en général en assemblage et sert de faire-valoir pour le fruit, la rondeur et la souplesse qu'il apporte. Même s'il représente aujourd'hui 11 % de tous les cépages rouges, le merlot a un profil bas auprès des géants que sont la syrah et le cabernet sauvignon. Avec ce dernier, le merlot réussi bien dans l'Ouest australien, notamment à Margaret River.

Pinot noir (4 %)

Depuis plusieurs années, ce grand cépage bourguignon donne de bons résultats dans les régions les plus fraîches, sous forme de vin effervescent, en assemblage avec le chardonnay. Son élaboration en vin rouge de qualité gagne sensiblement du terrain puisqu'à l'instar du sauvignon blanc, sa surface plantée a doublé en superficie entre 1998 et 2005. Il faudra suivre attentivement les vignobles de Yarra Valley, de Mornington Peninsula, de Geelong, de Pemberton et de Tasmanie.

Grenache (2 %)

Connue dans le midi de la France, cette variété d'origine espagnole n'apparaît pas souvent sur l'étiquette, mais est pourtant cultivée, notamment en Australie occidentale. Son manque de couleur et sa sensibilité à l'oxydation la condamnent à l'assemblage (le plus souvent avec la syrah et le mourvèdre) pour donner parfois de savoureux vins juteux et fruités, mais le plus souvent des vins honnêtes de consommation courante et des vins mutés. La surface plantée du grenache s'est stabilisée depuis 1998 et a régressé dans les trois dernières années.

On cultive aussi le petit verdot, le mourvèdre (appelé mataro), le cabernet franc, le sangiovese, le malbec, le tempranillo, la barbera et le nebbiolo (*voir* le tableau récapitulatif de la page suivante).

TABLEAU RÉCAPITULATIF

Les cépages cultivés en Australie en 2005

Cépages blancs	Surface en hectares	%	Cépages rouges	Surface en hectares	%
Chardonnay	30 500	44	Shiraz (syrah)	40 500	41
Sultana* (Raisins secs)	7 300	11	Cabernet sauvignon	28 620	30
Sémillon	6 300	9	Merlot	10 800	11
Riesling	4 330	6	Pinot noir	4 230	4
Sauvignon blanc	4 150	6	Grenache	2 100	2
Colombard	2 700	4	Ruby Cabernet	1 680	–
Muscat blanc à gros grains	2 420	3,5	Petit verdot	1 440	–
Verdelho	1 600	2	Mataro (Mourvèdre)	960	–
Viognier	930	–	Cabernet franc	630	–
Traminer	740	–	Sangiovese	490	–
Pinot gris	700	–	Malbec	440	–
Chenin blanc	690	–	Durif	400	–
Trebbiano	340	–	Tempranillo	310	–
Muscat à petits grains	230	–	Muscat rouge et rosé	300	–
Marsanne	190	–	Tarrango	200	–
Muscadelle	170	–	Barbera	160	–
Doradillo	120	–	Meunier	120	–
Crouchen	110	–	Nebbiolo	100	–
Roussanne	50	–	Touriga	60	–
Autres variétés	5 060	7	Autres variétés	4 490	4,5
Sous-total	**68 630**	**100**	**Sous total**	**98 030**	**100**
GRAND TOTAL				**166 660**	

Pour les raisins secs de cuve et de table.

LES RÉGIONS VITICOLES

L'Australie étant l'un des plus grands pays au monde, il n'est pas facile de se faire une idée précise de chacune de ses régions viticoles. Pourtant, contrairement aux idées reçues, on peut y trouver autant de diversité dans les terroirs, de différences géologiques et de variations climatiques qu'entre l'Alsace et le centre de l'Espagne, la vallée de la Loire et celle du Douro, au Portugal, ou entre le Piémont italien et les bords du lac Balaton, en Hongrie. Après avoir commencé mon périple par la Tasmanie, je me suis rendu à Perth, en Australie occidentale, pour ensuite me diriger vers Sydney, Adélaïde et Melbourne. Je vous présente donc ces états et ces régions, qui se distinguent en qualité et en quantité. Contrairement au tableau récapitulatif des pages 171 à 173 dans lequel on trouvera toutes les régions et sous-régions par affinités géographiques, je présente ici ces dernières dans l'ordre alphabétique à l'intérieur de chaque état, en allant d'est en ouest.

NEW SOUTH WALES

(État de Nouvelle-Galles du Sud)

Troisième grande région pour la surface plantée en vignes, deuxième au niveau de la production nationale, la Nouvelle-Galles du Sud a été le premier état à se laisser séduire par la culture du raisin. C'est ici, à deux bonnes heures de route au nord de Sydney, que l'on trouve les grands pionniers de la viticulture australienne, les Tyrell's, Lindemans et Wyndham. Si la Nouvelle-Galles du Sud s'est laissée dépasser par l'Australie méridionale, il n'en demeure pas moins qu'il est fort intéressant de s'y rendre, d'autant plus que Sydney est une ville fascinante, avec sa baie inoubliable, son port, ses jolies tours d'affaires, son opéra, son jardin botanique et son marché grouillant et coloré. On se sent bien dans les rues de Sydney, et il y a tant à voir et à visiter qu'il faut y prévoir plusieurs jours. Canberra, la capitale de l'Australie, est située au sud, à environ quatre heures de voiture. Parmi les 16 sous-régions que compte la Nouvelle-Galles du Sud, voici les plus renommées.

Canberra District *(sous-région)*

Un jeune vignoble intéressant installé autour de la capitale administrative du pays. Les cépages classiques se partagent environ 250 hectares, et on y retrouve aussi le riesling, le viognier et le pinot noir, qui profitent d'un climat plutôt frais.

Cowra *(sous-région)*

Situés à de plus basses altitudes que la moyenne, les vignobles de Cowra profitent d'un climat tempéré et moins humide. Le chardonnay domine nettement la production (40 % de tous les cépages plantés) avec des vins expressifs et d'une bonne rondeur, le shiraz (20 %) suit, mais il ne faut pas non plus négliger le merlot, le sémillon et le verdelho.

Hilltops *(sous-région)*

Grâce à un climat plus frais que la moyenne régionale, entre Cowra et Canberra District, on y cultive surtout du cabernet sauvignon (43 % de l'encépagement), de la syrah (35 %) et du chardonnay (15 %), qui sont la plupart du temps vinifiés par des maisons installées dans des régions voisines.

Hunter ou Hunter Valley *(sous-région)*

De chaque côté du fleuve Hunter se trouvent deux vignobles distincts, dans un environnement subtropical, avec des étés suffocants et des automnes très humides. Sur la rive droite, Lower Hunter Valley fournit d'excellents vins de sémillon et de shiraz (60 % des cépages rouges) malgré des conditions naturelles difficiles, dont de fortes pluies au début des vendanges et un sol pas toujours bien drainé. Heureusement, de petits rendements sauvent la situation. Sur la rive gauche, Upper Hunter Valley est réputée pour le chardonnay (55 % des cépages blancs), le sémillon (28 %) qui a de bonnes aptitudes au vieillissement, et le verdelho (12 %). C'est de cette région, qui a développé un tourisme viticole grandissant, que viennent beaucoup de vins qui vont satisfaire les consommateurs de Sydney. Au pied des monts Brockenback, sur un sol de basalte (d'origine volcanique), de nombreuses maisons gravitent autour de Pokolbin, au nord de la petite ville de Cessnock. On pense, entre autres, à Brokenwood, Tyrell's, Hungeford Hill, McWilliam's, Hope, Margan, et à l'incontournable Lindemans, une société qui remonte à la fin du XIXe siècle, qui produit toute une gamme de vins à travers tous les cépages et a fait connaître la notion typiquement australienne de *Bin*. Ce nom, qui figure sur la plupart de leurs étiquettes est suivi d'un numéro, faisant ainsi référence à un style de cuvée qui se répète bon an mal an. Dans Upper Hunter Valley, plus précisément, Rosemount Estate est l'une des maisons respectées du pays avec notamment ses riches cuvées de chardonnay (Roxburgh et Show Reserve).

Mudgee *(sous-région)*

Région de tradition pour des vins de shiraz (un tiers de tous les cépages cultivés) colorés, soutenus et corsés, Mudgee profite d'un climat sans doute plus facile que la Hunter Valley voisine. Les nuits sont fraîches, les étés chauds et la pluviosité est raisonnable. On y cultive le cabernet sauvignon (25 % de l'encépagement), et le chardonnay (17 %) qui réussit particulièrement bien, au détriment du sémillon qui régresse. L'ampélographe réputé de Montpellier Denis Boubals, avec qui j'ai eu la

Bien souvent, les faibles densités de plantation sont justifiées par un stress hydrique latent.

Les wallabies, nombreux en Tasmanie, sont de petits kangourous.

chance d'apprendre beaucoup, avait identifié il y a longtemps ces plants de chardonnay qu'un vigneron avait plantés là, un peu par hasard.

Orange *(sous-région)*

Avec ses vignobles en altitude installés sur des sols d'origine volcanique, sur les collines qui entourent le mont Canobolas (1426 mètres d'altitude), la région d'Orange, connue pour ses vergers, fournit des vins dignes d'intérêt. Le shiraz domine aisément (35 % de tous les cépages cultivés), suivi du cabernet sauvignon (25 %), du merlot (15 %) et du chardonnay (12 %). Les cépages à surveiller dans le futur sont le riesling et le pinot noir, qui pourraient profiter de ce climat un peu plus frais.

Riverina *(sous-région)*

C'est dans la Riverina, au cœur de l'état, qu'a été créée la MIA, la Murrumbidgee (du nom de la rivière) Irrigation Area qui, comme son nom l'indique, est une vaste zone, autrefois désertique, qui fournit aujourd'hui une grande quantité de vin grâce à une irrigation massive. On y produit des rouges de shiraz (25 % de tous les cépages cultivés) mais surtout beaucoup de blancs moyens, exception faite du chardonnay (15 %), et des vins surprenants issus de sémillon botrytisé (10 %), aux notes de miel et liquoreux. Les principales maisons sont De Bortoli, Casella, Lillypilly Estate, McWilliams et Riverina Estate.

Shoalhaven Coast *(sous-région)*

En plus des cépages traditionnels, c'est dans ce tout petit vignoble (environ 50 hectares), situé sur la côte et accablé par une forte humidité, qu'on peut notamment trouver le chambourcin, croisement mis au point par l'hybrideur Seyve, qui donne un vin rouge rustique.

QUEENSLAND *(État)*

Le climat joue ici de sa forte influence tropicale (humidité élevée et pluies abondantes), notamment aux environs de Roma, à des centaines de kilomètres de Brisbane. Dans cet immense état, le vignoble semble tout petit, environ 1000 hectares au total sont consacrés à la viticulture, avec en point d'orgue le shiraz, qui tire relativement bien son épingle du jeu. Trois sous-régions (*voir* le tableau récapitulatif de la page 171) composent le vignoble, dont les deux suivantes qui sont les plus importantes.

Granite Belt *(sous-région)*

Merci à la communauté italienne qui s'est installée dans cette zone de culture en altitude (entre 700 et 900 mètres) juste au nord de l'État de la Nouvelle-Galles du Sud. La syrah domine (20 % de l'encépagement), suivie du cabernet sauvignon (16 %), du merlot (10 %) et du chardonnay (10 %).

South Burnett *(sous-région)*

Une douzaine de vignobles se sont établis dans cette zone très chaude au début des années 1990 pour produire des vins rouges avec shiraz (18 %) et cabernet sauvignon (12 %) principalement.

VICTORIA *(État)*

Tels des satellites gravitant autour de Melbourne, pas moins de 20 sous-régions actuellement identifiées s'adonnent à la viticulture dans cet état, le plus petit d'Australie. C'est dire la difficulté de s'y retrouver, d'autant plus que les terroirs comme les conditions climatiques, y sont très hétérogènes. Les petites exploitations côtoient les grandes maisons et il n'est pas facile de faire le tri dans tout cela. Murray Darling, le long de la rivière Murray, se trouve à la fois dans cet état et se prolonge dans celui de la Nouvelle-Galles du Sud. Dans le nord-est, Alpine Valley, Beechworth, Glenrowan, King Valley et tout particulièrement Rutherglen produisent des vins de table et beaucoup de vins de liqueur ainsi que des vins mutés à base de muscat blanc et noir. On peut encore y trouver de soi-disant portos, sherrys et autres tokays, mais les nouvelles dispositions légales entre l'Union européenne et l'Australie vont gommer peu à peu ces confusions qui n'ont plus lieu d'exister.

Beechworth *(sous-région)*

À l'extrême est de l'État de Victoria, aux confins de la Nouvelle-Galles du Sud, Beechworth tire parti d'un climat qui permet d'aller chercher des concentrations élevées de sucre, tout en préservant une acidité naturelle élevée. On goûtera le pinot noir de Brockenwood pour le constater.

Bendigo *(sous-région)*

Entre Heathcote et Pyrenees, Bendigo est une région joliment vallonnée bénéficiant d'un taux d'humidité assez bas. Son potentiel n'est certainement pas négligeable puisqu'une nouvelle cave (et 400 hectares de vignes) vient d'ouvrir ses portes : Sutton Grange, sur une zone granitique où poussent shiraz, cabernet sauvignon, viognier, merlot, sangiovese et le rare et savoureux fiano, un cépage blanc italien de la Campanie.

Geelong *(sous-région)*

Au sud-ouest de Melbourne, cette région bénéficie d'une influence maritime très marquée. C'est la raison pour laquelle le chardonnay y est assez présent (20 % de l'encépagement), mais que le pinot noir (près de 40 %) y excelle. Il suffit de goûter les cuvées de Scotchmans Hill et de Bannockburn pour s'en convaincre.

Chaque matin, à Margaret River, ce kookaburra me réveillait de son chant ricaneur...

Goulburn Valley *(sous-région)*

Située à plus de 100 kilomètres au nord de Melbourne, cette grande région est traversée par la rivière Goulburn. Les amateurs de vins issus de cépages rhodaniens trouveront là des flacons dignes d'intérêt. La syrah domine avec près de 30 % de tous les cépages cultivés, mais la marsanne, le viognier, le grenache et le mourvèdre sont également très prisés. Le chardonnay et le cabernet sauvignon donnent aussi des résultats très intéressants. C'est dans le sud de Goulburn Valley que se trouve le village de Tahbilk, qui profite d'un climat tempéré permettant l'élaboration de vins étoffés et expressifs. Depuis longtemps exporté, le Château Tahbilk, de Tahbilk Wines, est renommé pour ses cuvées de shiraz, de cabernet sauvignon tannique, mais aussi pour sa délicieuse et complexe marsanne (*voir* p. 244).

Grampians *(sous-région)*

Connue autrefois pour ses mines d'or, cette zone de l'ouest de Victoria qui s'appelait auparavant Great Western, se prête à l'élaboration de cabernets (20 % de l'encépagement) et surtout de shiraz (63 %) de grande qualité, grâce à un climat tempéré, des vignobles en altitude (plus de 300 mètres) et des sols d'argile. Les bonnes maisons proposent des vins tanniques, capiteux et bien structurés, non dénués de fruit, parfois presque trop... C'est aussi dans cette région que se trouve Seppelt Great Western, qui élabore surtout des vins effervescents.

Heathcote *(sous-région)*

À l'ouest de Goulburn Valley, cette petite zone de viticulture se consacre essentiellement aux vins rouges comme la syrah et le cabernet sauvignon, grâce à des sols rouges, profonds et bien drainés et à un climat plus frais. Jasper Hill et Mount Ida (qui fait partie de Foster's) sont les caves qui rehaussent la qualité des vins de cette région.

Mornington Peninsula (sous-région)

Comme son nom l'indique, il s'agit là d'une péninsule, qui forme avec celle de Bellarine, la fameuse et magnifique baie de Port Philip, fréquentée par les habitants de Melbourne. L'influence maritime y est indéniable, avec des températures douces pendant la journée et des nuits fraîches. Le chardonnay a trouvé là un terroir idéal, suivi du pinot noir qui a vu son arrivée couronnée de succès. Les maisons à surveiller : Stonier, T. Gallant et Paringa.

Pyrenees (sous-région)

Avec un vignoble situé en moyenne altitude, cette zone située à l'est des Grampians, n'a rien à voir avec la chaîne de montagne franco-espagnole, mais on y trouve des vins de shiraz élégants, charnus et savoureux (45 % de l'encépagement) ainsi que du sauvignon vif et fruité. Vinifiés longtemps par Dominique Portet (installé maintenant dans Yarra Valley – *voir* p. 194), les vins de Taltarni sont depuis longtemps de dignes représentants de la production australienne.

Le petit oiseau de toutes les couleurs...

Yarra Valley (sous-région)

Voilà une jolie région que j'ai particulièrement aimé découvrir et qui m'a fait penser à certains coins du Québec, dans une version différente en ce qui concerne la végétation. Nous ne sommes pas très loin de Melbourne, à environ 50 kilomètres, et cette proximité explique sans doute la popularité de cette vallée où l'on peut se détendre, un verre de vin à la main. Un microclimat sec caractérisé par une grande fraîcheur permet au raisin de s'exprimer : le chardonnay et sa rondeur (25 % de l'encépagement), le shiraz aux senteurs d'épices (10 %), le merlot tout en souplesse (8 %) et l'expressif et complexe cabernet sauvignon (20 %). Mais c'est le pinot noir fruité aux tanins soyeux qui a trouvé là, à n'en point douter, sa terre d'élection (30 % des cépages cultivés). Heureusement, on commence à l'exporter un peu plus de nos jours. De Bortoli et Coldstream Hills font partie des maisons que nous connaissons bien. C'est aussi dans Yarra Valley que Dominique Portet s'est installé avec succès, ainsi que Moët et Chandon (pour ses vins effervescents), sous le nom de Green Point. Petit bémol cependant puisque pour la première fois en Australie, des vignes contaminées par le phylloxéra ont été signalées dans cette région.

Enfin, on ne peut ignorer les sous-régions de Macedon Ranges, Henty ou Sunbury, où l'on fournit un effort indéniable depuis quelques années.

TASMANIA *(État de Tasmanie)*

C'est à Hobart en Tasmanie que j'ai mis les pieds pour la première fois en Australie. Heureusement, pas de tigre ni de diable (petit marsupial noir carnivore à la mâchoire généreuse que j'ai eu le loisir d'observer) pour m'accueillir, mais des gens extrêmement sympathiques et plutôt décontractés qui m'ont initié aux curiosités de cette grande île mystérieuse située au large de Melbourne. L'État de Tasmanie est caractérisé par de magnifiques paysages, des montagnes escarpées, des rivières sauvages, des forêts humides, des côtes découpées, une multitude de plages désertes, 19 parcs nationaux et des réserves protégées. En fait, il s'agit d'un petit paradis au climat frais, au cœur des 40ᵉ rugissants. Les vents marins y sont si violents qu'il faut parfois protéger le vignoble tasmanien avec des paravents. Si la première cave commerciale date de 1827, de nombreux vignobles, parmi la centaine aujourd'hui recensée, s'y sont installés dans les 20 dernières années. Connue longtemps pour ses vins effervescents, la Tasmanie, qui a doublé sa surface de culture, a de plus en plus de succès avec son pinot noir (45% de tous les cépages), son chardonnay (28%) et son riesling (8%).

Une grande partie du vignoble est située dans le Nord, tout près de Lauceston et le long de la rivière Tamar. Pipers Brook Vineyard, l'une des bonnes maisons, est relativement connue puisqu'elle exporte une partie de sa production (dont l'élégant pinot noir Ninth Island). J'ai

Arrivée à Hobbart en Tasmanie, au-dessus du vignoble de la vallée de la rivière Coal.

aussi découvert, à 15 minutes d'Hobart, la capitale, une petite région qui commence à faire parler d'elle : la vallée de la rivière Coal. Avec ses collines verdoyantes, ses pubs aux consonances gaéliques, ses distilleries, et la mer jamais bien loin, elle fait penser à l'Écosse. Au cœur de ce vignoble prometteur niche la jolie petite ville de Richmond, chargée d'histoire et détenant le privilège de posséder le plus vieux pont de tout le pays, datant de 1824. Façonné de pierres dorées, il confère à ce lieu un charme bucolique indéniable. Je m'en souviens d'autant plus que je l'ai admiré juste après m'être arrêté à la petite église catholique Saint-Jean (la plus vieille du pays aussi, décidément !) à quelques mètres de là. C'était un vendredi 13, un signe peut-être pour le premier jour de ce périple qui allait me conduire d'un bout à l'autre du vignoble australien. Je me suis régalé de nombreux vins, tout comme les oiseaux de l'île qui dévorent les raisins gorgés de sucre en cette période de fin de récolte. Les vignes non vendangées sont couvertes de filets afin de les protéger de ces gourmands prédateurs. Même les oliviers y ont droit ! Marie-Paule Leroux, qui a quitté son pays nantais pour s'installer dans cette Tasmanie qu'elle adore, m'a ouvert les portes de Hood Wines, où officie son mari Alain. On y retrouve de bons vins dans l'ensemble, notamment les cuvées issues du vignoble Frogmore Creek. Pratique courante en Australie, ils élaborent aussi les vins de plusieurs domaines des alentours qui ne sont pas équipés pour vinifier. C'est ainsi que j'ai goûté les riesling, chardonnay et tempranillo du Coal Valley Vineyard, un domaine qui possède l'un des très bons restaurants de la région. Enfin, en allant découvrir les beautés de la côte Est, dont la magnifique baie judicieusement nommée Wineglass Bay, j'ai pris un temps d'arrêt à la cave Freycinet, qui fait aussi parler d'elle. Il m'est difficile de comprendre certains experts qui disent que l'avenir du vignoble tasmanien n'est pas brillant. Qu'ils y aillent et ils comprendront que son climat plus frais offre des perspectives évidentes, surtout au moment où les effets du réchauffement de la planète se font cruellement sentir dans le *mainland*, c'est-à-dire sur le continent, dans le reste du pays.

SOUTH AUSTRALIA
(État d'Australie méridionale)

En terme de volume, il s'agit ici de la plus importante zone viticole du pays avec près de la moitié de la production nationale. Elle jouit d'un climat tempéré (entre 20 et 23 °C au milieu de l'été, dans le mois de janvier) grâce à la fraîcheur venue de la mer. Nous nous trouvons dans l'extrême Sud-Est du pays, avec Adélaïde comme ville principale. Parmi ses nombreuses régions et sous-régions, plusieurs se distinguent et sont de plus en plus appréciées des amateurs éclairés.

Adelaide Hills *(sous-région)*

Centre universitaire pour la viticulture, Adélaïde s'est développée considérablement, incitant les vignerons à s'installer dans les collines avoisinantes. C'est une région saisissante de beauté avec son *patchwork* de forêts, de fermes, de vergers et de vignobles. Les conditions climatiques plus fraîches permettent d'élaborer d'excellents vins de cabernet sauvignon, aptes au vieillissement (12 % de l'encépagement) et

Belle lumière sur le vignoble de Barossa Valley.

de merlot (10 %). Plus au nord, on élabore aussi de belles cuvées de riesling (3 %), de chardonnay (20 %), de sauvignon (12 %) et de pinot noir (15 %). C'est à Magill, dans le faubourg d'Adélaïde que se trouve le site originel du fameux Grange, mythique cuvée de la maison Penfolds. Je garde un magnifique souvenir de mon passage dans cette région pittoresque, tout particulièrement au fameux restaurant Magill Estate, l'un des meilleurs du pays (*voir* Penfolds p. 228). Petaluma, Nepenthe, Geoff Weaver et Ashton Hills sont aussi d'excellentes maisons.

Barossa Valley *(sous-région)*

On y trouve des terroirs variés, avec une dominante argileuse, et le climat y est tempéré avec des étés secs et chauds. Ajoutez à cela de vieilles vignes exploitées par des domaines sérieux et vous obtenez des vins rouges charnus, assez corsés mais élégants, et des blancs secs et concentrés d'excellente qualité. Nous sommes à environ 55 kilomètres d'Adélaïde, dans l'une des régions viticoles les plus connues d'Australie. La syrah domine aisément (40 % de l'encépagement), suivie du cabernet sauvignon (16 %), du sémillon et du chardonnay. Riesling (5 %) et grenache (7 %) ne sont pas en reste et donnent des vins relativement équilibrés. C'est dans la région de Barossa que se trouvent les centres névralgiques de nombreuses grandes sociétés, telles que Penfolds et Wolf Blass (du géant Foster's), Orlando (Jacob's Creek), qui appartient aujourd'hui au groupe Pernod Ricard, mais aussi Peter Lehmann, Grant Burge et St Hallett. Ce ne sont pas les bons restaurants qui manquent (essayez le restaurant Appellation à Marananga) dans ce coin d'Australie où le tourisme vitivinicole s'est développé avec un certain succès.

Clare Valley *(sous-région)*

L'histoire viticole de Clare Valley, région située dans les replis du mont Lofty, à environ 140 kilomètres au nord d'Adélaïde, est très ancienne. Dans un décor bucolique, un climat relativement sec, et grâce à un terroir calcaire peu irrigué, de nombreuses exploitations familiales assurent la production de vins d'excellente qualité. J'ai été impressionné par cet environnement très particulier où les températures permettent de produire à la fois des vins rouges et des vins blancs superbes, ce qui peut paraître paradoxal. En effet, grâce à des journées chaudes et à des nuits froides, on obtient de vigoureux vins de shiraz aux tanins bien enrobés et aux senteurs de fruits noirs, de cuir et de cacao (33 % de l'encépagement), ainsi que du riesling (15 %) sec et racé, aux saveurs minérales que d'excellentes maisons, telles que Jim Barry, Knappstein, Leasingham, Taylors ou Skillogalee savent vinifier avec beaucoup de talent.

Coonawarra *(sous-région)*

Considéré à juste titre comme le vignoble le plus réputé du pays, Coonawarra possède un environnement et un microclimat exceptionnels. Nous sommes à 400 kilomètres au sud d'Adélaïde, et sur cette mince bande de 15 kilomètres de long sur deux kilomètres de large, les conditions climatiques, de type méditerranéen, sont tout à fait propices à la culture du cabernet sauvignon notamment (il constitue les deux tiers de l'encépagement). Géologiquement, ce terroir est béni des dieux puisque ce cépage pousse sur une terre riche en oxydes de fer, qui lui vaut le surnom de *terra rossa*, elle-même reposant sur un socle calcaire parfaitement drainé sous lequel se trouve la nappe phréatique. Les vins rouges sont ici parmi les plus beaux d'Australie, alliant concentration, structure, élégance, longueur en bouche et un potentiel de garde indéniable. On produit également de bons shiraz (16 %). Parmi les bonnes maisons, Wynns se distingue et est très connu à l'exportation, mais on ne peut ignorer Rymill, Parker Estate, Penley, Katnook Estate et Lindemans, bien installée à Penola.

Eden Valley *(sous-région)*

Dans le prolongement de Barossa, se trouve cette vallée, véritable paradis du riesling. Cultivé à grande échelle (22 % de l'encépagement), il donne des vins fruités, vifs et aromatiques, non dénués de cette minéralité que recherchent les amateurs. La syrah est aussi bien représentée (28 %) et peut réserver de grandes surprises, comme sait si bien le faire Henschke (*voir* p. 207), avec de vieilles vignes centenaires.

Langhorn Creek *(sous-région)*

C'est dans cette zone viticole installée au sud-est d'Adélaïde que les géants de la viticulture australienne viennent s'approvisionner (certains osent dire piller) en cabernet et en shiraz (70 % de tous les cépages plantés) notamment. Bleasdale Vineyards, l'un des domaines installés ici depuis longtemps, propose des vins de qualité.

McLaren Vale *(sous-région)*

Cette jolie petite région vallonnée située au sud d'Adelaide Hills produit des vins de sauvignon vifs et aromatiques (2 % de l'encépagement), de chardonnay secs mais opulents (10 %) et de cabernet sauvignon charpentés (20 %) – le shiraz Balmoral de Rosemount Estate en est un exemple éloquent –, mais c'est la syrah qui remporte la palme avec 45 % des plantations. Château Reynella (devenu le siège social de BRL Hardy) produit des vins de qualité sous l'étiquette Stony Hill et d'autres sociétés comme Geoff Merrill, D'Arenberg, Tatachilla, Clarendon Hills et Yangarra sont des valeurs sûres. Signe des temps: le *winemaker* et chef de culture de Chalk Hill vient d'être nommé à la tête de l'Association Vin et Tourisme de McLaren Vale. La preuve que les industries touristique et viticole (dans la mesure où les vins sont excellents) seront de plus en plus amenées à cohabiter.

Padthaway (sous-région)

Faisant partie de la grande région de Limestone Coast, à laquelle est rattachée Coonawarra, le vignoble de cette zone de culture relativement jeune (environ 35 ans), bénéficie d'un climat assez frais et de conditions géologiques excellentes pour de nombreux cépages, et plus particulièrement pour le cabernet sauvignon (26 % de l'encépagement), la syrah (26 %), le chardonnay (23 %) et le riesling (9 %). Angove's, Lindemans, Seppelt, Hardys, Orlando et Wynns occupent la majeure partie de ce vignoble de plus en plus prisé par les grandes maisons.

Riverland (sous-région)

Immense région dont les vignobles suivent les méandres de la rivière Murray. Celle-ci prend sa source dans l'État de Victoria et traverse une partie du sud-est de l'Australie méridionale. Le climat y est aride et l'irrigation indispensable. Avec de telles conditions et un sol sablonneux, les rendements sont assez élevés et l'industrie viticole, très mécanisée, se spécialise dans la production de vins blancs moyens à boire jeunes et de vins en vrac. Si la syrah occupe la première position avec 25 % de l'encépagement, chardonnay et

Un vignoble dans l'est de la Tasmanie, dans la Great Oyster Bay.

cabernet sauvignon sont très présents (18% chacun), mais aussi le colombard (5%), meilleur pour la distillation que pour élaborer des vins fins. À cause de la sécheresse, Riverland a vu dernièrement sa production diminuer de façon drastique et inquiétante.

WESTERN AUSTRALIA
(État d'Australie occidentale)

Le vignoble ne représente qu'une infime partie de cet immense territoire de l'Ouest australien. En fait, la vigne ne se déploie entre Albany et Perth avec un certain succès que depuis quelques années, même si des vignes avaient été plantées au XIXe siècle dans Swan Valley, au nord de Perth. Les pluies sont abondantes l'hiver, mais les étés sont assez chauds pour une bonne maturation du raisin. On ne peut par contre y travailler sans filets, puisqu'il faut empêcher les oiseaux de tout rafler avant les vendanges et celles-ci commencent relativement tôt. Les cépages blancs (initialement le chenin, puis le sémillon et le chardonnay), qui doivent garder une bonne acidité, y sont principalement cultivés, mais les rouges ne sont pas en reste, bien au contraire. Parmi les neuf sous-régions viticoles, voici les plus importantes.

Geographe *(sous-région)*

Au nord de Margaret River, cette sous-région au nom original, est bien située géographiquement entre l'océan Indien, le long de Geographe Bay, et de jolies collines exposées à l'est sur une cinquantaine de kilomètres. Le vignoble, relativement jeune, est propice à la culture des shiraz, cabernet sauvignon et merlot et du trio chardonnay, sauvignon et sémillon. Capel Vale et Killerby font partie des maisons réputées.

Great Southern *(sous-région)*

Dans l'extrême sud de l'Australie, les zones viticoles d'Albany, de Denmark, de Mount Barker et de Frankland River font de plus en plus parler d'elles. Le climat frais permet d'élaborer, sur une surface d'environ 3500 hectares, des cuvées de chardonnay, de sauvignon, de shiraz, de cabernet sauvignon et de merlot d'excellente facture. Riesling et pinot noir réservent également de belles surprises. Si Plantagenet Wines fut l'un des pionniers de Mount Barker, Goundrey, qui appartient au groupe Vincor (donc à Constellation), a connu une expansion fulgurante. Alkoomi, Frankland et Ferngrove sont de bonnes maisons installées dans la zone de Frankland River, mais plusieurs caves de Margaret River élaborent des vins à partir de raisins qui proviennent de cet endroit de plus en plus convoité.

Margaret River *(sous-région)*

C'est presque le pied dans l'eau et la tête au soleil que les vignes de Margaret River se soumettent (sans trop de mal...) au climat frais de cette partie de terre avancée dans l'océan. Le chardonnay (40% des cépages blancs), le sémillon et le sauvignon, donnent des vins blancs très fruités, d'une bonne fraîcheur, parfois opulents dans le cas du cépage bourguignon. Les rouges, bien construits, sont dominés par le cabernet sauvignon (45% des cépages rouges), le shiraz (26%) et le merlot. Les conditions climatiques, l'influence de l'océan Indien et le sol graveleux à la bordelaise ne sont pas étrangers au boum viticole des années 1970 qui a vu s'installer des maisons soucieuses de produire des vins faisant dans l'élégance et la finesse, plus que dans la concentration à tout

prix. Le vignoble, qui s'étale sur différentes zones, dont Willyabrup et Yallingup, est irrigué au goutte-à-goutte sauf certaines vignes datant des années 1960 et 1970. Quant à la densité de plantation, comme dans bien des vignobles du pays, elle se situe entre 2500 et 4000 pieds à l'hectare pour la bonne raison qu'une densité élevée (10 000 pieds à l'hectare dans le Médoc par exemple) augmenterait le niveau de stress hydrique déjà fort important. J'ai beaucoup aimé séjourner dans ce joli coin d'Australie où les gens ont compris l'importance de développer l'œnotourisme. Entre Cowaramup et la petite ville de Margaret River où fleurissent bistros, galeries et terrasses, on peut suivre une route des vins bordée d'excellentes maisons, dont Vasse Felix, Leeuwin, Cullen, Howard Park, Voyager, Xanadu, Cape Mentelle, Pierro, Evans & Tate, Moss Wood et Devil's Lair qui font partie des incontournables. En prime, on y mange plutôt bien, et même divinement dans certains restaurants rattachés à ces maisons (*voir* Vasse Felix p.252). C'est toujours agréable de pouvoir se restaurer après avoir surfé, et ce, dans un environnement ressemblant étonnamment à certaines côtes bretonnes.

Pemberton *(sous-région)*

Plus fraîche et moins pluvieuse que Margaret River, cette région en pleine croissance bien installée au sud de l'état, mise sur le chardonnay, le sauvignon et le cabernet sauvignon, mais le pinot noir y fait une entrée non négligeable. À surveiller du coin de l'œil !

Swan Valley (Swan District) *(sous-région)*

Au nord-est de Perth, dans une région extrêmement torride et sèche en été, on élabore depuis plus d'un siècle des vins blancs de sémillon, de chardonnay et de chenin, mais il faut encore faire venir du raisin des régions voisines afin d'équilibrer le tout. Les terroirs argileux se prêtent bien à la syrah, qui domine aujourd'hui parmi les cépages rouges (30 % de toutes les variétés plantées), suivie du grenache et du cabernet sauvignon. Houghton, bien installée depuis 1859, exerce un quasi-monopole sur la production locale, et Sandalford, qui se trouve aussi à Margaret River, propose des cuvées dignes d'intérêt.

TABLEAU RÉCAPITULATIF

ÉTATS	RÉGIONS	SOUS-RÉGIONS
NEW SOUTH WALES *(Nouvelle-Galles du Sud)* **Villes principales :** > Sydney > Canberra > 23 % de la surface plantée > 32 % de la production > 430 producteurs	Big River	Murray Darling Pericoota Riverina Swan Hill
	Central Ranges	Cowra Mudgee Orange
	Hunter Valley	Hunter
	Northern Rivers	Hastings River
	South Coast	Shoalhaven Coast Southern Highlands New England
	Southern NSW	Canberra District Gundagai Hilltops
	Western Plains	Tumbarumba
QUEENSLAND **Ville principale :** > Brisbane > 2 % de la surface plantée > 0,5 % de la production > 105 producteurs	Queensland	Granite Belt Coastal Hinterland South Burnett

Australie | 171

ÉTATS	RÉGIONS	SOUS-RÉGIONS
VICTORIA **Ville principale :** > Melbourne > 22 % de la surface plantée > 15 % de la production > 583 producteurs	Central Victoria	Bendigo Goulburn Valley Heathcote Strathbogie Ranges Upper Goulburn
	Gippsland	Alpine Valleys
	North East Victoria	Beechworth Glenrowan King Valley Rutherglen
	North West Victoria	Murray Darling Swan Hill
	Port Philip	Geelong Macedon Ranges Mornington Peninsula Sunbury Yarra Valley
	Western Victoria	Grampians Henty Pyrenees
TASMANIA *(Tasmanie)* **Ville principale :** > Hobart > 1 % de la surface plantée > 1,5 % de la production > 115 producteurs	Tasmania	Northern Tasmania Southern Tasmania East Coast Tasmania

ÉTATS	RÉGIONS	SOUS-RÉGIONS
SOUTH AUSTRALIA *(Australie méridionale)* **Ville principale :** > Adélaïde > 44 % de la surface plantée > 48 % de la production > 502 producteurs	Barossa	Barossa Valley Eden Valley
	Far North	Southern Flinders Rangers
	Fleurieu	Currency Creek Kangaroo Island Langhorne Creek McLaren Vale Southern Fleurieu
	Limestone Coast	Coonawarra Mount Benson Penola Padthaway Robe Wrattonbully
	Lower Murray	Riverland
	Mount Lofty Ranges	Adelaide Hills Adelaide Plains Clare Valley
WESTERN AUSTRALIA *(Australie occidentale)* **Ville principale :** > Perth > 8 % de la surface plantée > 3 % de la production > 350 producteurs	Greater Perth	Peel Perth Hills Swan District
	South West Australia	Blackwood Valley Geographe Great Southern Manjimup Margaret River Pemberton

LES MAISONS

Comme dans les chapitres consacrés à l'Afrique du Sud et à la Nouvelle-Zélande, je présente les maisons dans l'ordre alphabétique, tout en indiquant les vignobles et les régions viticoles auxquelles elles sont rattachées, ainsi que la ville où elles sont installées. Il faut être aussi conscient que si un vin se réclame d'un vignoble bien précis (Barossa, Clare Valley, Margaret River ou McLaren Vale), les Australiens proposent de nombreux vins sous une appellation régionale, qu'elle soit élargie ou non. On retrouvera ainsi sur les tablettes des magasins un nombre élevé de cuvées vendues sous l'appellation South Australia (Australie méridionale) ou plus encore South Eastern Australia, ce qui signifie que le vin est un assemblage issu d'Australie méridionale, de la Nouvelle-Galles du Sud et de Victoria.

GROUPES	MARQUES LES PLUS CONNUES
Foster's	Coldstream Hills • Devil's Lair • Greg Norman • Leo Buring • Lindemans • Mildara • Mount Ida • Penfolds • Rosemount • Rouge Homme • Seaview • Seppelt • The Little Penguin • Wolf Blass • Yarra Ridge • Wynns Coonawarra
Hardys (Constellation)	Amberley • Banrock Station • Barossa Valley • Bay of Fires • Château Reynella • Goundrey • Hardys • Houghton • Leasingham • Stonehaven
Lion Nathan	Knappstein • Mitchelton • Petaluma • St Hallett • Stonier
Orlando Wyndham (Pernod Ricard)	Jacob's Creek • Wyndham Estate

Le prix des vins

J'ai été étonné par le prix plutôt élevé des vins australiens, que ce soit à la cave (*cellar door*) ou en boutique. À étiquette égale, les vins se vendent quelques dollars de moins seulement que dans les pays de l'hémisphère nord, et cela malgré les frais de transport. Ils peuvent même parfois être au même prix (qu'en Amérique du Nord surtout), ou plus chers, notamment pour les vins haut de gamme. Ce sont les taxes, qui s'élèvent à 39 %, qui expliquent cette situation, et les producteurs n'y peuvent rien. Je mentionne pour de nombreuses maisons des prix spécifiques à une cuvée, ou une fourchette de prix à titre indicatif, en dollars canadiens.

ANGOVE'S

RIVERLAND • ADELAIDE HILLS • COONAWARRA • CLARE VALLEY • McLAREN VALE • PADTHAWAY | South Australia
(Renmark-Tea Tree)

Tout commença en 1886 quand le chirurgien William Angove émigra avec sa femme et sa jeune famille, pour ouvrir une clinique médicale en Australie méridionale. Il ne s'en doutait probablement pas, mais ses premières plantations sur la commune de Tea Tree Gully dans les contreforts d'Adélaïde feront partie des prémisses du vignoble australien. Installé également à Renmark dans le Riverland, le domaine va progressivement prendre de l'importance, et tout particulièrement après la Deuxième Guerre mondiale, pour devenir une société majeure, tant pour les vins que pour les spiritueux. En 1947, Thomas William Carlyon Angove, le petit-fils du fondateur, a pris la direction générale de l'entreprise, mais c'est en 1968 que l'on a créé un immense vignoble, Nanya, sur les bords de la rivière Murray, à approximativement cinq kilomètres au nord de Paringa. Là, une vingtaine de variétés sur environ 500 hectares produisent des vins rouges et blancs de bonne qualité. Angove's propose une quarantaine de vins à travers une dizaine de gammes. De quoi donner le tournis, même au plus coriace des œnophiles.

> Les premières plantations sur la commune de Tea Tree Gully dans les contreforts d'Adélaïde feront partie des prémisses du vignoble australien.

Les vins

Je passe sur les gammes **Butterfly, Long Row** et **Stonegate,** dont les vins sont à prix abordables, mais de qualité moyenne, pour m'arrêter sur la série **Select**. Le **riesling** de Clare Valley, est plutôt bon, le **shiraz** de McLaren Vale est fruité et juteux, et le **cabernet sauvignon** de Coonawarra est assez concentré, avec de jolies notes de cassis et des tanins bien enrobés. À signaler, le **cabernet sauvignon Sarnia Farm,** qui est d'une facture très honnête, mais sans grande complexité (Entre 15 et 22 $.).

BAROSSA VALLEY ESTATE

BAROSSA VALLEY | **South Australia**
(Marananga)

Depuis ses débuts, en 1985, Barossa Valley Estate qui est au départ le fruit d'un regroupement de dizaines de viticulteurs bien décidés à contrôler leur propre destinée, a pris une certaine ampleur sur le marché des vins australiens. Créée au départ à Angle Vale, dans les collines d'Adélaïde, la société a installé ses pénates dans Barossa Valley. La cave, joliment construite tout près du village de Marananga, est entourée d'un vignoble de 50 hectares, et accueille les visiteurs toute la semaine pour des dégustations. Aujourd'hui, leur portfolio comprend les marques Spires en chardonnay et shiraz, et Ebenezer, du nom d'un proche et pittoresque village, avec les cépages chardonnay, shiraz et un assemblage cabernet sauvignon et merlot. Enfin, au sommet de la qualité, le fameux shiraz E & E Black Pepper, une certaine forme de la quintessence de la syrah de Barossa, puissante et intense, avec un fruit riche et des tanins fermes, et tout comme son nom l'indique, de fortes réminiscences de poivre noir en bouche. Le tout se fait sous la houlette du *winemaker* et directeur des opérations Stuart Bourne, issu d'une famille de producteurs établis à Watervale dans Clare Valley. Diplômé en œnologie en 1992, il a travaillé pour plusieurs maisons avant de joindre cette dynamique cave qui appartient en partie à Hardys et qui n'a pas fini de faire parler d'elle.

Scène de vendanges dans Barossa Valley, à la mi-avril.

La cave est entourée d'un vignoble de 50 hectares, et accueille les visiteurs toute la semaine pour des dégustations.

Les vins

C'est justement au château Reynella, siège social de la maison Hardys, que j'ai dégusté le **cabernet sauvignon Ebenezer**, d'une couleur incroyable et doté d'un nez très mûr de figue, de menthe et d'eucalyptus. On frise les 15 % d'alcool et ça ne paraît pas trop... Le **shiraz**, toujours sous l'étiquette **Ebenezer**, est en quelque sorte le deuxième vin du **E & E Black Pepper**. Élevé en barriques (moitié françaises et moitié américaines) pendant 18 mois, il dépasse les 15 % d'alcool mais, dans ce cas-ci, ça paraît. Charpenté, costaud, capiteux et doté de tanins très mûrs, il plaira aux amateurs de sensations fortes, avec à la clé des saveurs de prune, de chocolat, de cerise noire et d'épices. Disons qu'il vaut son prix (entre 35 et 40 $). Barossa Valley Estate propose d'autres vins honnêtes et plus abordables sous les étiquettes **Epiphany** et **Spires.**

Vignoble de Barossa Valley près de Rowland Flat.

BIMBADGEN

HUNTER VALLEY • RIVERINA | New South Wales
(Pokolbin)

Après avoir mis fin à une histoire assez turbulente, suite à diverses successions, cet important domaine d'une centaine d'hectares, dont 40 dans Hunter Valley et 40 dans Riverina, possède de vieilles vignes et propose un excellent sémillon sous le nom de Signature. Le tout est vinifié sous la responsabilité de Simon Thistlewood dans une cuverie attenante au restaurant. Dans une bâtisse dont l'architecture semble copiée sur celle de la cave des Mondavi en Californie, on déambule ainsi d'une passerelle entre deux cuves à la porte de l'établissement qui propose, il faut bien le dire, une cuisine digne d'intérêt. La carte des vins où j'ai trouvé, parmi d'autres trésors, du Savennières-Coulée de Serrant 1997, est surprenante. C'est au cours de ce repas que j'ai mangé, je m'en confesse, mon premier morceau de kangourou. Saignante et d'une texture très moelleuse, la viande est goûteuse et l'expérience s'est avérée positive, mais j'avais du mal à oublier le regard étonné de ces marsupiaux après lesquels je courrais le matin même...

Le restaurant propose une cuisine digne d'intérêt.

Les vins

Pour commencer, le **sémillon Sparkling** est très agréable, frais et dosé intelligemment. Un autre **sémillon,** le **Estate,** sec et tranquille cette fois-ci, plus minéral et le **verdelho Estate** aux saveurs citronnées, sont aussi très réussis. Quant au **sémillon Signature,** il provient d'un vignoble distinct de Hunter Valley. Il est d'une grande finesse avec ses senteurs de fleurs blanches, fruité, complexe et d'une grande profondeur. Bimbadgen travaille très bien ses vins blancs. Les rouges, quant à eux, tout en fruit et agréables quand même, ne m'ont guère impressionné.

Ce domaine possède de vieilles vignes et propose un excellent sémillon sous le nom de Signature.

BROKENWOOD

HUNTER VALLEY • McLAREN VALE • BEECHWORTH • ORANGE • BATHURST • COWRA | New South Wales
(Pokolbin)

C'est un joyeux trio de Sydney qui a décidé de se faire plaisir en créant, au début des années 1970, une petite cave qui allait devenir grande. Tous diplômés en droit, Tony Albert, John Beeston et l'expert en vins réputé James Halliday, auteur d'un guide annuel très complet sur tous les vins du pays, ont en effet mis la main sur une dizaine d'acres de terre sur les contreforts de Brokenback Range. Ils ont débuté avec le cabernet sauvignon et la syrah jusqu'à ce qu'ils embauchent un certain Iain Riggs, un spécialiste des cépages blancs qui ne fait pas de compromis. Aujourd'hui copropriétaire du domaine et directeur des opérations, il y a, depuis son arrivée en 1983, fortement imprimé sa forte personnalité et inversé la tendance avec une production de 70 % de vin blanc. En plus des 20 hectares que compte l'exploitation dans la région de Pokolbin, Brokenwood élabore des vins de nombreuses autres régions et achète ses raisins à 24 propriétaires différents. Je dois dire que j'ai été impressionné par la qualité de leurs produits, même si avec plus d'une vingtaine de cuvées, leur portfolio n'est pas facile à suivre. Un point fort de cette maison : des degrés d'alcool raisonnables par rapport à la moyenne nationale.

Iain Riggs, un winemaker qui ne fait pas de compromis.

Là aussi, les tonneliers français font des affaires d'or.

Les vins

Pour commencer, les deux blancs de **sémillon** m'ont épaté. Le premier, très net, sec, vif et rafraîchissant est léger et fruité. Le second, le **ILR Reserve,** d'une rondeur sensuelle, a déjà huit ans et a conservé une fraîcheur étonnante. Quant au **viognier** provenant de Victoria, il possède une texture crémeuse intéressante. Parmi les nombreux rouges dégustés, le **sangiovese McLaren Vale** est net et fruité, et le **pinot noir Beechworth** (dans Victoria) est d'une grande finesse même s'il démontre beaucoup d'extraction et de structure. Le **shiraz Reynard Vineyard** de McLaren Vale est très expressif : du nez, de la couleur, de la matière, charnu, juteux et savoureux, avec en prime un équilibre indéniable. Enfin, malgré son prix quelque peu élevé (environ 100 $), le **shiraz Graveyard** est un très grand vin qui a du style, sans doute le plus grand de la maison, élevé dans 80 % de bois français, dont une partie de bois neuf, et 20 % de bois américain. Il se présente sous une couleur foncée, profonde, avec des notes de cerise noire et de mûre et un bouquet d'encens et d'épices douces. En bouche, tout est rondeur, sensualité et matière à digression... (Entre 20 et 100 $.)

Un point fort de cette maison : des degrés d'alcool raisonnables par rapport à la moyenne nationale.

CAPE MENTELLE

MARGARET RIVER | Western Australia
(Margaret River)

Entre le magnifique Cape Mentelle, du nom des frères Edme et François-Simon Mentelle, respectivement géographe et cartographe français du XIXe siècle, et la ville de Margaret River, David et Mark Hohnen ont créé ce grand vignoble dans les années 1970. Figure de proue de la région, le domaine possède aujourd'hui plus de 200 hectares de vignes, et jouit de l'influence maritime apportant la fraîcheur et des pluies qui autorisent, mais à de rares endroits, une viticulture sans irrigation. En fait, on trouve dans cette région un climat de style bordelais, et c'est ce qui explique la forte présence de cépages de la célèbre région française. Pour ceux qui pensent que la notion de terroir n'existe pas en Australie, voici le nom de quelques parcelles aux caractéristiques bien définies : Wallcliffe vineyard (16 ha ; sols profonds où l'on cultive plusieurs cépages), Trinders vineyard (23 ha ; sols argilo-calcaires, excellents notamment pour le cabernet sauvignon), Chapman Brook vineyard (40 ha ; sols idéaux pour les cépages blancs) ; Foxcliffe and Crossroads vineyard (40 ha ; sols graveleux avec présence de fer, très bons pour les cépages rouges), etc. De la cave, construite en 1977, viennent d'excellentes cuvées de cabernet sauvignon d'une grande élégance, de sémillon, de chardonnay et de sauvignon blanc au profil aromatique d'une certaine pureté, et une petite quantité de shiraz, de zinfandel et de merlot. Il est important de souligner que le groupe LVMH, par l'intermédiaire de la maison champenoise Veuve Clicquot qui en avait fait l'acquisition, est propriétaire depuis 1988 de ce vignoble, tout comme Cloudy Bay, en Nouvelle-Zélande, qui partage d'ailleurs avec sa grande sœur de sympathiques similitudes.

Figure de proue de la région, le domaine possède aujourd'hui plus de 200 hectares de vignes, et jouit de l'influence maritime apportant la fraîcheur et des pluies qui autorisent, mais à de rares endroits, une viticulture sans irrigation.

Les vins

Après avoir dégusté à la barrique de jeunes vins très prometteurs avec Robert Mann, le jeune chef de cave passionné par les terroirs de Margaret River, je me suis régalé avec l'ensemble de ce que propose la maison : des vins nets et droits, qui donnent le goût d'en reprendre. Parmi les blancs, l'assemblage **sauvignon/sémillon** de l'excellent millésime 2006, avec ses notes d'agrumes et d'écorce de pamplemousse en finale, est très sec et d'une bonne vivacité (environ 25 $). Le **chardonnay** m'a beaucoup plu, voilà un vin très bien vinifié, peu marqué par le bois grâce à un dosage intelligent. Typique de son cépage, avec des notes de miel et de beurre frais, il termine sur une finale minérale d'une grande franchise. D'une belle texture moelleuse, l'assemblage d'inspiration rhodanienne **marsanne** (88 %) et **roussanne** est très fruité, équilibré, avec en finale des saveurs d'amande. Je passe sur l'assemblage **cabernet/merlot** qui m'a semblé quelque peu végétal et qui aurait pu être meilleur. Par contre, le **shiraz** explose avec ses notes de mûre et d'épices. Quant au **cabernet sauvignon** accompagné d'un peu de petit verdot, aux parfums discrets d'eucalyptus, il est charmeur et très élégant. Âgé de quatre ans, sa robe est encore d'une bonne intensité, et ses tanins sont soyeux. Seul son prix (environ 90 $) pourrait me faire reculer. À prix beaucoup plus abordable (environ 20 $), le **Marmaduke** est un assemblage juteux et savoureux issu de syrah, de grenache et de mourvèdre.

Le jeune chef de cave Robert Mann et son chien.

COLDSTREAM HILLS

YARRA VALLEY | Victoria
(Coldstream)

James Halliday, que j'ai eu le plaisir de lire quand j'ai commencé à m'intéresser aux vins australiens, est un incontournable. À la fois dégustateur, auteur et journaliste, c'est aussi un homme de terrain, puisque c'est lui qui a construit, en 1985, avec sa femme Suzanne, cette propriété située à une heure de route de Melbourne. Ressemblant à un amphithéâtre joliment installé dans cette belle et fraîche Yarra Valley, le vignoble court sur des pentes bien accusées, à quelques kilomètres de Coldstream, une petite ville bien tranquille. À côté du cabernet sauvignon et du merlot, le pinot noir et le chardonnay règnent en maître sur une surface totale d'environ 100 hectares. Ici, on fait tout, ou presque, à la main, de la vigne au cuvier, avec une approche bourguignonne, aussi bien pour le rouge que pour le blanc, avec fermentation en barriques et bâtonnage. Il est

Ressemblant à un amphithéâtre, le vignoble court sur des pentes bien accusées.

évident que les méthodes utilisées sont orientées vers l'élaboration de vins élégants, aux tanins souples et fins, avec en général une judicieuse intégration de la barrique. En juillet 1996, Coldstream Hills s'est jointe à Southcorp et appartient donc aujourd'hui au groupe Foster's. Le vin se fait dans la tradition inculquée par le maître des lieux (qui est toujours consultant), sous la houlette d'Andrew Fleming, diplômé de l'université de Melbourne et détenteur du diplôme national français d'œnologie. Après avoir fait des stages au château Haut-Brion et à Matanzas Creek winery, en Californie, Andrew est revenu au pays travailler notamment pour Lindemans. Pendant trois ans, il s'est permis d'assurer les vendanges et les vinifications dans les deux hémisphères, en Australie et dans le Languedoc. À partir de 1996, il a assuré la direction des opérations chez Seppelt, avant de prendre les rênes de Coldstream Hills en juin 2001.

Dans le vignoble australien, les kangourous ne sont jamais bien loin.

Les vins

Dans la première échelle de prix (environ 30 $), le **sauvignon blanc** est très typé, avec ses arômes de groseille, de lychee, et de fruit de la passion (peut-être un peu trop à mon goût). Mais il est vif et termine sur des notes d'agrumes rafraîchissantes. Le **chardonnay** est bien vinifié. Fermenté en barriques, il est plutôt bien équilibré grâce à une acidité qui donne du relief à l'ensemble. Le **merlot**, élevé dans du chêne français, affiche des parfums de fruits rouges bien mûrs, avec en finale une délicieuse touche de réglisse et d'épices douces. Quant au **pinot noir**, aux saveurs précises de cerise bien mûre et aux tanins très fins, il fait partie de ces vins australiens qui nous ont fait comprendre, il y a quelques années, que le potentiel qualitatif autour de ce cépage était bel et bien réel dans ce pays. Pour ceux qui en ont les moyens (il coûte près de trois fois le prix du précédent), le **pinot noir Reserve** est beaucoup plus concentré, tant dans la couleur qu'au nez et en bouche. Ses tanins sont très mûrs et une bonne acidité participe à l'équilibre de cette cuvée complexe d'une grande longueur. Toujours dans la gamme **Reserve** (environ 45 $), le **chardonnay** possède des arômes de fruits blancs et de noisette légèrement « toastée », et une certaine suavité en bouche. Quant au **cabernet sauvignon Reserve,** des tanins bien mûrs et sans aucune aspérité, des saveurs de chocolat, de mûre et de cerise noire confèrent à ce vin savoureux et persistant, de la classe et de la personnalité.

Couleurs d'automne à la fin avril.

Il est évident que les méthodes utilisées sont orientées vers l'élaboration de vins élégants, aux tanins souples et fins, avec en général une judicieuse intégration de la barrique.

CULLEN

MARGARET RIVER | Western Australia
(Cowaramup)

Diana et Kevin Cullen sont arrivés de Tasmanie en 1948 pour élever du bétail dans la région de Margaret River. Au fil des ans, découvrant le plaisir du vin et le potentiel viticole de leur région, ils ont planté leurs premières vignes en 1966, puis d'autres en 1971, afin d'assurer une production consistante. Aujourd'hui, ils possèdent une cinquantaine d'hectares répartis sur deux vignobles principaux, Cullen Estate Vineyard et Mangan Vineyard. Les Cullen travaillent en culture organique et respectent les règles de la biodynamie avec une partie des vignes taillées en lyre, ce qui est peu courant en Australie. Cullen Wines est une propriété familiale qui jouit d'une grande réputation et qui élabore ses vins avec des raisins issus exclusivement de ses propres vignobles. C'est l'artiste de Margaret River, Ashley Jones, qui a créé le symbole de la feuille et du gland de chêne qui figure sur les étiquettes de cette maison attachante à bien des égards, même si les prix paraissent quelquefois un peu élevés.

L'étape importante de la chauffe de la future barrique.

Les vins

L'assemblage **sauvignon blanc/sémillon,** très fruité, est d'une agréable fraîcheur et d'une bonne persistance, et le **chardonnay** est un modèle d'équilibre entre la matière et la barrique dans laquelle les raisins ont fermenté. À prix plus raisonnable, le **Ellen Bussel Blanc** est un friand assemblage **sémillon/sauvignon,** fort agréable avec ses notes d'agrumes qui se marient bien avec l'excellente cuisine proposée par le restaurant de l'endroit. Parmi toute leur gamme, pour les plus fortunés (environ 100 $), l'assemblage **cabernet sauvignon/merlot Diana Madeline,** qui est aussi un modèle d'équilibre, est à la fois profond, complexe et élégant avec ses notes de cassis et ses tanins drapés dans la soie. Sur une note plus technique, on remarque que tous leurs vins sont bouchés avec des capsules à vis.

> Réalité peu courante en Australie, les Cullen travaillent en culture organique et respectent les règles de la biodynamie, avec une partie des vignes taillées en lyre.

D'ARENBERG

McLaren Vale | **South Australia**
(McLaren Vale)

Voilà une belle histoire de famille qui commença en 1912, lorsque Joseph Osborn acheta ses premières vignes sur les jolies collines ondulantes au nord de McLaren Vale et à 40 kilomètres au sud d'Adélaïde. En 1943, le petit-fils, François Osborn D'Arenberg, connu sous le sobriquet « D'Arry », a commencé très jeune pour épauler son père malade, avant de reprendre complètement les rênes de l'affaire en 1957. Deux ans plus tard, D'Arry embouteillait la première étiquette avec la diagonale rouge. Le vignoble représente aujourd'hui une centaine d'hectares, et est composé de cabernet sauvignon, de chardonnay, de viognier, de marsanne, de sauvignon blanc et de vieilles vignes de shiraz, de grenache et de mourvèdre. Les sols varient énormément, des sables au calcaire, et du quartz et de l'argile à la *terra rossa* (une terre rouge friable sur du calcaire). On ne peut pas dire que le propriétaire actuel, Chester Osborn, fait dans la dentelle, aussi bien dans la qualité que dans la quantité. Les vins rouges sont dans l'ensemble capiteux, musclés, concentrés et malheureusement parfois rustiques, et les blancs ne font pas exception. En fait, ce sont des vins à ne pas mettre dans toutes les bouches... Il faut avouer aussi qu'il est facile de se perdre dans la pléthore de cuvées (pas moins de 30 étiquettes) aux noms peut-être plus amusants et évocateurs pour ceux qui les font que pour le consommateur, qui est lui, rapidement désorienté. On pourra toujours essayer de s'y retrouver en mangeant au sympathique restaurant D'Arry's Verandah.

J'ai quand même pris un malin plaisir à goûter l'assemblage shiraz/grenache The D'Arry's Original.

Les vins

J'ai quand même pris un malin plaisir à goûter l'assemblage **shiraz/grenache The D'Arry's Original** et le **shiraz/viognier The Laughing Magpie,** ainsi que les coûteux **Ironstone Pressings GSM** (grenache, syrah et mourvèdre), le **cabernet sauvignon Coppermine Road** et le **shiraz The Dead Arm,** tous aux larges épaules et plus que généreux, et je me suis rafraîchi la bouche, si je puis dire, avec le **chardonnay The Lucky Lizard** et le **sauvignon blanc The Brocken Fishplate.**

Les sols varient énormément, des sables au calcaire, et du quartz et de l'argile à la fameuse *terra rossa* (une terre rouge friable sur du calcaire).

DE BORTOLI

**YARRA VALLEY • KING VALLEY •
RIVERINA • HUNTER VALLEY** ¦ Victoria •
New South Wales
(Bilbul)

L'influence italienne saute aux yeux lorsqu'on visite l'une des caves de cette maison établie en 1928 par Vittorio et Giuseppina De Bortoli. Leur fils, le visionnaire Deen De Bortoli a su faire prospérer cette entreprise viticole familiale qui est devenue l'une des dix plus importantes d'Australie. La société possède aujourd'hui trois sites dans trois régions différentes : Riverina et Hunter Valley en Nouvelle-Galles du Sud, et Yarra Valley, un immense vignoble de 165 hectares créé dans les années 1990 dans Victoria, où l'on tient d'ailleurs un bon restaurant de cuisine italienne. C'est justement là que j'ai eu le plaisir de partager un repas en compagnie de Leanne De Bortoli, la fille de Deen, de son mari Steve Webber, qui supervise les équipes de façon dynamique avec la conviction que le vin se fait avant tout à la vigne, et du jeune et prometteur *winemaker* Bill Downie qui dirigeait, en français s'il vous plaît, les dégustations. Darren De Bortoli, un des frères de Leanne, qui dirige l'entreprise, a créé au début des années 1980, le sémillon botrytisé Noble One, un vin blanc liquoreux acclamé dans le monde entier. À l'image de nombreuses maisons australiennes, De Bortoli produit une grande quantité de vins, des plus simples aux plus fins, en passant par les pétillants et les vins fortifiés. Leur passion du pinot noir les a même poussés à produire en Bourgogne leur propre gevrey-chambertin…

Darren De Bortoli, un des frères de Leanne, qui dirige l'entreprise, a créé au début des années 1980, le sémillon botrytisé Noble One, un vin blanc liquoreux acclamé dans le monde entier.

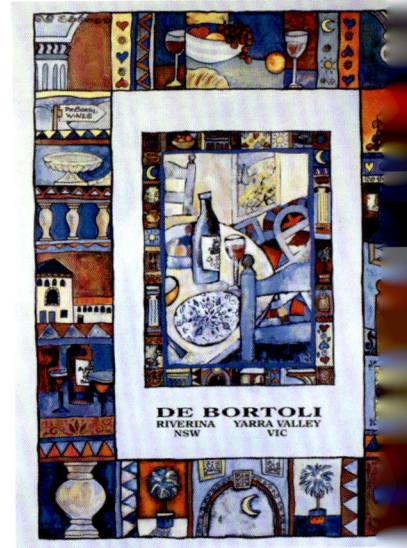

Les vins

Après toute une série de vins en cours d'élevage dégustés à la barrique, je me suis refait la bouche avec l'agréable et très fruité assemblage **sauvignon/sémillon** de la gamme **Windy Peak**. Le **sauvignon Estate** de Yarra Valley était cependant plus nourri et plus long en bouche. J'ai eu beaucoup de plaisir à déguster le **pinot noir**, tout en fruit, élégant, vif et bien équilibré. Bien sûr, le **pinot noir Estate** de deux ans, toujours de Yarra Valley, non filtré et issu de vignes de 20 ans, affichait une mine excellente, avec des arômes floraux délicats, de l'acidité et une matière fruitée mise en valeur par des tanins mûrs et soyeux. Enfin, l'assemblage **shiraz/viognier,** d'une couleur profonde, jeune, charnu et sensuel, n'était pas dépourvu de fraîcheur ni de cette structure tannique qui lui permettra de vieillir en beauté pendant quelques années. (Entre 17 et 75 $.)

La famille De Bortoli propose aux visiteurs un excellent restaurant.

En compagnie de Leanne, Steve et de toute l'équipe.

Australie

DEVIL'S LAIR

MARGARET RIVER | **Western Australia**
(Margaret River)

Après avoir rencontré le diable de Tasmanie sur son propre terrain, me voilà dès le lendemain de nouveau face à lui dans sa tanière (*lair*) à l'autre bout du pays... En effet, cette maison tire son nom des cavernes cachées dans les collines de Margaret River où, paraît-il, des restes de fossiles du vilain marsupial auraient été trouvés. Quoi qu'il en soit, la propriété date des années 1980 et le sympathique Stuart Pym, né à Perth en 1960, et guitariste *rock and roll* à ses heures, dirige les opérations. Sur un total de 200 hectares, 135 sont plantés sur des sols de gravier bien drainés. Situé à 10 kilomètres de la côte, le vignoble, soumis aux influences maritimes du cap Leeuwin, profite d'une saison assez fraîche. Malgré tout, l'irrigation est parfois nécessaire, et un lac artificiel de 14 hectares dans la vallée centrale permet de la pratiquer. J'ai particulièrement aimé ma visite chez le diable de la côte occidentale du pays. Les étiquettes, non dénuées d'humour, ne sont pas légion, et contrairement à tout ce qui se fait ailleurs, il faut bien chercher sur le côté droit de l'étiquette la mention des cépages qui se veut discrète. La société Devil's Lair a été absorbée par Southcorp en 1997, devenue le groupe Foster's en 2005.

> Cette maison tire son nom des cavernes cachées dans les collines de Margaret River où, paraît-il, des restes de fossiles du vilain marsupial auraient été trouvés.

Stuart Pym, le winemaker *de la maison.*

Les vins

Stuart Pym, qui ne se prend pas au sérieux, élabore néanmoins des vins très agréables, impeccables et à prix abordables. Dans l'entrée de gamme **Fifth Leg**, l'assemblage **sauvignon/sémillon** (avec un peu de chardonnay) est d'une bonne fraîcheur mais relativement discret. Le **chardonnay** (à 100 %) conserve toute sa typicité, avec rondeur et souplesse, et pour une fois, on ne fait pas dans la salade de fruits tropicaux. Son **rosé** de pressurage, issu de merlot, de cabernet sauvignon et de syrah, est savoureux, vif et fruité. Le rouge est un assemblage de syrah (38 %), de cabernet sauvignon (35 %) et de merlot, au nez très expressif. Dans la catégorie **Devil's Lair**, le **chardonnay** est très agréable avec une bonne acidité et un boisé discret. Quant à l'assemblage rouge à la bordelaise cabernet sauvignon (75 %), merlot (22 %) et cabernet franc, rien ne dépasse, avec en bouche des fruits bien mûrs, de la finesse et des tanins joliment fondus. (Entre 18 et 25 $.)

La société Devil's Lair a été absorbée par Southcorp en 1997, devenue le groupe Foster's en 2005.

DOMINIQUE PORTET

YARRA VALLEY | Victoria
(Coldstream)

Belle histoire que celle de ces deux frères, Bernard et Dominique Portet, fils d'André Portet, régisseur du célèbre château Lafite-Rothschild de 1955 à 1975. C'est tout naturellement qu'ils se lancent à leur tour dans le monde du vin. Ils auraient pu faire carrière dans leur Bordelais natal, mais ce serait mal connaître ces personnes éminemment sympathiques qui avaient le désir ardent d'élargir leurs horizons. Je suis bien placé pour les comprendre ! C'est ainsi que Bernard sera l'un des pionniers de Napa Valley en Californie. Dominique, qui a vécu avec son frère trois vendanges sur le territoire américain, s'installera en Australie en 1976 et s'occupera notamment de Clover Hill et surtout de Taltarni, où il restera jusqu'en 1998. Diplômé en œnologie à l'Université de Montpellier, il en connaît un rayon puisqu'il a aussi travaillé dans le Médoc, la vallée du Rhône, en Provence et chez Moët et Chandon. C'est finalement dans Yarra

L'emblème de la maison prend la forme d'une arabesque, une ligne intacte et sinueuse caractéristique de l'art maure, symbolisant les liens entre les générations, les familles et les continents.

« J'ai trouvé le parfum et la structure qui me rappellent les bordeaux », explique Dominique Portet.

Valley, pas très loin de Melbourne, qu'il s'installe pour de bon. « J'ai trouvé le parfum et la structure – la structure surtout – qui me rappellent les bordeaux », explique-t-il. Son premier millésime sera le 2000, symbole parfait pour souligner le passage dans le troisième millénaire. Avec sa femme Julia et ses fils Benjamin, Thomas et Henri, le futur de la dixième génération est assuré. L'emblème de la maison prend la forme d'une arabesque, une ligne intacte et sinueuse caractéristique de l'art maure, symbolisant les liens entre les générations, les familles et les continents. Pendant le joyeux repas de fin de vendanges auquel je fus convié, Dominique, homme passionné qui ne cache pas ses émotions, m'a longuement parlé des terroirs de sa région d'adoption. Il m'a confié, quelque peu exaspéré, qu'il ne comprend toujours pas pourquoi tant de producteurs ont planté leurs vignes franches de pied (non greffées). Les raisons en sont bêtement économiques, on s'en doute, mais le phylloxéra sévit à nouveau. C'était à prévoir...

Une petite touche de Provence dans le sud de l'Australie.

Les vins

Dominique Portet élabore ses vins à partir de quelques hectares en propriété, mais achète une bonne partie des raisins dont il a besoin. Puisqu'il connaît bien les vignerons avec lesquels il transige, il a un bon contrôle sur la matière première. C'est ainsi qu'il élabore avec 40 % de pinot noir et 60 % de chardonnay de Tasmanie, une méthode traditionnelle millésimée très réussie, fort agréable, aux parfums de brioche et dosée intelligemment. L'autre méthode traditionnelle est un joli **rosé** fait à partir de pinot noir (65 %) et de chardonnay de Yarra Valley. Finesse, élégance et nez de mûre caractérisent ce vin saute-bouchon au profil européen. Toujours de la même vallée, son **sauvignon** fait partie des vins issus de raisins bien mûrs, aux parfums de fleurs et d'agrumes, dépourvus de notes végétales parfois envahissantes et caricaturales. Très bien vinifié, le vin est d'une bonne richesse, sans doute grâce à ses 15 % ayant fermenté dans des barriques neuves de chêne français. Il est délicieux, dit-on, avec un filet de barramundi, poisson très savoureux à chair blanche originaire d'Australie. Parmi les rouges, j'ai particulièrement aimé les **shiraz** d'Heathcote ou de Yarra Valley, tous les deux d'une grande fraîcheur, au nez poivré et empyreumatique étonnant et aux tanins très soyeux. Comme on le fait si bien en Côte-Rôtie, la discrète présence de viognier (2,5 %) dans son shiraz de Yarra Valley explique sans doute cette élégance. Quant à son **cabernet sauvignon** d'Heathcote, il a de la carrure et des tanins très présents. Sous l'étiquette **Fontaine,** les rouges sont tout en fruit et plus souples, et le **rosé,** très sec, issu de merlot, de cabernet sauvignon et de syrah, est tout simplement magnifique. (Entre 20 et 55 $.)

Les rangs de vignes sont joliment alignés dans Yarra Valley.

Australie

EVANS & TATE

MARGARET RIVER | Western Australia
(Wilyabrup)

Créée au début des années 1970, cette cave est rapidement devenue la plus importante de la région. Avec des installations de premier ordre, Evans & Tate exporte des vins de qualité à prix abordables. Lionel Teitelbaum (qui donne son nom au vignoble de Jindong un peu plus au nord) est arrivé d'Ukraine en 1909. Il transmet à son fils John une éducation dans laquelle les arts, la musique et le vin sont importants. Plus tard, John, dont le nom a été changé en Tate au fil des ans, s'est associé à John Evans pour créer une petite cave à Gnangara, dans Swan Valley, au nord de Perth. Un conseil d'administration prend les grandes décisions commerciales de cette entreprise transformée de nos jours en société publique, mais Richard Rowe, le responsable des vinifications, est aux commandes. C'est avec lui que j'ai dégusté une bonne partie de leur production. Si Richard élabore ses vins avec passion, c'est avec autant d'enthousiasme qu'il m'a conduit en voiture tout terrain à la poursuite des kangourous qui, les oreilles bien dressées, s'approchaient à la tombée du jour, comme ils en ont l'habitude. Puisque c'était ma première rencontre avec des marsupiaux en liberté, je n'ai pas osé en manger le soir venu, au restaurant où nous avons prolongé très joyeusement nos propos gourmands.

Richard Rowe, pendant la dégustation.

Les vins

Ce n'est pas par le **sauvignon** (trop herbacé à mon goût) que j'ai été emballé, mais par les différentes cuvées de **chardonnay**. Netteté, franchise et fruit mûr étaient au rendez-vous. Le **Wildberry Springs Estate** se distingue par un nez très fin, et le **Reserve,** de quatre ans déjà, offre un bouquet de miel et de

notes pralinées, avec en bouche de la rondeur, de la matière et de la fraîcheur. Du côté des rouges, l'étiquette **XY** propose des vins rouges fruités et charnus faciles à boire, aussi bien en **shiraz** qu'en assemblage **cabernet/merlot**. Enfin, l'assemblage **cabernet/merlot Evans & Tate,** élevé 16 mois dans des barriques de chêne français, dont 35 % en bois neuf, m'a semblé le mieux équilibré et le mieux abouti. Il ne manque certes pas de couleur et de tonus, mais ce sont ses parfums mêlés de cassis, de mûre et de poivre, qui donnent à ce vin généreux, charnu et structuré, cette élégance qui donne envie de finir la bouteille... (Entre 14 et 25 $.)

> J'ai été emballé par les différentes cuvées de chardonnay. Netteté, franchise et fruit mûr étaient au rendez-vous.

GOUNDREY

GREAT SOUTHERN | Western Australia
(Mount Barker)

En 1976, lorsque Michael Goundrey a démarré son entreprise, son vin ressemblait plus à un «vin de garage» qu'à autre chose. En 1979, il s'installe à Denmark dans une vieille beurrerie des années 1920, pour ensuite construire ses nouvelles installations à Mount Barker, dans le respect, il faut bien le dire, des critères environnementaux. Aujourd'hui, ce site reconnu comme architecturalement unique, sert de *cellar door* (cave et magasin), de centre touristique et de restaurant. Au cœur d'une région au potentiel viticole étonnant, Goundrey possède plusieurs vignobles, dont celui de Langton, pour un total de 235 hectares en production, ce qui n'est pas rien, surtout si l'on ajoute les raisins d'une centaine d'hectares achetés sous contrat. Goundrey a d'abord été achetée en 1995 par l'homme d'affaires Jack Bendat, puis par le groupe canadien Vincor International, qui a pris le contrôle de la société en novembre 2002. À toutes fins utiles, Goundrey est entrée dans le giron de la compagnie Hardys puisque cette dernière appartient au groupe Constellation qui a fait l'acquisition de Vincor en juin 2006. Si vous m'avez bien suivi dans les méandres nébuleux des achats et rachats de sociétés, vous pouvez maintenant passer à la dégustation, notamment des cuvées bien connues qui portent la marque commerciale Homestead.

Les vins

Dans l'entrée de gamme **Homestead,** le **chardonnay Unwooded** tire son épingle du jeu. Comme son nom le stipule, le bois n'interfère pas, comme c'est encore trop souvent le cas, mais le vin pourrait offrir plus de fraîcheur. L'assemblage **cabernet/merlot** manque un peu de volume, mais plaira aux amateurs de nez confituré, aux accents de réglisse et de prune bien mûre. Le **chardonnay Offspring,** d'une belle texture crémeuse, m'a semblé bien équilibré sans être trop marqué par la barrique, et j'ai bien apprécié le **riesling Reserve,** élégant et vif, avec à la fois du fruit et de la minéralité. Enfin, le **shiraz Reserve** est moyennement corsé, finement boisé, avec beaucoup de fruit très mûr en bouche (cerise noire, mûre et prune) et des tanins serrés. (Entre 14 et 20 $.)

> J'ai bien apprécié le riesling Reserve, élégant et vif, avec à la fois du fruit et de la minéralité.

Le site, reconnu comme architecturalement unique, sert de cellar door *(cave et magasin), de centre touristique et de restaurant.*

GRANT BURGE

BAROSSA VALLEY • ADELAIDE HILLS • EDEN VALLEY | **South Australia**
(Tanunda)

C'est en 1988 seulement que Grant Burge a créé son domaine, pour devenir l'une des 10 premières sociétés viticoles indépendantes du pays. Bien installé à quelques dizaines de rangs des vignes de St Hallett et de Jacob's Creek, dans Barossa Valley, région pour laquelle la famille s'est entièrement consacrée, Grant Burge livre des vins blancs excellents et des rouges, dont la cuvée Meshach, qui est aussi corpulente que son prix est élevé. D'Eden Valley, la maison élabore un bon chardonnay et un savoureux riesling digne de mention et typique du cépage. En plus de vins fortifiés qui portent encore le nom usurpé de porto (cette pratique devrait cesser sous peu), la société propose neuf gammes, ce qui m'apparaît beaucoup trop, même si certaines étiquettes sont réservées à des marchés extérieurs.

Les vins

Le **chardonnay Summers Eden Valley** est plutôt bien équilibré, finement boisé et ses saveurs de melon et de pamplemousse lui donnent un petit côté guilleret non déplaisant. Le **riesling** est un peu dans la même lignée, vif et incisif et d'une bonne typicité. Le **shiraz Filsell Barossa Valley** est aussi d'une bonne facture, avec ses saveurs de prune, de mûre, de vanille et d'épices. La fameuse cuvée **Holy Trinity** (grenache, syrah et mourvèdre) est très réussie, avec beaucoup d'expression fruitée au nez comme en bouche, des tanins très mûrs et de l'élégance en finale. Pour ceux qui sont prêts à payer cher, le **shiraz Meshach Barossa Valley** est tout d'une pièce, capiteux, robuste mais un peu lourdaud. Il faut trouver la bonne recette de gibier pour en venir à bout... Le **shiraz Miamba,** beaucoup moins cher (et moins concentré il faut le dire), reste à mon avis, une aubaine pour son rapport qualité-prix. (Entre 18 et 90 $.)

> Grant Burge livre des vins blancs excellents et des rouges, dont la cuvée Meshach, qui est aussi corpulente que son prix est élevé.

GREG NORMAN

LIMESTONE COAST • PADTHAWAY | South Australia • Victoria

Les passionnés de golf ont très certainement goûté un jour les vins signés du champion Greg Norman, dit « le Requin », d'où la présence du charmant animal sur ses étiquettes. Vin glamour sans aucun doute, il n'en demeure pas moins que Beringer Blass (qui fait partie aujourd'hui du géant Foster's) qui a lancé cette marque à la fin des années 1990 avec Norman, a proposé deux vins, un chardonnay de Yarra Valley et un assemblage de cabernet et de merlot de Coonawarra. Le bouche à oreille a fait le reste, avec le succès que l'on connaît. Aujourd'hui, en plus d'un vin effervescent plutôt bien fait, le *winemaker* Andrew Hales qui a fait ses classes aussi bien en France qu'en Tunisie et en Nouvelle-Zélande, nous propose de jolies cuvées en blanc et en rouge.

Les vins

Le **chardonnay Victoria** est sous l'influence du chêne dans lequel il a été élevé. On y découvre la présence de saveurs beurrées, du gras et de la matière en bouche, mais une certaine lourdeur en finale. Le **shiraz Limestone Coast** fait un peu dans la confiture de fraise avec des raisins très sucrés, des notes de cacao et d'épices douces. C'est un style qui plaira à certains, tout comme le **shiraz Greg Norman Estate**, dodu, charnu et généreux. L'assemblage **cabernet/merlot** m'est apparu plus équilibré, avec certes des parfums et des saveurs très marqués de fruits noirs et de cèdre, mais des tanins tendres et une fraîcheur en bouche pas du tout désagréable. (Entre 22 et 30 $.)

Le shiraz Limestone Coast fait un peu dans la confiture de fraise avec des raisins très sucrés, des notes de cacao et d'épices douces.

Greg Norman a su mettre son nom et sa notoriété au service du vin.

HARDYS

McLAREN VALE • PADTHAWAY • COONAWARRA •
BAROSSA VALLEY • CLARE VALLEY •
RIVERLAND • YARRA VALLEY •
TASMANIA | South Australia
(Reynella)

En 1850, à l'âge de 20 ans, Thomas Hardy, pionnier autodidacte doté d'une forte personnalité, arrive en Australie méridionale en provenance de Devon en Angleterre. Il ne perdra pas de temps puisque dès 1853, il crée une cave à vin près d'Adélaïde. On connaît la suite : Thomas et ses descendants vont faire de l'entreprise l'une des plus en vue du pays. Tintara, dans McLaren Vale, deviendra à la fin des années 1800, le centre de l'entreprise et l'une des caves à vin les mieux équipées. Après plusieurs noces de raison, Hardys a fusionné avec le groupe américain Constellation en 2003. Évidemment, l'offre de la société est tentaculaire et il n'est pas facile de s'y retrouver avec tous ces vins dont l'échelle de prix va du plus bas au plus élevé. En plus de ses propres vignobles, Hardys s'approvisionne en raisins dans les principales régions vinicoles d'Australie, sur une surface totale de 2500 hectares. Sans compter les *wineries* qui font partie du groupe, telles Leasingham, Banrock Station, Amberley, Goundrey, Barossa Valley Estate et Bay of Fires en

Tintara, dans McLaren Vale, deviendra à la fin des années 1800, le centre de l'entreprise et l'une des caves à vin les mieux équipées.

Paul Lapsley, responsable des vins rouges.

Tasmanie. Aujourd'hui, le siège social se trouve au château Reynella, devenu en quelque sorte la mémoire de l'histoire viticole australienne. L'ayant visité dernièrement, j'ai pu y admirer des photos relatant le parcours de ces pionniers qui ne manquaient pas de courage et d'imagination.

En 1838, John Reynell s'installe dans McLaren Vale, à une vingtaine de kilomètres d'Adélaïde, dans les toutes premières années de la colonisation de l'Australie méridionale. En fait, les Reynell étaient probablement les premiers viticulteurs de cette partie de l'Australie. Les héritiers ayant été tués pendant la Deuxième Guerre mondiale, le domaine a été vendu une première fois en 1953, puis en 1970 à Hungerford Hill, de Hunter Valley. C'est en 1982 que Thomas Hardy and Sons va acquérir la propriété, pour en faire l'un de ses plus beaux fleurons.

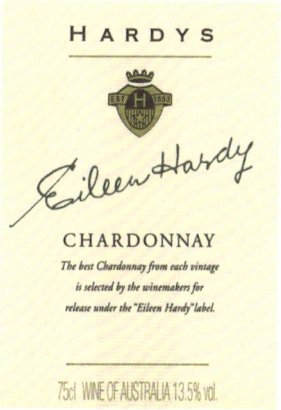

Aujourd'hui, le siège social se trouve au château Reynella, devenu en quelque sorte la mémoire de l'histoire viticole australienne.

Australie

Les vins

J'ai dégusté au château Reynella, les vins de la gamme **Stamp of Australia** dont les étiquettes invitent au voyage. Le **sauvignon blanc** est typique de son cépage, sec, vif et fruité. L'assemblage **cabernet/merlot** est franc, souple et net, avec des tanins discrets, tandis que l'assemblage **cabernet sauvignon/syrah** est plus charpenté, avec des épices et des notes fumées en bouche qui lui donnent une certaine personnalité. Considérant le prix, raisonnable, et la quantité produite, on peut en conclure que ce sont des vins bien faits. Dans la gamme **Eileen Hardy** (première étiquette en 1973 pour souligner les 80 ans de Madame), le **chardonnay,** fermenté dans des barriques de chêne français, est très expressif, bien équilibré et d'une bonne rondeur, avec en finale des saveurs de miel et de noisette. Quant au **shiraz** de cinq ans, lui aussi élevé dans du chêne français, il a gardé une belle jeunesse et a de l'allure, même si on devine la concentration du début. Naviguant dans les mêmes prix, le **grenache Tintara** de McLaren Vale m'a séduit, avec ses tanins enrobés et soyeux. Beaucoup d'extraction dans ce nectar charnu, généreux et relativement équilibré. Même plaisir avec le **shiraz Tintara** de six ans, très profond, aux nuances de goudron et au fruit très mûr, avec une finale de réglisse qui ne me déplaît pas du tout. Pour finir en beauté, mes hôtes, sous la supervision de Paul Lapsley, responsable des vins rouges, m'ont servi le fameux **cabernet sauvignon Thomas Hardy,** un de leurs plus beaux fleurons, issu d'un assemblage de raisins provenant de Coonawarra et de Margaret River. Élevé dans du chêne français neuf pendant 20 mois, le vin offre, après quatre ans de bouteille, de fins parfums de cassis et de menthe et se présente avec une certaine finesse, drapé de tanins serrés. À redéguster dans quelques années. En plus du brandy et des vins fortifiés, Hardys propose de nombreuses autres cuvées dans une gamme de prix très étendue, notamment sous l'étiquette **Nottage Hill, Reynell, Starvedog Lane, Four Emus,** et **Sir James** pour les vins effervescents.

L'un des nombreux vignobles appartenant à Hardys

HENSCHKE

EDEN VALLEY • ADELAIDE HILLS | South Australia
(Keyneton)

Une expérience vinicole de 130 ans à travers plus de cinq générations, voilà en quelques mots l'histoire de cette famille venue de la partie allemande de la Silésie et dont l'ancêtre a planté les premières vignes dans les années 1860. C'est avec Cyril Alfred Henschke, de la quatrième génération, que les vins commencèrent à se faire connaître, notamment le shiraz Hill of Grace, dont la première vendange remonte à 1958. Depuis, la qualité n'a jamais baissé. Stephen Henschke et son épouse Prue tiennent fermement les rênes du domaine, et élaborent des vins sans compromis et d'une grande complexité. Attention cependant au nombre élevé de cuvées (il y en a environ 25) qui peut désorienter l'amateur débutant, et aux prix, qui atteignent parfois des sommets dignes du mont Edelstone.

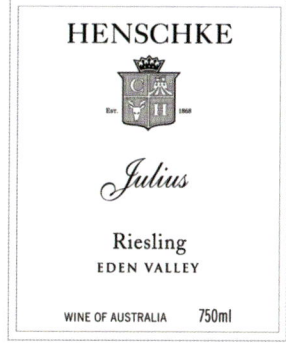

Les vins

Parmi les blancs, le **Julius Eden Valley** et le **Green's Hill Lenswood**, sont deux vins de **riesling** splendides, tout en finesse, et typiques de leur cépage, avec de la matière fruitée axée sur les agrumes et de la minéralité en finale. Le **sauvignon blanc Coralinga Adelaide Hills** est savoureux, mûr et expressif, et digne des plus grands vins de Sancerre. Le **chardonnay Lenswood Croft** n'est pas mal non plus, avec de la rondeur et une fraîcheur qui lui confère beaucoup de classe. Parmi les rouges, je retiens sans hésiter le **cabernet Cyril Henschke Eden Valley**, charpenté et élégant, expressif et complexe, racé et savoureux. Le **GMS** (grenache, mourvèdre et syrah) **Johann's Garden Barossa** est charnu et juteux mais un peu trop corsé à mon goût et le **Keyneton Estate Euphonium** est un assemblage corpulent et expressif de syrah (70%), de cabernet sauvignon (20%) et de merlot. Enfin, le fameux **Hill of Grace** de six ans clôture cette série remarquable avec son bouquet de violette et de fruits noirs bien mûrs, ses saveurs d'épices qui se prolongent et ses tanins caressants.

Pendant les vendanges, on se protège comme on peut de la chaleur.

HOPE

HUNTER VALLEY | New South Wales
(Pokolbin)

Michael Hope, de pharmacien à producteur de vins fins.

Si l'on considère Hunter Valley comme la région vinicole la plus ancienne d'Australie, il est intéressant de découvrir ce que proposent les nouvelles propriétés. Hope Estate en fait justement partie, puisque les vignes y ont été plantées en 1994, quand le sympathique pharmacien Michael Hope a acquis ce domaine situé dans la région de Pokolbin, à 15 kilomètres de Cessnock. Depuis, le vignoble familial s'est étendu à une centaine d'hectares, avec ses trois vignobles. Les sols sont bien drainés et, bien que le climat de la région soit tempéré, on anticipe toujours les gels d'hiver. Neil Orton, qui a déjà travaillé pour Lindemans, est le chef de culture et dirige les opérations. J'ai eu le plaisir de goûter en cave quelques échantillons prélevés ici et là avec le jeune *winemaker* James Campkin, et j'ai prolongé la dégustation avec Michael, qui semble déterminé à ne produire que des vins de propriété. On peut imaginer que les affaires sont assez florissantes puisqu'il possède maintenant Donnybrook Estate dans l'appellation Geographe près de Margaret River, et le légendaire Virgin Hills Vineyard (*voir* p.280), dans Macedon Ranges (État de Victoria). Sa propriété à Pokolbin est magnifique, et à l'issue de notre rendez-vous, les kangourous nous attendaient pour une rencontre épique autour d'un étang dans lequel ils se miraient en famille.

Les vins

Bon début avec le **chardonnay,** qui n'est pas très expressif, mais plutôt bien dosé du côté barrique (100 % chêne français). Le **merlot** (90 % de bois américain) au nez de framboise et le **shiraz** (60 % de bois français) manquent de chair. C'est peut-être à cause de l'âge des vignes, mais personnellement je changerais plutôt les proportions. Heureusement, le **shiraz** (moitié bois français et moitié bois américain) produit dans la région de Geographe m'a agréablement surpris, avec sa matière fruitée bien mûre, ses beaux tanins et ses parfums de poivre noir, de prune et de violette. (Entre 15 et 25 $.)

Les sols sont bien drainés et, bien que le climat de la région soit tempéré, on anticipe toujours les gels d'hiver.

Une partie du vignoble de Michael Hope.

HUNGERFORD HILL

HUNTER VALLEY • TUMBARUMBA • COONAWARRA • HILLTOPS • ORANGE • CLARE VALLEY | New South Wales
(Pokolbin)

Parmi toutes les caves de Pokolbin, celle-ci se distingue par sa conception, son architecture et sa philosophie futuristes. Créé en 1970 dans Lower Hunter Valley, le domaine se démarque avec un sémillon d'une certaine profondeur, un chardonnay élégant et un pinot noir très mûr. Depuis que Southcorp (l'actuel groupe Foster's) l'a vendu en 2002 à la famille Kirby, on y trouve des installations de vinification à la fine pointe de la technologie. On désire y travailler à petite échelle, avec le respect des terroirs et même des sélections parcellaires, ce qui n'est pas toujours courant dans ce grand pays. Comme dans la plupart des caves de la région, les vins sont élevés en barriques de chêne dans un chai souterrain joliment aménagé. Quand on visite le bar à vin et l'excellent restaurant au joli nom de Terroir, on comprend que tout a été pensé en fonction des nombreux touristes de Sydney qui viennent ici s'en donner à cœur joie. J'en ai d'ailleurs fait l'expérience et ce fut l'un des meilleurs repas de mon expédition australasienne, d'autant plus que j'ai pu, ce soir-là, échanger avec Darren Ho*, un chef exceptionnel passionné autant par les vins que par la cuisine. La carte est remarquable avec, en plus des vins du domaine et d'autres maisons australiennes, un choix étonnant de vins italiens et français, dont de nombreux grands crus bordelais et bourguignons.

Darren Ho est un chef passionné, inventif et amoureux des vins.

> Créé en 1970 dans Lower Hunter Valley, le domaine se démarque avec un sémillon d'une certaine profondeur, un chardonnay élégant et un pinot noir très mûr.

* Ce chef talentueux aurait pris dernièrement les rênes d'un nouveau restaurant de la région.

Les vins

Une fois n'étant pas coutume, je fais ici mes commentaires en fonction du menu qu'on m'a concocté. Pour commencer, le **sémillon Hunter Valley**, avec ses notes fumées et minérales escortait, de sa texture moelleuse, les pétoncles poêlés joliment accompagnés de châtaignes d'eau sautées. Avec le boudin blanc de crevettes et la tapenade maison, le **chardonnay Tumbarumba** était magnifique, avec sa robe dorée, ses rondeurs et son boisé très bien intégré. Le risotto au poisson blanc et à l'encre de seiche aurait pu se marier avec un **pinot noir,** mais le sort en a décidé autrement... En guise d'entracte, nous avons pris un sorbet original au **sémillon** en cours de fermentation. Puis, avec le canard servi sur un riz basmati, le **pinot noir Tumbaruma** de cinq ans était très surprenant, jouant de son fruité et de ses tanins bien arrondis le jeu de l'harmonie. Le **shiraz Hunter Valley,** élevé dans du chêne français (moitié neuf, moitié d'un an) était suffisamment souple sans être trop austère pour se joindre aux fromages judicieusement choisis. En ce qui concerne le dessert, un yin & yang au chocolat belge garni de fraises et de pistaches à la gelée de pedro ximenez, nous avons préféré faire l'impasse... Même si tous ces vins sont à prix abordables, Hungerford Hill propose aussi des vins bien faits encore moins chers (environ 15 $) sous la marque **FishCage.**

Attention, les kangourous ne sont jamais bien loin !

JACOB'S CREEK

BAROSSA VALLEY • COONAWARRA | South Australia
(Rowland Flat)

Si Jacob's Creek appartient aujourd'hui au groupe Orlando Wyndham, lui-même membre du géant Pernod Ricard, son histoire débute dans les années 1840, lorsque William et John Jacob ont commencé à explorer la région de Barossa en Australie méridionale, près de la rivière North Para et du ruisseau qui s'y jetait. Ce dernier fut baptisé Jacob's Creek après que William Jacob et ses frères aient construit leurs petites maisons près du ruisseau. En 1846, un immigrant allemand, dénommé Johann Gramp, a acheté une terre plus loin en amont, et a planté le premier vignoble commercial de Barossa, le long de Jacob's Creek. Sa première vendange remonte à 1850. Sur le site originel près du ruisseau quasiment asséché, la cave de Gramp, bien conservée, est toujours là, préservant l'héritage de cette société qui exporte 80 % de ses vins dans plus de 60 pays. C'est à grande échelle qu'on fait venir des raisins de différentes régions du sud-est de l'Australie (avec pas moins de 550 fournisseurs), afin d'assurer une constance dans le style de la maison, c'est-à-dire des vins frais et tout en fruit. En 1976, l'entreprise a lancé la marque Jacob's Creek sur le marché australien, avec un assemblage de syrah, de cabernet et de malbec issu du millésime 1973. Pour la petite histoire, Jacob's Creek a remporté en 1994 le trophée convoité Maurice O'Shea, récompensant la formidable contribution de cette marque à l'ensemble de la production viticole australienne ; pour la première fois, le trophée récompensait une marque et non une personne.

Philip Laffer est certainement l'un des œnologues les plus respectés au pays.

> Il fut baptisé Jacob's Creek après que William Jacob et ses frères aient construit leurs petites maisons près du ruisseau.

Les vins

C'est en compagnie du sympathique Bruce Thiele (il connaît Barossa Valley comme sa poche) et du talentueux œnologue Philip Laffer, que j'ai dégusté, dans des conditions idéales, la moitié de leurs cuvées, choisies dans les quatre gammes que la maison propose. Le départ fut hésitant avec le **vin effervescent** (70 % de chardonnay et 30 % de pinot noir) trop dosé qui ne m'a pas convaincu. Le **rosé Sparkling** m'a semblé plus équilibré. Le **chardonnay Reserve**, au nez floral, est très agréable et bien fait, avec une présence fruitée très nette. Le **chardonnay Reeves Point** m'a étonné avec ses notes de fumée, mais c'est en

Le célèbre ruisseau de Jacob, aujourd'hui en partie asséché.

bouche que le cépage s'exprime, avec des saveurs de fruit de la passion et de noisette, sur une finale subtilement boisée. Le **riesling Reserve** est un assemblage de raisins issus de Clare Valley pour l'aspect floral, de Barossa pour la richesse et la souplesse et d'Eden Valley pour la minéralité. J'ai bien aimé ce vin aux effluves citronnés, à prix très abordable. Dans un autre registre, le **riesling Steingarten** est ample, généreux, avec des traces de citron vert, mais aussi du gras et de la matière en bouche. Une réussite! Je passe sur le **cabernet sauvignon,** vin fruité honnête pour son prix très bas. Le **cabernet sauvignon Reserve** tient mieux la route avec des tanins assouplis et une longueur moyenne. Évidemment, le **cabernet sauvignon St Hugo Coonawarra** exprime le terroir d'où il vient. Une robe opaque, des notes de menthe et de figue et beaucoup de cassis en bouche confèrent à ce vin bien structuré aux saveurs de torréfaction beaucoup d'allure, malgré ses 14,2 % d'alcool. Du côté des **shiraz**, le **Jacob's Creek** est à l'image du premier cabernet, avec une finale quelque peu végétale. Le **shiraz Reserve** est plus intéressant, charnu et fruité, avec cependant une finale un peu courte et passablement amère. Le **shiraz Centenary Hill Barossa Valley** de cinq ans, élevé 24 mois dans du chêne américain, est charnu, épicé et capiteux. Enfin, l'assemblage **shiraz/cabernet** de six ans, dont les proportions diffèrent chaque année, se présente avec un bouquet d'épices et de tabac d'une grande sensualité. De la charpente et du caractère certes, mais aussi des tanins arrondis et de belles saveurs de graines de jowan, qui rappellent le thym sauvage. (Entre 13 et 20 $ pour les gammes courantes.)

Toute petite et rudimentaire, cette cave, l'une des plus vieilles du pays, nous ramène aux débuts de la maison.

Le fameux cellar door, *où le passant peut se procurer des bouteilles.*

L'hélicoptère est passablement utilisé en Australie.

Jolie courbe sur une route de Margaret River.

KATNOOK

COONAWARRA | South Australia
(Coonawarra)

On dit que c'est ici, sur la terre de Katnook, terme autochtone qui signifie *terre grasse*, qu'est née Coonawarra, renommée particulièrement pour ses vins rouges de shiraz solides et charnus. En fait, comme pour la maison Wynns, tout a commencé avec l'arrivée en 1861, dans ce coin d'Australie méridionale, d'un immigrant écossais nommé John Riddoch. Après avoir acheté de nombreuses parcelles de terre aux alentours, il fut impressionné par la croissance remarquable des arbres fruitiers et des vignes dans les secteurs situés sur un sol calcaire d'une couleur rouge particulière, la fameuse *terra rossa*. La première vendange date de 1895, et les vignes couvrent aujourd'hui une surface de 330 hectares. En 1967, la famille Yunghanns a acheté le domaine et a rebaptisé la propriété du nom de Katnook. Chacun voulant honorer la mémoire du célèbre colon écossais, on a créé en son honneur une gamme sous l'étiquette Riddoch. Trois autres marques complètent la production de cette maison qui possède aussi Deakin Estate dans Victoria, le tout administré par Wingara, la société-mère, qui elle-même fait partie de Freixenet, célèbre groupe espagnol spécialisé dans le cava.

L'immigrant écossais John Riddoch fut impressionné par la croissance remarquable des arbres fruitiers et des vignes dans les secteurs situés sur des sols calcaires d'une couleur rouge particulière, la fameuse *terra rossa*.

Les vins

Dans la gamme **Riddoch,** à prix plutôt abordables, **sauvignon, chardonnay, merlot, shiraz** et **cabernet sauvignon** tirent assez bien leur épingle du jeu, et tout particulièrement le **chardonnay**, avec ses saveurs fruitées bien senties, qui possède la rondeur et la matière qu'on aime trouver avec ce cépage. Dans une fourchette de prix qui s'en approche, les vins proposés dans la gamme **Founder's Block** sont fruités et moyennement corsés, avec du caractère et une certaine distinction, notamment pour le **chardonnay** et le **cabernet sauvignon.** Sous l'étiquette **Katnook Estate,** j'ai bien aimé le **cabernet sauvignon** qui se veut charnu, fruité, tannique, mais aussi élégant avec ces petites notes d'épices en finale qui lui confèrent un certain charme. Beaucoup plus puissants, solides et ne faisant pas dans la dentelle, le **shiraz Prodigy** et le **cabernet sauvignon Odyssey** ont en commun la puissance et la matière, et un côté boisé quelque peu envahissant. Même après quelques années, les vins semblent avoir du mal à s'assagir, ce qui est ennuyeux, d'autant plus qu'ils ne sont pas donnés. Cependant, et fort paradoxalement, ils sont moins chers sur les marchés extérieurs que sur leur terrain d'origine. (Entre 17 et 70 $.)

La première vendange date de 1895, et les vignes couvrent aujourd'hui une surface de 330 hectares.

LEASINGHAM

CLARE VALLEY | South Australia
(Clare)

L'histoire de cette société est intimement liée à celle de la famille Knappstein, dont l'un des ancêtres faisait partie d'un groupe ayant jeté les bases de l'entreprise à la fin du XIXe siècle. En 1912, Joseph Knappstein rachète les intérêts des trois autres fondateurs. Après bien des vicissitudes et des hauts et des bas commerciaux, dont le contrôle par la société américaine Heinz, Leasingham est entré avec beaucoup de succès dans le giron de la société Hardys en janvier 1988. *Exit* le ketchup et retour vers des vins de qualité mettant en valeur l'exceptionnel terroir de Clare Valley. Aujourd'hui, quatre vignobles distincts : Rogers, Provis, Schobers et Dunn, fournissent une grande partie des raisins qui se retrouvent dans les trois gammes à prix relativement abordables que sont Classic Clare, Bin et Bastion.

Les vins

J'ai beaucoup aimé le **riesling Bin 7,** issu d'un assemblage de raisins bien mûrs cultivés dans trois vignobles de Clare Valley. Avec moins de trois grammes de sucre résiduel, voilà un vin très sec et bien ciselé, qui possède des arômes et des saveurs de fruits confits, de la matière et toute la minéralité qu'on attend d'un riesling. Des vignes de Provis et de Schobers provient le **cabernet sauvignon Bin 56,** qui contient 5 % de malbec et offre au nez des parfums d'épices et de vanille, ainsi que des tanins fermes et serrés. Enfin, parmi toutes les cuvées que j'ai dégustées, le **shiraz Bin 61,** issu de vignes dont l'âge moyen est de 40 ans, est d'une riche texture qui plaira aux amateurs de vins très expressifs, puisqu'on y trouve à la fois un bouquet de mûre et d'épices douces et des saveurs de moka et de torréfaction, tout cela à prix très raisonnable. (Entre 22 et 25 $.)

> J'ai beaucoup aimé le riesling Bin 7, issu d'un assemblage de raisins bien mûrs cultivés dans trois vignobles de Clare Valley.

LINDEMANS

HUNTER VALLEY • PADTHAWAY • COONAWARRA | New South Wales • Victoria • South Australia

(Pokolbin - Karadoc - Penola)

Le fondateur de Lindemans, le Dr Henry John Lindeman, est un ancien chirurgien de la marine britannique qui quitta Londres pour s'établir en Australie, et y acheter une propriété nommée Cawarra, près de Gresford, dans les étendues de Hunter Valley, au nord de Sydney. Le mot aborigène *cawarra* signifie *à côté du cours d'eau*. En 1843, le Dr Lindeman planta ses premières vignes, donnant ainsi naissance à la plus ancienne entreprise vitivinicole d'Australie. Considéré à juste titre comme un visionnaire, le Dr Lindeman eut la bonne idée d'attendre que les vins aient atteint leur pleine maturité avant de les commercialiser, ce qui lui valut très vite une réputation d'excellence. Malgré un incendie, en 1851, qui détruisit une grande partie de ses installations, il reprit ses activités de plus belle et commença à exporter son Lindemans Cawarra Claret au Royaume-Uni en 1858. Trois ans plus tard, le Cawarra gagnait une reconnaissance mondiale à l'International Exhibition de Londres, et se méritait un prix à Paris en 1867.

Le Dr Henry John Lindeman planta ses premières vignes en 1843.

Le Dr Lindeman est décédé en 1881 à l'âge de 70 ans, mais a laissé derrière lui des fils capables de gérer l'entreprise, figure de proue de la Nouvelle-Galles du Sud. Lindemans est la première entreprise vinicole à établir ses bureaux, ainsi que ses installations d'embouteillage et d'entreposage à Sydney. Dès lors, elle poursuit son ascension et acquiert les vignobles de Ben Ean et de Coolalta en 1912, de Rouge Homme à Coonawarra en 1965, ainsi qu'une terre à Padthaway en 1968. Dans les années 1970, Lindemans ouvre à Karadoc, près de Mildura dans la région de Victoria, la plus grande et la plus moderne installation de production et d'embouteillage de tout l'hémisphère sud. En 1990, la société Lindemans est absorbée par Southcorp Wines (aujourd'hui le groupe Foster's). Elle en est actuellement le joueur le plus important, puisqu'elle représente le quart des exportations du groupe. À titre d'exemple, le chardonnay Bin 65 est l'un des vins blancs les plus vendus à l'étranger. C'est aussi chez Lindemans que l'on produit pour Foster's l'incontournable « petit pingouin » (The Little Penguin). Après avoir a visité cette maison et saisi l'influence indéniable de celle-ci sur toute l'industrie viticole du pays, il est rafraîchissant de relire cette citation de son fondateur qui avait tout compris : « La seule raison d'être du vin est de contribuer au bonheur de l'homme. »

Considéré à juste titre comme un visionnaire, le Dr Lindeman eut la bonne idée d'attendre que les vins aient atteint leur pleine maturité avant de les commercialiser, ce qui lui valut très vite une réputation d'excellence.

Vue aérienne des installations.

Les vins

Dans la populaire série des **Bin** (ce nom figure sur la plupart des étiquettes et est suivi d'un numéro, faisant ainsi référence à un style de cuvée qui se répète bon an mal an), une dizaine de vins mettent en valeur un cépage bien défini. Sans grande surprise, on a affaire à des vins technologiquement bien faits (surtout quand on connaît la quantité produite), tout en fruit et en souplesse, et un cran au-dessus dans l'échelle de la qualité pour le **chardonnay Bin 65** et le **shiraz Bin 50.** De Hunter Valley, le **sémillon Bin 0455,** issu de très vieilles vignes, est d'une belle texture moelleuse, avec du fruit et de la matière, tandis que le **chardonnay Bin 0581** est moyennement corsé, avec une texture identique et des notes boisées relativement en retrait. Quant au **shiraz Bin 0403,** il est charnu, juteux et s'exprime en bouche de ses notes fruitées, épicées et délicatement boisées. Dans un registre plus abouti, mais à prix plus élevé (environ 50 $), le **Limestone Ridge** (syrah et cabernet sur un sol calcaire, comme son nom l'indique), le **Pyrus** (assemblage à la bordelaise de cabernet sauvignon, de merlot et de cabernet franc ayant poussé sur le sol de *terra rossa*) et le **St George** (provenant de 12 hectares de cabernet sauvignon d'une trentaine d'années) sont des vins d'extraction plutôt capiteux, mais possédant aussi l'acidité qui apporte la fraîcheur et une certaine finesse. Il est bon toutefois d'attendre cinq à sept ans avant de consommer ces trois cuvées de Coonawarra. (Entre 12 et 50 $.)

L'un des vignobles de la société.

McWILLIAMS — McWILLIAMS MOUNT PLEASANT

RIVERINA • HUNTER VALLEY • COONAWARRA • CLARE VALLEY • EDEN VALLEY • MARGARET RIVER • BAROSSA VALLEY | New South Wales
(Hanwood - Pokolbin)

Il s'agit certainement de l'une des plus grandes entreprises viticoles familiales d'Australie. De 1877, quand Samuel McWilliam a planté ses premières vignes à Corowa en Nouvelle-Galles du Sud, à aujourd'hui, les générations successives ont su se mettre au goût du jour dans l'art de faire du vin. En 1880, c'était à Pokolbin au Mount Pleasant, l'un des fleurons du vignoble actuel. Puis, au fil du temps, ce sera entre autres à Coonawarra, à Hanwood près de Griffith dans la Riverina, à Barwang dans les Hilltops, et à Lillydale Vineyards dans Yarra Valley. Difficile donc de s'y retrouver tant le nombre de cuvées est élevé. En effet, si l'on excepte le brandy et les vins fortifiés, plus de 50 vins différents à travers huit gammes, sont proposés aux consommateurs. Cela dit, j'ai perçu chez eux une farouche volonté de se démarquer, avec des vins fidèles à des terroirs sélectionnés rigoureusement, et j'ai pu constater que six générations plus tard, la passion est toujours là. Scott McWilliam, fils de Doug, l'un des grands patrons, est dans la trentaine, et suivant l'adage qui dit que la valeur n'attend pas le nombre des années, il a déjà roulé sa bosse au domaine familial comme en Europe, où il a tourné pendant un certain temps. Fringant, volontaire, allumé et plein d'idées, il m'a initié aux arcanes du patrimoine familial. Cette rencontre avec ce jeune plein de talent fut rafraîchissante et instructive.

Les vins

Nous avons commencé avec une série de **sémillon** pas piquée des vers. À prix très doux, le **Mount Pleasant Elizabeth** de cinq ans a non seulement un très joli nez, mais du fruit et beaucoup de netteté en bouche. Le **Lovedale,** beaucoup plus

Une cuverie ultramoderne qui n'empêche pas le respect des traditions.

Plus de 50 vins différents à travers huit gammes, sont proposés aux consommateurs.

jeune, est pâle et moins expressif, mais les saveurs citronnées en bouche donnent à l'ensemble beaucoup de fraîcheur. Nous sommes ensuite retournés vers le **sémillon Mount Pleasant**, mais avec un vin de neuf ans cette fois-ci. Le nez est superbe : miel, pain d'épices, ananas confit et de la richesse en bouche, avec une structure acide non négligeable. Le **riesling Hanwood Estate**, quant à lui, est bien fait mais peut-être moins complexe que ce que je viens de déguster (environ 15 $). Dans cette gamme, **sauvignon blanc** et **chardonnay** sont plutôt réussis, même chose pour le **shiraz**, juteux et assez gouleyant pour accompagner le BBQ. Après le **cabernet sauvignon**, d'une bonne facture, nous sommes montés d'un cran avec le **shiraz Mount Pleasant Rosehill** de six ans, dont les vignes poussent sur des débris volcaniques noirs. Le résultat est un vin concentré, rond et charnu, avec des notes de fumée et de goudron. Le **shiraz Mount Pleasant Old Paddock and Old Hill** a été mon coup de cœur. Au-delà de l'extraction, ce vin a de la matière, des tanins serrés et très mûrs, de l'élégance et une grande complexité. Puis, en l'honneur d'un des meilleurs vinificateurs de son histoire, McWilliams a créé une cuvée du nom de Maurice O'Shea : un **shiraz** élevé à 100 % dans du chêne français neuf, structuré et racé, aux tanins bien présents, aux saveurs d'épices et de vanille qui se prolongent joliment. Quant au **cabernet sauvignon Coonawarra** âgé de cinq ans, il est issu de vieilles vignes de 60 ans et a passé 20 mois en barriques de chêne français avant d'être mis en bouteille. Il sera très apprécié par les amateurs de vins qui embaument l'eucalyptus... Enfin, pour terminer, Scott a insisté pour me servir son **porto**, ma foi bien fait... mais nous en avons conclu qu'il était urgent de cesser de donner cette dénomination à ce vin fortifié, servi hélas encore une fois dans des verres si petits qu'on ne peut en apprécier la quintessence... (Entre 14 et 35 $.)

Foudre de vinification en chêne français.

Scott McWilliam, de la sixième génération.

MARGAN

HUNTER VALLEY | New South Wales
(Broke - Pokolbin)

C'est en suivant les traces de son père, à la fin des années 1960, qu'Andrew Margan, diplômé en sciences, s'intéresse au monde du vin. Après avoir roulé sa bosse comme *flying winemaker* un peu partout en Europe, il revient au pays travailler avec celui qui deviendra son maître à penser : Murray Tyrrell, dont le vignoble n'est pas trop loin. En compagnie de sa charmante épouse Lisa, ils ont décidé de s'installer dans la magnifique région de Broke. Une grande partie des vignes a été plantée au début des années 1970 par Lindemans, ce qui assure au vignoble de 120 hectares un patrimoine ampélographique intéressant. Les terres rouges et profondes d'origine volcanique sont particulièrement favorables à la culture de la syrah, du merlot et du cabernet sauvignon. Lors de ma visite, j'ai rencontré un Andrew Margan aussi sympathique que déterminé, aussi exigeant que passionné, et surtout, quelqu'un de foncièrement attaché à la notion de terroir qui sait très bien ce qu'il veut. Au petit restaurant attenant à la cave ouvert récemment, nous avons devisé autour d'une cuisine simple et savoureuse (le carpaccio, l'huile d'olive et le pain étaient particulièrement réussis) et de vins qui m'ont tout bonnement emballé. Petite entorse aux conventions : ils m'ont servi un curieux et savoureux vin élaboré entre amis, issu de l'assemblage de sémillon de Hunter Valley (85 %) et de sauvignon de Marlborough, en Nouvelle-Zélande ; ou la rencontre du kangourou et du kiwi...

Une cuisine simple et savoureuse.

Si le merlot est d'une grande rondeur et très charmeur, avec ses petites notes de tabac en finale, le cabernet sauvignon, structuré et moyennement corsé, a beaucoup de style.

Lisa et Andrew Margan.

Les vins

Après une tournée des cuves (j'étais présent au moment des vinifications) et des chais à barriques, je me suis régalé d'un **sémillon** très sec qui n'a pas vu le bois. Vif et minéral, il se laisse boire comme le **verdelho**, expressif et fruité, idéal, grâce à ses saveurs marquées, pour accompagner une cuisine épicée. Le **chardonnay** est comme je les aime : une jolie couleur moyennement dorée, des notes discrètes mais pures de miel et de beurre, de la matière dans un boisé bien dosé (25 % de chêne neuf, 25 % de bois d'un an, 25 % de bois de deux ans et 25 % en cuve inox), une franche acidité et un coût plus que raisonnable si on le compare avec ce qui se fait de lourdaud et de vulgaire au double du prix. Une belle réussite ! Le **rosé**, très rafraîchissant, est un vin de saignée issu de la **syrah**. Quant aux rouges, si le **merlot** est d'une grande rondeur et très charmeur, avec ses petites notes de tabac en finale, le **cabernet sauvignon,** structuré et moyennement corsé, a beaucoup de style. J'ai particulièrement apprécié le **shiraz**, d'une grande expression aromatique, très équilibré en bouche, et la **barbera**, qu'on ne déguste pas souvent en Australie, mais qui possède un potentiel indéniable, avec un fruité incomparable. Avant de quitter, quelques gouttes onctueuses de **sémillon botrytisé** se sont retrouvées dans mon verre, pour me rappeler à juste titre que cette région possède une expertise en la matière. La plupart des vins sont vendus sous l'appellation Hunter Valley. (Entre 20 et 35 $.)

Il faut être souple pour pratiquer le métier de winemaker...

NEPENTHE

ADELAIDE HILLS | South Australia
(Balhannah)

Il n'y a pas de hasard dans la vie, et la visite de ce domaine a été pour moi une expression de la synchronicité, phénomène naturel auquel je crois beaucoup. En effet, je viens d'apprendre le matin même le départ d'une personne de ma famille qui m'est chère. Désorienté, perturbé, très triste et très loin, j'apprends en arrivant que Nepenthe est décrit par Homère dans *L'Odyssée* comme une boisson égyptienne à base d'herbes si puissante qu'elle atténue le chagrin et bannit la douleur de l'esprit. Par-dessus le marché, dans ces jolies collines ondulantes d'Adélaïde, il pleut à boire debout ce jour-là. Cette averse réjouit les cœurs de tous ces gens accablés par la sécheresse et ils me remercient, comme on le fait souvent dans pareil cas, de l'avoir amenée avec moi. Je n'ai pu m'empêcher de penser à celui qui venait de nous quitter, emporté par la maladie, qui invoquait régulièrement les dieux de la pluie dans son Anjou natal: «Pompez, pompez Seigneur pour les bienfaits de la terre...» répétait-il quand les précipitations se faisaient rares.

Belles ondulations de chardonnay dans les collines d'Adélaïde.

C'est en 1994 que la famille Tweddell achète la propriété près de Lenswood, à l'est d'Adélaïde. On y plantera des valeurs sûres comme le pinot noir, le chardonnay et le sauvignon blanc, mais aussi du zinfandel, du tempranillo et du pinot gris. La cave à vin est récente puisqu'elle a été construite en 1996. Devant le succès de ses cuvées qui sont, il faut l'avouer, d'excellente qualité, Nepenthe a décidé d'élargir ses horizons en cultivant une quarantaine d'hectares à Charleston, toujours dans Adelaide Hills, puis 25 hectares à Balhannah, là où se trouve la cave, ainsi que 38 hectares à Hahndorf. Une belle expansion pour ce domaine à l'avenir prometteur.

Un arbre planté au sommet d'une colline vous accueille majestueusement au domaine.

Les vins

C'est avec le **White Tryst,** un assemblage de sauvignon (75 %), de sémillon (20 %) et d'un peu de pinot gris, que j'ai commencé ma dégustation. D'une couleur très pâle et marqué par le cépage dominant, il est aromatique et porté sur les agrumes. Le **sauvignon blanc,** vinifié seul, dont 5 % en chêne neuf, a du gras et une bonne acidité, mais se termine sur des notes d'asperge verte un peu trop marquées. À prix plus élevé, la cuvée **Ithaca** m'a enthousiasmé. Fermenté en barriques de chêne français, et élevé sur ses lies pendant neuf mois, voilà un bel exemple de chardonnay avec une colonne vertébrale mais aussi de la rondeur, de la fraîcheur et des saveurs de beurre, de miel et de noisette. Un vrai chardonnay que l'on reconnaît et qui ne tombe pas dans l'excès et la caricature ! Parmi les rouges, le **Red Tryst** est un assemblage bien fait : le cabernet sauvignon (70 %) apporte la structure, le tempranillo (25 %) se charge du fruit et le zinfandel, de la rondeur et des saveurs épicées. À un échelon supérieur, **The Rogue** est une cuvée composée de cabernet, de shiraz et de merlot, dans des proportions qui peuvent varier. Très expressif avec ses notes de griotte et de poivre blanc, il est équilibré et possède matière et vivacité. Comme son nom l'indique, ce vin savoureux à prix abordable est un tantinet coquin (environ 20 $). Enfin, dans le haut de gamme, issu de petits rendements, **The Good Doctor** est un fin **pinot noir** à la robe d'un beau rouge incarnat, élégant et délicat, discret oserais-je dire, et doté de tanins serrés. Tous les vins sont d'appellation Adelaide Hills.

> La cuvée Ithaca m'a enthousiasmé. Fermenté en barriques de chêne français, et élevé sur ses lies pendant neuf mois, voilà un bel exemple de chardonnay avec une colonne vertébrale mais aussi de la rondeur et de la fraîcheur.

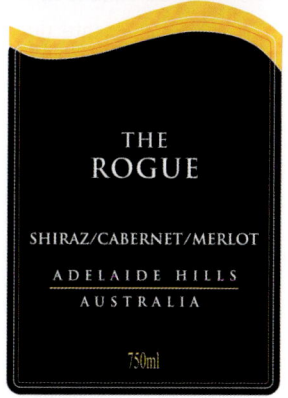

PENFOLDS

BAROSSA VALLEY • ADELAIDE HILLS • COONAWARRA • McLAREN VALE • CLARE VALLEY | South Australia
(Nuriootpa - Magill)

Impossible de passer à côté de cette maison mythique pour trois raisons. Tout d'abord, c'est grâce au fameux Grange Hermitage, créé dans les années 1950 par Max Schubert, que les Occidentaux que nous sommes avons découvert l'existence de grands vins en Australie. Deuxième raison : Penfolds et son héritage font partie, et de belle façon, de l'histoire viticole australienne. Troisième raison, et ce n'est pas la moindre pour l'œnophile averti : la société Penfolds propose aujourd'hui une gamme de cuvées de grande qualité, élaborées intelligemment par une équipe de professionnels tout aussi compétents que passionnés.

Croyant aux vertus du vin, le Dr Penfold se mit à produire des vins issus de ses propres vignes et de raisins achetés à des viticulteurs.

Remontons un peu le temps avec l'arrivée, en 1844, du Dr Christopher Rawson Penfold et de sa femme Mary, qui ont quitté leur Sussex natal pour rejoindre une nouvelle colonie d'Australie méridionale. Ils emportèrent avec eux des boutures de vignes qu'ils plantèrent autour de leur petite maison de pierre appelée The Grange, située à Magill, qui se trouve aujourd'hui dans la banlieue d'Adélaïde. Comme bon nombre de médecins, le Dr Penfold croyait fermement aux vertus du noble nectar. Il décida d'élaborer du vin fortifié pour ses patients, et c'est ainsi qu'il se mit à produire une sélection de vins divers, issus de ses propres vignes et de raisins achetés à des viticulteurs de la région. Après la mort du bon docteur, en 1870, son gendre Thomas Hyland, époux de sa fille Georgina, commença à s'impliquer dans la gestion et la croissance de l'affaire familiale et Mary Penfold supervisa les opérations jusqu'à la mort de celui-ci en 1895. Plus tard, les fils de Hyland prirent l'entière responsabilité de l'entreprise. Ils achetèrent d'autres vignobles et installèrent un bureau à Sydney. Au cours

des 20 premières années du xxe siècle, ils firent des acquisitions dans Barossa Valley, Hunter Valley et McLaren Vale. Peu avant et pendant la Deuxième Guerre mondiale, Penfolds acheta d'autres caves et d'autres vignobles ici et là. En 1950, la société décida de se concentrer sur les vins de table plutôt que sur les vins fortifiés et confia cette tâche au brillant maître de chai Max Schubert. C'est ainsi qu'est né le Grange, vin de syrah célèbre dans le monde, qui a dû en cours de route (dans les années 1990), laisser tomber la mention « Hermitage ». C'est en 1989 que Peter Gago, le talentueux *winemaker* en chef est entré dans l'entreprise. Il a développé ses compétences auprès de John Duval, de qui il a pris la suite en 2002. Grand voyageur, pédagogue et auteur de plusieurs guides sur le vin australien, Peter dirige les vinifications du groupe avec brio et a su imposer un style, tout en préservant l'âme de la maison. Un objectif qui n'était pas facile à atteindre dans un contexte économique difficile. En 1992, on s'est lancé dans un projet d'expansion ayant pour but de produire un vin blanc de très haut niveau. Le résultat fut le Penfolds Yattarna 1995, un grand chardonnay fermenté et élevé en barriques. Après avoir visité plusieurs domaines appartenant à cette société, et goûté à la plupart de leurs vins, il m'est facile de préciser que Penfolds constitue l'une des grandes signatures dans le paysage viticole australien. Je ne peux non plus passer sous silence ce qui fut l'un des grands moments de mon périple au pays des kangourous : ma soirée au restaurant Magill Estate, l'une des bonnes tables d'Australie, dotée vous le devinerez, d'une carte des vins exceptionnelle. Sans vouloir vous faire saliver davantage, vous trouverez plus bas quelques détails sur ces agapes.

La cave mythique où l'on élève le fameux Grange.

Les vins

J'ai sélectionné plusieurs vins dans chacune des gammes proposées, en respectant une fourchette progressive de prix.

À prix très raisonnables (entre 12 et 15 $), les vins de marque **Rawson's Retreat** sont bons, plus sur le fruit que sur la puissance évidemment, et plus sur la souplesse que sur la charpente. À cet effet, l'assemblage **sémillon/chardonnay**, le **merlot** et le **chardonnay** sont très agréables. Quant au **cabernet sauvignon** et à l'assemblage **shiraz/cabernet,** le bouchon synthétique laisse croire à tort qu'on ne peut pas les garder deux ou trois ans, ce qui pourrait très bien se faire. Pour leur rapport qualité-prix, j'aime bien les vins de la gamme **Koonunga Hill** (environ 18 $). On a plus de chair que dans les vins précédents, et on y décèle parfois du caractère et une franchise de bon aloi, comme dans le **chardonnay**, le **cabernet sauvignon**, le **shiraz** et l'assemblage **cabernet/shiraz**. Parmi les **Bin**, le **cabernet sauvignon Bin 407**, l'assemblage **cabernet/shiraz Bin 389** et le **shiraz Kalimna Bin 28** (environ 30 $) sont très étoffés, équilibrés, pleins de saveurs fruitées et épicées, et servis par un élevage sous bois inspiré. On peut attendre sept à huit ans avant de les ouvrir. Je me suis aussi régalé au cours du repas avec le **riesling Bin 51** d'Eden Valley, aux saveurs de citron confit. Ont suivi de nombreux vins dont le magnifique **chardonnay Yattarna,** rond et sensuel, aux notes de pain grillé, et le surprenant **shiraz St Henri** de neuf ans, au nez de gingembre. Judicieusement choisis avec la viande, le **cabernet sauvignon Bin 707** et l'assemblage **cabernet sauvignon/shiraz Bin 820** 1982, de Coonawarra, étaient prêts à boire. Le premier avec ses tanins adoucis, et le second, du haut de ses 25 ans, nous taquinant avec cette touche de réglisse en milieu de bouche et sa finale sur les champignons et les sous-bois. Enfin, parce que nous avons été sages à table, le **Grange** 1982 (91 % de syrah et 9 % de cabernet sauvignon) est arrivé dans nos verres, étalant ses saveurs d'épices de façon langoureuse et tapissant nos muqueuses aguerries d'une matière soyeuse parfumée de mignonnette et de poivre de Tellicherry. (Environ 300 $ pour le 2002.)

Grand voyageur et fin pédagogue, Peter Gago dirige les vinifications du groupe avec brio.

Penfolds et son héritage font partie, et de belle façon, de l'histoire viticole australienne.

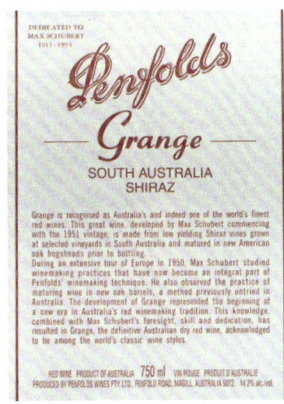

Pour les protéger des oiseaux insatiables, les vignes sont recouvertes de filets.

Le clocher d'une église anglicane en Tasmanie.

Richmond en Tasmanie, avec son pont qui date de 1824.

PETALUMA

ADELAIDE HILLS • COONAWARRA • McLAREN VALE • CLARE VALLEY | South Australia
(Piccadilly)

Avec Knappstein, Mitchelton, Stonier et Smithbrook, Petaluma est depuis 2001 le joyau du groupe Lion Nathan, qui possède aussi St Hallett (*voir* p. 242) et Wither Hills en Nouvelle-Zélande. C'est Brian Croser qui a fondé, en 1976, cette propriété qui jouit d'une excellente réputation, aussi bien pour ses rouges que pour ses blancs. Avec 125 hectares de vignes dans Adelaide Hills (notamment en chardonnay, viognier et syrah), Clare Valley (pour le riesling) et Coonawarra (pour le cabernet sauvignon), le fondateur, œnologue brillant et respecté dans le pays, continue de veiller sur la qualité des vins. Petaluma reste à n'en pas douter une valeur sûre qui, il faut le souligner, ne profite pas de sa renommée pour augmenter ses prix de façon indue.

> Petaluma reste à n'en pas douter, une valeur sûre qui, il faut le souligner, ne profite pas de sa renommée pour augmenter ses prix de façon indue.

Les vins

Pour commencer, le magnifique **riesling** de Clare Valley **Hanlin Hill** est minéral à souhait et doté de cette matière fruitée de citron confit qui lui donne de la fraîcheur et de la persistance. Après les excellentes cuvées de **chardonnay**, fidèles au cépage, d'une grande pureté et au boisé bien défini, j'ai goûté deux vins de viognier, l'un sous la marque **Bridgewater Mill** (une petite ville des collines d'Adélaïde) et l'autre dans la gamme **Petaluma**, d'une bonne typicité, avec de la matière et du gras. Le **shiraz Adelaide Hills**, aux saveurs de mûre, de prune et d'épices a des tanins serrés et semble encore bien jeune. La cuvée **Petaluma Coonawarra**, qui est un assemblage de merlot et de cabernet sauvignon, conjugue structure et fruité, puissance et élégance. Enfin, pour se refaire la bouche, quoi de mieux que le **Croser**, méthode traditionnelle élaborée à partir de pinot noir et de chardonnay ?

PETER LEHMANN

BAROSSA VALLEY • ADELAIDE HILLS • COONAWARRA • McLAREN VALE • CLARE VALLEY • EDEN VALLEY | South Australia
(Tanunda)

Contrôlée depuis 2003 par le groupe américano-suisse Hess (qui possède entre autres Hess Collection en Californie et l'excellent Glen Carlou en Afrique du Sud), la société Peter Lehmann est connue dans le monde puisque ses vins sont largement exportés. Les opérations de vinification sont effectuées sur le site situé près de Tanunda, dans le cœur de Barossa Valley, en Australie méridionale. Tout a commencé quand le jovial Peter Lehmann a décidé, au début des années 1980, de mettre la syrah en valeur dans cette vallée bénie des dieux. Et même si pour des raisons financières il a été très vite obligé de s'associer, puis de céder ses parts, on peut dire qu'il a influencé plusieurs générations de vignerons. C'est justement en achetant du raisin à de nombreux viticulteurs de l'endroit (jusqu'à 150 fournisseurs) que la compagnie assure, en plus des quelque 25 hectares en propriété, une production très élargie grâce à une vaste gamme de sols et de microclimats. En contrôlant tout ce qui se fait sur le terrain, elle a ainsi l'avantage de faire respecter son propre cahier des charges et d'obtenir dans certains cas des fruits issus de très vieilles vignes. Dans la pléthore de cuvées proposées où il n'est pas évident de se retrouver, j'ai beaucoup aimé le riesling et le sémillon, et tout particulièrement les délicieux shiraz Eight Songs et Stonewell. Plusieurs étiquettes sont joliment illustrées d'œuvres d'art d'artistes australiens confirmés.

Bienvenue chez Peter Lehmann.

Les vins

Difficile de recommander tous les vins tant l'offre est imposante, mais parmi la quinzaine d'échantillons que m'a soumis Robert Edwards, le débonnaire directeur commercial, je dois dire qu'on a de quoi se faire plaisir. Bon début avec le **riesling** sec et fruité de Barossa, qui est vif et porté sur les agrumes. Un cran au-dessus, le **riesling** d'Eden Valley est excellent. Avec de la matière et des saveurs de pamplemousse et d'ananas confit, il se prolonge joliment en bouche avec assurance. Des deux vins de **sémillon** qui ont suivi, j'ai bien apprécié le premier, celui de Barossa, délicat avec son aspect floral et minéral, léger et totalement dépourvu de l'influence du chêne, mais le second, le **Reserve**, mérite sans hésiter une médaille d'or pour sa couleur et son nez magnifique de miel, son expression fruitée et une exceptionnelle fraîcheur, malgré ses six ans. Un pur plaisir! Au rayon des rouges, le **GSM**, assemblage de grenache, syrah et mourvèdre, m'a paru bien court et semble manquer de chair. Par contre, le **Clancy's,** élaboré avec cabernet et syrah,

Le Clancy's, élaboré avec cabernet et syrah, au nez de prune bien mûre et de fumée, est délicieux. Charnu et fruité, il est doté de tanins serrés, avec en finale du poivre et des épices.

Le parc et les jardins luxuriants attendent le visiteur.

au nez de prune bien mûre et de fumée, est délicieux. Charnu et fruité, il est doté de tanins serrés, avec en finale du poivre et des épices (environ 18 $). Le **cabernet sauvignon** n'a pas le côté confituré qu'on lui trouve parfois et qui peut être envahissant, mais j'y ai décelé quelques notes végétales. Le **shiraz** de Barossa, n'est pas lourd du tout malgré ses 14,5 % d'alcool. Il est même très sensuel, avec ses saveurs de cacao et de réglisse en finale. Le **shiraz Futures,** aux tanins bien mûrs, est très élégant et possède matière et vivacité. Le **Mentor** est un assemblage de cabernet sauvignon (69 %), de merlot (13 %), de syrah (10 %) et de malbec. Malgré une couleur foncée et dense et de jolis arômes d'eucalyptus, ce vin de cinq ans se termine sur des tanins quelque peu asséchants. Le **shiraz Barossa Eight Songs** de cinq ans est vraiment étonnant. Avec un nez magnifique de chocolat, de torréfaction et de fumée, et des saveurs franches de poivre noir mêlées à des tanins presque fondus, ce vin fera tourner les têtes et délier les langues... Le **shiraz Stonewell,** de cinq ans également, est tout d'une pièce, robuste et encore jeune, avec sa robe opaque, ses arômes de menthe poivrée et ses tanins serrés. Charpenté, capiteux et d'une grande amplitude, il fera honneur à une pièce de chevreuil accompagnée d'une sauce au poivre. Enfin, pour se refaire la bouche avant de passer à table, quoi de mieux que l'original **shiraz effervescent,** gorgé de fruits mûris sous le soleil de Barossa ? (Entre 18 et 75 $.)

Que ce soit en Californie, en Afrique du Sud ou en Australie, le groupe Hess est connu pour ses collections d'œuvres d'art.

ROSEMOUNT

HUNTER VALLEY • MUDGEE • COONAWARRA • McLAREN VALE • ORANGE • ADELAIDE HILLS • LANGHORN CREEK • HEATHCOTE | New South Wales • Victoria • South Australia

(Denman - McLaren Vale)

Contrairement à ce que l'on pourrait croire, l'histoire de Rosemount Estate est relativement jeune et débute en 1969, lorsque Bob Oatley décide d'investir dans la vigne, après une belle carrière dans l'industrie du café. Afin de respecter les terroirs spécifiques à l'Australie, Rosemount Estate s'est ensuite établie dans sept autres régions vinicoles, dont Mudgee et Orange en Nouvelle-Galles du Sud, Coonawarra, Adelaide Hills, McLaren Vale et Langhorne Creek en Australie méridionale et, plus récemment, au nord de Heathcote, dans la région de Victoria. La renommée de cette maison s'est bâtie autour des trois vins suivants : le chardonnay Roxburgh de Hunter Valley, qui a marqué l'histoire de la maison et lui a servi de porte-drapeau pendant près de 20 ans, le shiraz Balmoral de la région de McLaren Vale, issu de vignes à faible rendement, parfois âgées de plus de 100 ans, et l'assemblage shiraz et cabernet Mountain Blue, du vignoble de Mudgee. Avec un portfolio comprenant près de 35 produits à travers 10 gammes, on ne peut pas dire que Rosemount Estate facilite le choix du consommateur. Il faut cependant avouer que chacun des produits est clairement présenté sur l'étiquette et que l'équipe de vinificateurs chevronnés livre la marchandise avec beaucoup d'efficacité. Les vins sont bien faits, typiques des différents cépages et offerts à des prix raisonnables. Rosemount Estate joue un rôle capital dans le catalogue du groupe Foster's.

Les vins

La marque la plus connue et la plus commercialisée dans le monde est sans aucun doute le **Diamond Label** (South Eastern Australia) qui se décline en une dizaine de cépages, à la base de vins fruités, souples et plutôt bien faits. Parmi ceux-ci, l'assemblage **sémillon/sauvignon** en blanc et **pinot noir/shiraz** en rouge, se détachent du lot. À prix encore raisonnables et très réussis, les **cabernet sauvignon** et **syrah Hill of Gold** de Mudgee, sont des vins plus trapus, charnus et juteux. Le **GSM** (grenache, syrah et mourvèdre) est un assemblage qui vient principalement de McLaren Vale, avec des tanins bien mûrs et des saveurs d'épices. Le chardonnay **Roxburgh** de Hunter Valley est généreux, riche et onctueux, un peu trop à mon goût, mais il y a des amateurs pour ce style. Les **shiraz Show Reserve** et **Balmoral** de McLaren Vale (60 % de bois français et 40 % de bois américain) sont par contre très séduisants, avec un certain équilibre en bouche, malgré la structure tannique et la matière fruitée dont ils sont pourvus. (Entre 15 et 65 $.)

Les vins sont vinifiés sous la houlette du winemaker Charles Whish.

La renommée de cette maison s'est bâtie autour des trois vins suivants : le chardonnay Roxburgh de Hunter Valley, le shiraz Balmoral de la région de McLaren Vale, et l'assemblage shiraz et cabernet Mountain Blue, du vignoble de Mudgee.

SCOTCHMANS HILL

GEELONG | Victoria
(Drysdale)

Ils ne sont pas les seuls, mais dans le contexte très australien de méga sociétés qui accaparent le plus gros morceau du gâteau, il est toujours rafraîchissant de découvrir une entreprise familiale qui veille à ses propres intérêts, comme on le voit dans la plupart des autres pays producteurs. En effet, les propriétaires actuels, David et Vivienne Browne, ont créé ce domaine en 1982 dans l'un des paysages les plus pittoresques d'Australie, la péninsule Bellarine, au sud de Melbourne. Ce sont des immigrants écossais qui se sont installés dans le secteur dans les années 1840 et qui ont donné ce nom à cette ferme laitière, qui était abandonnée au moment où les Browne l'ont acquise. Le mont Bellarine, sur lequel Scotchmans Hill est adossé, est un volcan éteint, à l'origine de sols fertiles d'argile noire et d'un sous-sol de basalte conférant minéralité et intensité aux vins. Mathieu et Andrew Browne, les fils de David, dirigent aujourd'hui le domaine, qui assure 40 % de la production de l'appellation Geelong.

> Dans le contexte très australien de méga sociétés qui accaparent le plus gros morceau du gâteau, il est toujours rafraîchissant de découvrir une entreprise familiale qui veille à ses propres intérêts.

Les vins

J'ai bien apprécié le **riesling** de Geelong, l'assemblage **sauvignon blanc/sémillon** et le **chardonnay** de Swan Bay. Cependant, le **chardonnay Geelong** se démarque, avec sa matière fruitée, beaucoup de fraîcheur et un boisé bien dosé. Le **sauvignon Geelong** est très réussi, avec ses parfums de groseille, d'agrumes et de fruit de la passion, mais délesté des sempiternelles et envahissantes notes végétales. Le **cabernet sauvignon Geelong** a un goût très prononcé de fruits rouges et de cassis. Il est structuré et déborde de saveurs fruitées, mais j'ai tout particulièrement aimé le **pinot noir Geelong**, fruité, rond et juteux, et gratifié de tanins mûrs et serrés. (Entre 20 et 33 $.)

SEPPELT

BAROSSA VALLEY | South Australia
(Seppeltsfield - Nuriootpa)

Depuis plus de 150 ans, Seppelt est un leader du vignoble australien. Tout a commencé en 1851 avec Joseph Seppelt, un innovateur venu de Silésie (dans le sud de la Pologne) avec d'autres familles pour cultiver du tabac, mais qui a vite opté pour la vigne. Aujourd'hui, cette marque fait partie du groupe Foster's. La majeure partie des raisins provient des vignobles suivants : des Grampians où l'on trouve de vieilles vignes, de St Peters avec ses pieds de syrah pré-phylloxériques ; de Drumborg et de Glenlofty dans l'État de Victoria, de Rutherglen pour les vins fortifiés, de Barooga, sur la rivière Murray, en Nouvelle-Galles du Sud, et enfin de Barossa Valley. Avec les énormes investissements consentis ces dernières années, l'entreprise continue de produire des vins effervescents de qualité, des vins de table recherchés et des vins fortifiés étonnants. Les deux caves principales, où les vins sont élaborés, se trouvent à Seppeltsfield, près de Nuriootpa, dans Barossa Valley, et dans les Grampians, célèbres pour leurs caves souterraines (appelées *drives*), aussi impressionnantes qu'idéales pour la production de vins effervescents.

Les caves souterraines sont idéales pour la production de vins effervescents.

Les vins

Amateurs de champagne blanc de blanc, préparez vos papilles, vous risquez d'avoir un choc pas du tout désagréable ! C'est avec le **shiraz Seppelt Show Sparkling** que j'ai découvert pour la première fois à quel point ce cépage peut être déroutant, lorsqu'il est vinifié en effervescent. Les bulles n'empêchent pas le vin de s'exprimer, mais ont plutôt tendance à exacerber les parfums de violette et les saveurs de fruits noirs et de poivre, caractéristiques de la syrah. C'est une expérience à ne pas manquer ! Dans un registre plus conventionnel, j'ai goûté le **riesling Drumborg,** un joli vin sec et fruité, et l'assemblage

Vendanges dans Barossa Valley.

cabernet/merlot Victorian, aux senteurs de menthe et d'eucalyptus et aux douces réminiscences chocolatées. Le **shiraz Chalambar Grampians Bendigo** offre des tanins de velours et des saveurs de fruits noirs bien mûrs. J'ai été emballé par le **shiraz St Peters Grampians** de quatre ans issu de vignes octogénaires, d'une grande extraction avec sa robe dense et profonde, son acidité en équilibre, ses tanins enrobés et sa finale de réglisse sensuelle et expressive. Enfin, au cours d'un somptueux repas dans Barossa Valley (un menu de neuf services accompagné de vins de la région, au restaurant Appellation, un établissement très recherché) le chef m'a fait servir, pour escorter ses rillettes de canard fumé et son parfait de foie blond, le superbe **Oloroso DP38.** Le vin, d'une couleur tawny agrémentée de reflets verts, aux bouquets de noix, de miel et de rancio, n'avait rien à envier aux meilleures cuvées de xérès.

Avec les énormes investissements consentis ces dernières années, l'entreprise continue de produire des vins effervescents de qualité, des vins de table recherchés et des vins fortifiés étonnants.

SHAW AND SMITH

ADELAIDE HILLS | South Australia
(Balhannah)

Non loin de Nepenthe, le domaine Shaw and Smith fait figure de pionnier dans cette charmante région de collines, tout près d'Adélaïde. C'est en 1989 que les cousins Martin Shaw et Michael Hill Smith ont décidé de réaliser leur rêve de faire du vin ensemble. Pendant les dix premières années, ils se sont concentrés sur le sauvignon blanc et le chardonnay, mais ils se sont ensuite diversifiés en plantant du riesling, du pinot noir et de la syrah, cépages qui se prêtent bien au climat frais de la région, même s'il faut être plus vigilant avec la syrah, pour laquelle il faut choisir des parcelles scrupuleusement adaptées. Martin Shaw est un vigneron d'expérience, diplômé du Roseworthy College, qui a travaillé dans différents vignobles partout dans le monde, puis chez Petaluma, où il a œuvré pendant huit ans. Michael Hill Smith, pour sa part, est le premier Australien à décrocher le titre de Master of Wine à Londres, en 1988. Avec des vignes situées à Woodside et à Balhannah, les propriétaires sont connus pour leurs vins blancs élégants et racés, dans un style résolument européen.

> Les propriétaires sont connus pour leurs vins blancs élégants et racés, dans un style résolument européen.

Les vins

Priorité au chardonnay **M3 Vineyard,** issu d'un terroir d'argile et de schiste. Le vin est finement boisé, avec une expression fruitée très vive et une pureté qui fait défaut à bien des crus australiens élaborés avec ce cépage. On pourra aussi, à prix plus abordable, se procurer le **chardonnay** non boisé, fruité et savoureux. Le **sauvignon Adelaide Hills** fait partie de ces vins intenses, tant aromatiquement qu'au niveau des saveurs, avec un support acide indéniable, du gras et une finale qui se termine sur une note d'agrumes confits. Le **riesling** tire son épingle du jeu avec beaucoup de finesse, tandis que le **pinot noir** de quatre ans est très classique, vif, souple et fruité.

ST HALLETT

BAROSSA VALLEY • COONAWARRA • EDEN VALLEY | **South Australia**
(Tanunda)

Il ne faut jamais se fier aux apparences. Pour des raisons commerciales qui nous sont parfois bien mystérieuses, certaines maisons peuvent nous laisser sur notre soif. Ce fut le cas avec St Hallett qui, jusqu'à présent, ne m'avait guère impressionné. La raison en est simple : ce n'est pas avec son Poacher's Blend, agréable et très bien fait au demeurant, que cette société peut donner au consommateur la dimension qualitative de sa production. St Hallett est l'un des premiers producteurs de vins du pays. Établie par la famille Lindner en 1944, cette compagnie fait aujourd'hui partie du groupe australasien Lion Nathan, qui fait surtout dans la bière et les spiritueux, mais qui possède aussi Petaluma, Knappstein, Stonier et Tatachilla, ainsi que l'excellente cave Wither Hills, en Nouvelle-Zélande. À l'instar de nombreuses caves de la région, St Hallett s'est autrefois consacrée à la production de vins fortifiés, mais s'est tournée, depuis les années 1980, vers le potentiel réel de la région de Barossa. Il faut dire qu'avec Stuart Blackwell, l'âme du domaine, celui-ci est entre bonnes mains. Dynamique et sympathique, Stuart m'a expliqué, sans négliger le moindre détail, sa façon d'obtenir le meilleur des raisins, achetés à une multitude de vignerons, car ce n'est pas avec leur propriété de 20 hectares qu'ils peuvent assurer le plus gros de leur production. En fait, Stuart, qui est passionné par les terroirs de la région, exerce un contrôle sur la qualité des fruits comme s'il était propriétaire des vignobles : choix des clones, plantation, taille, conduite de la vigne, culture, vendanges, etc., ce qui lui permet notamment de se procurer des raisins issus de très vieilles vignes. On trouve aussi sur ce domaine le fameux touriga nacional, le grand cépage du porto, puisque David Baverstock, œnologue australien installé au Portugal que j'ai eu le plaisir de rencontrer dans l'Alentejo, a longtemps été l'un des collaborateurs de Stuart Blackwell.

En compagnie du patron, Stuart Blackwell.

Avec ses arômes très expressifs d'épices douces, et sa texture ferme qui est le résultat de petits rendements issus de vignes âgées entre 60 et 100 ans, le shiraz Old Block est tout simplement impressionnant.

Les vins

Pour commencer, le **riesling Eden Valley** m'a épaté avec ses notes d'agrumes et d'ananas confit et sa minéralité en bouche. On est loin du riesling édulcoré et sans caractère qui sévit actuellement dans le monde. Dégusté sur place, le **Poacher's Blend** (60 % de sémillon, 25 % de sauvignon et 15 % de riesling) m'a laissé la même impression : un vin blanc agréable, très net et d'une bonne fraîcheur (environ 15 $). Dans la même gamme, à prix très raisonnable, le **GameKeeper's,** qui est un assemblage de syrah et de grenache (plus une petite touche de touriga) qui ne verra pas le bois, est tout en fruit (cerise noire), souple et juteux à souhait. Le **GST** (pour grenache, syrah et touriga) est issu de vignes de 70 ans et plus, ce qui n'est pas fréquent dans ce coin du monde. Dense, charnu et doté de tanins dodus, le vin fond en bouche comme par enchantement. À prix abordable (environ 20 $), le **shiraz Faith** prouve, de toute évidence, que Stuart et son équipe ont la foi pour élaborer des vins aboutis, fruités, ronds et équilibrés. Le **shiraz Blackwell** (environ 40 $) est plus concentré et se présente avec un nez magnifique d'épices et de chocolat, de la matière et des tanins serrés. Enfin, avec ses arômes très expressifs d'épices douces et sa texture ferme qui est le résultat de petits rendements issus de vignes âgées entre 60 et 100 ans, le **shiraz Old Block** est tout simplement impressionnant. J'en connais certains qui en profiteraient pour hausser son prix (entre 80 et 100 $) !

Fin de vendange avec toute l'équipe de St Hallett.

TAHBILK

GOULBURN VALLEY | Victoria
(Nagambie)

Il y a une quinzaine d'années, Tahbilk et son château ont fait partie de ces vins qui nous ont initiés, et de belle façon, au vignoble australien. Ils se trouvent dans la belle région de Nagambie Lakes, au centre de Victoria, à 120 kilomètres au nord de Melbourne. Créé au milieu du XIXe siècle par une famille suisse, le domaine est passé dans les mains de Reginald Purbrick en 1925 et appartient toujours à sa famille. Son fils Eric en a pris la direction en 1931, rejoint par son petit-fils John en 1955. Aujourd'hui, c'est Alister, le fils de John, diplômé en œnologie à l'université Roseworthy, qui dirige les destinées de cette grande propriété. En effet, le vignoble comprend 168 hectares de vignes, incluant les cépages rhodaniens et bordelais classiques, mais aussi du chardonnay, du riesling et du verdelho. Étonnamment, on y trouve des plants de syrah de l'époque pré-phylloxérique, des cabernets de 1949 et de la marsanne de 1927. Nagambie Lakes est la seule région vinicole australienne et l'une des rares régions dans le monde où le climat est radicalement influencé par une masse d'eau intérieure. Les nombreux lacs et lagunes, liés par la rivière Goulburn, tempèrent et rafraîchissent le climat habituellement chaud et sec. Quant au sol, la terre rouge riche en oxydes de fer, joue un rôle important sur les vins à base de syrah ou de cabernet sauvignon. Petit bémol dans ce portrait positif : le nombre de cuvées à donner le tournis, et cela, avant d'avoir terminé la dégustation !

> Étonnamment, on y trouve des plants de syrah de l'époque pré-phylloxérique, des cabernets de 1949 et de la marsanne de 1927.

Les vins

Commençons d'abord par les rouges, avec le **cabernet franc** aux effluves de fruits rouges et de piment vert, avec en bouche des tanins souples et une finale moyennement acide. Le **cabernet sauvignon** est plus charpenté, charnu et agrémenté de saveurs doucement épicées. Le **shiraz** est un peu dans la même veine, juteux et généreux. Beaucoup plus opulent, le **shiraz 1860 Vines** de sept ans est complexe et puissant, charmeur et intrigant, élaboré, comme on le devinera, avec des vignes antédiluviennes. Très bon et encore jeune, il se vend autour de 120 $. Tahbilk nous propose aussi des vins blancs d'inspiration rhodanienne, comme le **viognier**, très expressif (notes de pêche bien mûre), rond, gras, miellé, mais d'une acidité quelque peu en retrait. Le **marsanne** de deux ans est toujours agréable à goûter, avec ses notes florales de chèvrefeuille et de fruit de la passion. À un prix plus que raisonnable (environ 15 $), c'est un vin qui a du fruit, de la matière et une acidité donnant assez de relief à l'ensemble. Enfin, pour les amateurs, on peut essayer de se procurer le **marsanne 1927 Vines**, élaboré avec des vieilles vignes qui assurent au vin richesse et concentration.

TALTARNI

PYRENEES | Victoria
(Moonambel)

Peut-être est-ce l'influence de Dominique Portet, originaire de la région bordelaise, qui a longtemps dirigé les destinées de cette cave, mais il n'en demeure pas moins que l'on tient là des vins parmi les plus élégants du pays. Malgré le départ du talentueux vinificateur – il s'est installé à son compte dans Yarra Valley (*voir* p. 194) – Taltarni propose toujours des vins tanniques et structurés sans être dénués de finesse. La plupart des vignes du domaine sont situées entre 200 et 400 mètres au-dessus du niveau de la mer et les averses annuelles sont concentrées en hiver et au début du printemps. Les journées chaudes et les nuits fraîches permettent la production de raisins riches et concentrés. Les sols maigres de cette zone, appelée curieusement Pyrenees, se composent d'argile rouge, de quartz et de terres sablonneuses, sur des sous-sols de schiste argileux. Taltarni utilise aussi des fruits produits au nord de Melbourne, dans la région vinicole de Heathcote, célèbre pour ses sols formés il y a plus de 500 millions d'années. Les vignes de shiraz ont été plantées en 1997 et profitent d'un climat sec, responsable des bas rendements et de vins rouges vigoureux, poivrés et dotés de bons tanins. Cette excellente maison n'est pas en reste avec son brut et sa palette de vins blancs secs, sémillants et distingués. Bien installée aussi en Tasmanie, Taltarni produit dans la région de Piper's River, sous le nom de Clover Hill, des vins effervescents issus de chardonnay, de pinot noir et de pinot meunier. La propriété de 66 hectares, dont 22 hectares de vignes plantées sur un sol volcanique profond, tire profit d'un climat semblable à la Champagne. Toujours en Tasmanie, le vignoble Lalla Gully, créé en 1992, mais acheté par Taltarni en 1998, se consacre à la production de blancs aromatiques, aux saveurs minérales, et de pinot noir aux accents fruités.

La plupart des vignes du domaine sont situées entre 200 et 400 mètres au-dessus du niveau de la mer.

Les vins

Tout d'abord, dans la série **Lalla Gully** (vins issus de Tasmanie), le **riesling**, le **sauvignon blanc**, le **chardonnay** et le **pinot noir** sont fidèles au cépage, avec pour dénominateur commun une grande netteté et de la distinction, conséquences du climat frais de leur lieu de naissance. Le **Three Monks** est un assemblage heureux de **cabernet** et de **merlot** moyennement corsé, aux parfums fugaces de baies sauvages. Le **cabernet sauvignon Pyrenees** est marqué par les fruits rouges très mûrs et le cassis. Il est bien bâti et charmeur en même temps. Finalement, le **shiraz Heathcote** de trois ans dégage des parfums de fruits noirs et des saveurs d'épices. Tout en équilibre, le vin est massif mais bien supporté par une franche acidité et des tanins fins qui ont du répondant. (Entre 20 et 40 $.)

Les sols maigres de cette zone, appelée curieusement Pyrenees, se composent d'argile rouge, de quartz et de terres sablonneuses, sur des sous-sols de schiste argileux.

Les vignes de shiraz ont été plantées en 1997 et profitent d'un climat sec, responsable des bas rendements et de vins rouges vigoureux.

Australie 247

TORBRECK

BAROSSA VALLEY | South Australia
(Marananga)

David Powell, propriétaire et fondateur de cette maison très recherchée, clame haut et fort à qui veut bien l'entendre, que le vin se fait essentiellement à la vigne. Il n'a pas tort et travaille avec des viticulteurs qui lui garantissent, grâce à des contrats à long terme, les meilleurs fruits issus de très vieilles vignes de Barossa et de petits rendements. Avec des vinifications traditionnelles et peu d'interventions à la cave, Powell favorise l'extraction et la concentration, influencé probablement par son expérience chez Rockford. Torbreck, qui tire son nom d'une forêt écossaise que Powell a bien connu, propose donc de superbes cuvées de shiraz principalement, mais il faut être prêt à y mettre le prix, proportionnel à la qualité des vins...

On se fera plaisir avec le sémillon Woodcutter's, vin blanc miellé aux senteurs d'agrumes, riche, d'une bonne rondeur et d'une agréable vivacité.

Dans tout le pays, presque sans exception, il faut poser des filets afin de protéger les raisins des oiseaux gourmands.

Les vins

Parmi les grandes cuvées, **The Factor** et **The Struie** (deux **shiraz**), **The Descendant** et **The RunRig** (deux shiraz avec présence de viognier), et **The Steading,** assemblage **grenache/shiraz,** sont à n'en point douter des exemples de vins massifs, riches et corpulents qui ont beaucoup de tempérament. Avec une flopée d'arômes et de saveurs de fruits noirs, d'épices, de réglisse parfois, de chocolat et de torréfaction, et des tanins présents mais enrobés, on n'est pas loin de l'extravagance, mais c'est un style qui plaira à certains (entre 40 et 45 $). Cela dit, on se fera aussi plaisir avec le **sémillon Woodcutter's,** vin blanc miellé aux senteurs d'agrumes, riche, d'une bonne rondeur et d'une agréable vivacité (environ 25 $). L'assemblage **grenache/shiraz/mourvèdre Old Vines,** quant à lui, est très étoffé, charnu et capiteux, avec ses notes boisées provenant d'un élevage dans des barriques de chêne français. Enfin, la **Cuvée Juvéniles,** ainsi nommée en l'honneur d'un restaurant-bar du même nom à Paris où la carte offre de très beaux vins internationaux (ce qui n'est pas courant en France) et australiens notamment. Il s'agit d'une savoureuse cuvée de **grenache,** de **mourvèdre** et de **syrah,** fermentée et élevée en cuve, donc prête à boire, avec des tanins souples et une fraîcheur agréable.

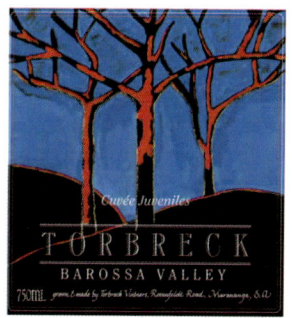

TYRRELL'S

HUNTER VALLEY | **New South Wales**
(Pokolbin)

Tout a commencé en 1858 avec Edouard Tyrrell, un immigrant anglais dont la première vendange remonte à 1864. Il était loin de se douter que son nom serait un jour associé à l'une des entreprises vitivinicoles les plus respectées d'Australie. Quatre générations plus tard, Bruce Tyrell a fait école et dirige une société qui propose une gamme élargie, c'est le moins qu'on puisse dire, de vins issus de diverses séries et de différents vignobles comme ceux de Pokolbin, Ashmans Winery et Glenbawn Estate en Nouvelle-Galles du Sud. Il faut ajouter à cela des vignes dans Heathcote (Victoria), le vignoble de Willunga dans McLaren Vale et celui de Limestone Coast en Australie méridionale. Les traditions familiales n'empêchent pas les responsables de se tourner vers l'avenir et de continuer à bien se positionner sur les marchés extérieurs, glanant ici et là médailles et trophées.

T

Les traditions familiales n'empêchent pas les responsables de se tourner vers l'avenir et de continuer à bien se positionner sur les marchés extérieurs, glanant ici et là, médailles et trophées.

Les vins

Tyrrell's est réputée pour ses différentes cuvées de sémillon, l'un de ses plus beaux fleurons étant le **sémillon Vat 1 Hunter,** plein de chair et de saveurs d'agrumes sur un support minéral, dans un ensemble éthéré et aérien (avec un degré d'alcool oscillant autour des 11 %). Même style et même qualité avec le **sémillon Belford Reserve.** Quant au **sémillon Lost Block,** à prix très doux, et au **sémillon Stevens Reserve,** on a peut-être moins de longueur et de complexité, mais la qualité est toujours au rendez-vous. Le **chardonnay Reserve Hunter Valley** est très onctueux mais le **chardonnay Vat 47,** un peu plus cher, me paraît plus équilibré (environ 45 $). Parmi les rouges, le **shiraz Brokenback Hunter Valley** et le **Stevens Reserve,** du même cépage, sont des vins rouges tout en fruit, avec des saveurs de prune et d'épices et des tanins un peu carrés, pour le premier (environ 25 $). Enfin, toujours pour se faire plaisir, on ouvrira un **shiraz Vat 9 Hunter** de huit à dix ans, idéal pour accompagner du gibier à poil, un **pinot noir Vat 6 Hunter** pour mettre en valeur du gibier à plume, ou l'assemblage **shiraz/cabernet Vat 8,** de Hunter et Coonawarra, pour escorter un carré d'agneau aux herbes.

Élevage en fûts pour les blancs comme pour les rouges.

Australie | 251

VASSE FELIX

MARGARET RIVER | Western Australia
(Cowaramup)

Tout près de Cullen Wines, l'autre domaine renommé de la région, Vasse Felix est l'un des premiers vignobles à s'établir à Margaret River en Australie occidentale, au sud de Perth. Le nom de cette propriété vient d'un marin français, Thomas Vasse, qui s'est noyé au XIXe siècle lorsque son bateau s'est renversé près de Busselton, alors qu'il faisait partie d'un équipage qui explorait le littoral. Paradoxalement, *felix* est le mot latin qui signifie chance, on voulait ainsi souligner ce lieu privilégié découvert en Australie par les navigateurs français. C'est en 1967 que le domaine a été créé par le Dr Tom Cullity, pour être repris 20 ans plus tard par la famille Holmes. Rien n'est laissé au hasard, tant à la cave qu'à la vigne (plantée sur des terres graveleuses), et les nouvelles installations, qui datent de 1999, permettent à la compétente équipe de Vasse Felix de produire des vins très réussis, bien constitués et remarquablement équilibrés. Vasse Felix possède aussi un excellent restaurant où j'ai pris, ce qui ne gâte rien, l'un des meilleurs repas de mon voyage. Comme bien d'autres maisons australiennes et néo-zélandaises, ils ont compris l'importance de mettre en

> *Felix* est le mot latin qui signifie chance, voulant ainsi souligner ce lieu privilégié découvert en Australie par des navigateurs français.

De nombreux eucalyptus vous accueillent dans le grand parc attenant à la cave.

place des structures d'accueil pour les visiteurs. Après des bulles délicates aux fines saveurs de pomme verte, j'ai assisté à un mariage des plus réussis entre le chardonnay et la brioche aux noix accompagnée de chou-fleur rôti. Une réussite dans le verre et dans l'assiette ! L'assemblage sauvignon et sémillon, fringant et finement ciselé, jouait parfaitement le jeu de l'harmonie avec le saumon, escorté d'une salade de sésame nappée d'une sauce parfumée au citron yuzu. Grâce à sa carrure mais aussi à sa texture soyeuse, le cabernet sauvignon âgé de trois ans était prêt à boire, avec l'épaule d'agneau au fenouil. Enfin, le shiraz a fait la part belle au fromage relevé qui voisinait avec une pâte de coing et des raisins de syrah flétris et gorgés de sucre. Ce fut un magnifique déjeuner qui m'a confirmé que la qualité existe partout, en autant que l'on sache la dénicher...

Les vins

Grâce à une malolactique partielle (transformation de l'acide malique en acide lactique, plus doux), le **chardonnay Adams Road**, au nez délicatement boisé, a gardé une certaine fraîcheur et offre en bouche des saveurs de fruits blancs fort agréables. Élaboré avec les meilleurs raisins, dans des petits rendements (et forcément plus cher), le **chardonnay Heytesbury** est, quant à lui, beaucoup plus riche, avec au nez des notes d'acacia et de pralin. Néanmoins, malgré une texture crémeuse, il conserve beaucoup de fraîcheur. Des deux **shiraz** dégustés, le **Adams Road** est bien équilibré et supporte le bois américain dans lequel il est élevé, mais j'ai préféré le **Vasse Felix**, avec ses notes d'épices et de chocolat, peut-être parce que le bois français (49 %) lui confère une certaine finesse. Après le **cabernet sauvignon** (avec un peu de malbec et de merlot) au nez très droit et aux tanins fermes mais bien mûrs, je me suis régalé avec la cuvée **Heytesbury***, constituée de vignes plus vieilles de cabernet sauvignon (82 %), de shiraz (7 %), de malbec et de merlot. Le vin de quatre ans possède une robe encore bien jeune, du volume en bouche et une fraîcheur qui donne à l'ensemble un bon équilibre. (Entre 25 et 58 $.)

* *Le millésime 2001 de cette cuvée a été élu meilleur vin d'Australie et de Nouvelle-Zélande, il y a quelque temps, grâce au* winemaker *Clive Otto qui l'a élaboré.*

WOLF BLASS

BAROSSA VALLEY • ADELAIDE HILLS • COONAWARRA • McLAREN VALE • LANGHORN CREEK • EDEN VALLEY | South Australia
(Nuriootpa)

Wolf Blass fait partie de ces maisons incontournables qu'on ne peut manquer pour des raisons évidentes. Il s'agit tout d'abord d'un énorme succès commercial tant à l'export qu'en Australie. En fait, le mot « énorme » la qualifie très bien... Les installations de vinification sont certes à la fine pointe de la technologie, mais découragent les aficionados de maisons artisanales. Les vins non plus ne font pas vraiment dans la dentelle, à part certaines cuvées de prestige, où l'on a tenté de mettre l'accent sur l'élégance. De plus, le culte de la personnalité de son créateur n'est pas très discret. En effet, les propriétaires, avant de lui ériger une statue au milieu de la cour de l'imposante cave réservée aux visiteurs, ont ouvert un musée où le visage de Wolf s'affiche partout. Cela dit, tout le monde, dans le milieu du vin australien, semble admettre que ce coloré personnage a fait avancer la popularité des vins de leur pays dans le monde.

Le cabernet sauvignon Grey Label est charpenté et étoffé grâce à des tanins bien mûrs. On trouve en bouche une riche palette de saveurs, allant des baies sauvages au chocolat noir, en passant par le clou de girofle et le tabac blond.

Wolfgang Otto Blass est né en Allemagne de l'Est en 1934. Après avoir étudié et travaillé dans l'industrie vitivinicole en Europe, il émigre dans Barossa Valley en 1961. Tour à tour responsable des vins effervescents chez Kaiser Stuhl et conseiller technique indépendant pour plusieurs maisons, il achète en 1966 la compagnie Bilyara, dont le nom autochtone fait référence à l'aigle, emblème de sa future société. Directeur et vigneron pour Tolleys de 1969 à 1973, Blass jette l'ancre pour de bon dans le vignoble australien. On connaît la suite : Wolf Blass crée sa propre étiquette qui va faire fureur sur les marchés extérieurs, glanant ici et là médailles et trophées. Même s'il reste toujours très impliqué dans l'entreprise, celle-ci passera dans les mains de diverses sociétés (association avec Corbans puis avec Mildara), avant d'atterrir dans la corbeille de Foster's par le biais de la société Beringer Blass. Wolf Blass n'y occupe aujourd'hui qu'une place honorifique, mais son ombre planera longtemps, comme les ailes de son aigle, dans le ciel de Barossa.

Les vins

Impossible de ne pas dire un mot sur les gammes **Yellow Label** et **Red Label,** que l'on décline avec la plupart des cépages classiques cultivés dans le pays, sous les appellations régionales South Australia et South Eastern Australia. Ce sont des vins honnêtes qui répondent à un standard collectif de vins bien mûrs, dans un style qui plaît à beaucoup de consommateurs. Pour ma part, j'ai goûté sur place un **riesling** d'Eden Valley, au très joli nez minéral et aux saveurs d'écorce de pamplemousse. Très sec et vif, ce vin produit en petite quantité m'a agréablement surpris. Même chose avec un sauvignon non boisé. Avec ses notes de buis, je l'imagine très bien accompagnant

Vue aérienne des installations gigantesques de la société.

un ceviche. Le **chardonnay Gold Label** d'Adelaide Hills, fermenté en barriques, dont 30 % de bois neuf, m'a semblé encore bien marqué par le chêne malgré ses six ans. Les notes de *capsicum* (piment vert) du **cabernet sauvignon Gold Label** de Coonawarra ne m'ont pas empêché d'apprécier le fruit et l'aspect charnu et fruité de ce vin rouge. Dans les mêmes prix, je n'ai pas détesté le **shiraz Gold Label** de Barossa avec ses notes de bleuet et de mûre, ses tanins enrobés et ses saveurs de tabac et de chocolat. Le moins que l'on puisse dire est que ce vin est capiteux et expressif... Plus encore, l'assemblage **shiraz/viognier** d'Adelaide Hills, toujours dans la gamme **Gold Label** m'a étonné avec ses notes florales et sa fraîcheur étonnante. La marque **Grey Label** propose un **shiraz** de McLaren Vale et un **cabernet sauvignon** de Langhorn Creek d'une très belle couleur, charpentés et étoffés grâce à des tanins bien mûrs. On trouve son bonheur en bouche avec une riche palette de saveurs allant des baies sauvages au chocolat noir, en passant par le clou de girofle et le tabac blond. L'assemblage **cabernet sauvignon/shiraz Black Label** (avec une touche de malbec) est très coloré, dans un style aguicheur qui plaira aux amateurs de vins robustes. Enfin, le **Platinum Label,** élaboré avec de vieilles vignes de **syrah** dans Barossa Valley, et élevé à 100 % dans des barriques de chêne français est d'une incroyable extraction. On y retrouve du fruit, de la fraîcheur, des épices et une grande longueur, mais ce vin est incroyablement cher, surtout en Australie... Allez, sortez vos meilleures pièces de gibier ! (Large gamme de prix, entre 14 et 90 $.)

Entre tradition et modernité !

Wolf Blass offre aux visiteurs toute une structure d'accueil.

WYNDHAM

HUNTER VALLEY | New South Wales
(Dalwood)

Après deux bonnes heures de route, au départ de Sydney, on arrive à Cessnock, dans la célèbre région de Hunter Valley, réputée pour ses vins et son activité fébrile de tourisme viticole. C'est là que se trouvent, autour de Pokolbin une ribambelle de domaines serrés les uns contre les autres (voir Hope, Margan, Brockenwood, Lindemans, etc.). Pour visiter Wyndham Estate, il faut se rendre un peu plus au nord, à Dalwood, le long de la rivière Hunter, là où l'Anglais George Wyndham a planté ses premières vignes autour des années 1830. Pionnier de l'industrie du vin en Australie, Wyndham divisa ses propriétés entre ses 11 garçons et ses deux filles, et c'est son fils John, qui montrait le plus d'intérêt pour la vigne et le vin, qui hérita de la terre de Dalwwod. Passant entre diverses mains au cours des décennies, le domaine, qui s'appelait Dalwood Wines, sera rebaptisé Wyndham Estate en 1970. Vingt ans plus tard, Orlando (de Jacob's Creek) met la main sur la compagnie, créant en 1991 une nouvelle entité : Orlando Wyndham, membre aujourd'hui du géant français Pernod Ricard. Wyndham Estate élabore des vins issus de raisins provenant de partout dans l'Est du pays, le tout sous la supervision de plusieurs *winemakers*, dont Andrew Miller, initié très jeune au vin par la magie du champagne, qui a dirigé la longue et imposante dégustation.

Le cabernet sauvignon Bin 444 sauve l'honneur de cette série qui reste tout de même abordable, en Australie comme sur les marchés extérieurs.

Afin de garder les raisins au frais, les vendanges ont parfois lieu la nuit.

Les vins

Un début pétillant pour se faire la bouche avec le **chardonnay Bin 222 Sparkling**, plutôt bien dosé (équilibré) et fort agréable avec son goût de levure et de pain brioché. L'assemblage **sémillon/sauvignon blanc Bin 777** a l'avantage d'avoir été vinifié en cuves d'acier inoxydable, sans aucune intervention de la barrique. Avec ses senteurs florales et légèrement citronnées, le vin est sec et d'une bonne vivacité. Le **chardonnay Bin 222** est rond, mais trop marqué à mon goût par le bois, peut-être à cause de la dégradation malolactique. Le **pinot noir Bin 333**, d'une couleur incarnate, est très expressif et souple en bouche mais ne m'a pas convaincu totalement. Le **merlot Bin 999**, aux parfums de fleurs est tout en fruit, un peu ténu cependant et court en finale. Le **cabernet sauvignon Bin 444** sauve l'honneur de cette série qui reste tout de même abordable, en Australie comme sur les marchés extérieurs. Pour son prix, (environ 18 $) c'est un beau vin qui a du répondant et une très belle couleur, dense et profonde. Son nez est très net, fruité et délicat et ses tanins sont assez soyeux. Le **Bin 888** est un assemblage **cabernet/merlot**, qui peut varier selon le millésime. Tout dans la couleur, au nez comme en bouche, est bien mûr. De la matière, des parfums de fraise et une note de réglisse en finale apportent ce qu'on attend en général d'un vin bien fait : du plaisir ! Le **shiraz Bin 505** est un **rosé** de pressurage

Équipements pour le pressurage des raisins qui serviront à l'élaboration des vins effervescents.

De grandes réceptions sont organisées au domaine.

d'une jolie couleur saumonée, d'une bonne acidité, mais avec un degré d'alcool un peu élevé. Enfin, le **shiraz Bin 555** a un bouquet et des senteurs rappelant un peu trop la confiture de prune pour me séduire, et un fort degré d'alcool. On en a pour son argent, peut-être plus au rayon de la quantité que de la qualité, mais il y a des adeptes pour ce genre de vin capiteux (c'est paraît-il le shiraz le plus vendu d'Australie). Dans la gamme **Show Reserve**, le **chardonnay**, malgré son gras et sa matière fruitée, a un côté beurre rance et butterscotch qui me gêne beaucoup. Est-ce à cause de tous les bâtonnages et de la malolactique au cours des 11 mois d'élevage dans les fûts de chêne? L'assemblage **cabernet/merlot** de six ans **Show Reserve** a un côté figue séchée et des tanins anguleux qui lui donnent l'apparence d'un vin fatigué, mais ce n'est qu'une opinion! Le **shiraz Show Reserve**, malgré ses quatre ans, est plus fringant, avec encore beaucoup de confiture et d'acidité, sur une finale un peu austère. Sous la marque **George Wyndham**, la cuvée **shiraz** (70%) et **grenache** me semble plus équilibrée que les vins précédents. Il y a moins d'alcool, plus de structure mais aussi de l'élégance dans ce vin de petit rendement, savoureux, charnu et juteux à souhait. Même approche pour l'assemblage **shiraz/cabernet George Wyndham** et surtout pour le **shiraz George Wyndham,** noir comme de l'encre, aux parfums de violette, aux saveurs de torréfaction et de poivre noir en finale. Un vin excellent et d'une grande complexité. Pour finir ce petit marathon gustatif, le **shiraz Black Cluster Hunter Valley** a conservé une étonnante jeunesse pour ses quatre ans. Une robe profonde, des parfums floraux et épicés, de la structure et des tanins mûrs composent ce vin qui a de la classe. Enfin, avant de quitter mes hôtes, qui m'ont d'ailleurs reçu très gentiment, je me suis badigeonné les muqueuses du **shiraz Bin 555 Sparkling,** un vin effervescent étonnant d'une belle couleur. Malgré une petite finale amère, il accompagnerait bien les desserts aux fruits rouges et au chocolat. (Entre 14 et 30 $.)

Wyndham Estate élabore des vins issus de raisins provenant de l'Est du pays.

WYNNS COONAWARRA

COONAWARRA | South Australia
(Coonawarra)

Comme Katnook Estate, le domaine voisin, Wynns, qui est l'une des maisons-phares du pays, possède des terres défrichées par le pionnier Écossais John Riddoch. C'est en 1951 que des négociants en vins de Melbourne, Samuel et David Wynn, ont acheté les vignobles existants, baptisant leur nouvelle propriété Wynns Coonawarra. Celle-ci fait maintenant partie du géant Foster's, groupe qui possède entre autres Penfolds et Rosemount Estate. Les vins y sont élaborés sous la responsabilité de la talentueuse Sue Hodder, œnologue australienne qui, contrairement à ce qui se fait dans de nombreuses maisons, ne produit que sept ou huit cuvées. Le sol de *terra rossa* spécifique à la région autorise la production de jus concentrés et structurés, laissant entrevoir de bons potentiels de vieillissement. Quant au climat frais et sec pendant les mois de décembre et janvier, il assure une longue période de maturité qui apporte aux raisins une intensité de saveurs indéniable.

Le sol de *terra rossa* spécifique à la région autorise la production de jus concentrés et structurés.

Sue Hodder, la talentueuse responsable des vinifications.

Les vins

À prix abordable, le **chardonnay** est frais et rond à la fois. Doté d'une bonne acidité, il offre au nez comme en bouche des parfums de melon, de miel et d'épices douces, dans un boisé relativement intégré. Le **shiraz** est moyennement corsé mais offre tout de même des saveurs fruitées bien marquées qui se prolongent agréablement. À prix beaucoup plus élevé, le **shiraz Michael édition limitée** issu d'un seul vignoble, est beaucoup plus nourri, dense et complexe. Très expressif avec ses notes poivrées et sa petite touche de galanga thaïlandais en finale, c'est un vin d'une bonne amplitude, dont l'acidité apporte un bon équilibre à l'ensemble. Dégusté sur place avec le vin précédent, le **cabernet sauvignon John Riddoch** est produit depuis 1982, mais seulement quand les conditions météorologiques le permettent. On utilise environ 1 % des raisins du domaine pour produire le meilleur vin possible, et le tout est élevé 15 mois dans des barriques de chêne français, dont un tiers de bois neuf. Sa robe est foncée et son nez de fruits rouges très mûrs est d'une grande finesse. Élégance aussi en bouche pour ce vin aux tanins serrés, charnu et structuré, qui se révèle avec classe et personnalité. (Entre 18 et 70 $.)

Un magasin, ou cellar door, *comme on en retrouve beaucoup en Australie.*

XANADU

MARGARET RIVER | **Western Australia**
(Margaret River)

Arrivé dans la région de Margaret River en 1968, le docteur irlandais John Lagan a eu le nez creux en devinant très vite le potentiel de cette région au climat unique pour produire des vins de qualité. Pionnier et visionnaire, il a donc planté ses premières vignes en 1977. Amoureux de littérature et inspiré par les mots de Coleridge dans son poème *Kubla Khan*, il baptisa son domaine du nom de Xanadu. Aujourd'hui, 85 hectares de vignes s'étalent sur des sols de graviers extrêmement bien drainés. Dans ce vignoble, voisin de Cape Mentelle, et bien protégé par de grands arbres, on pratique une culture de petits rendements. Les Lagan vendent la propriété en 1999, et en 2001, la société Xanadu est cotée en bourse. C'est dire la progression fulgurante de la production et des ventes. Le domaine s'est retrouvé, en 2005, dans les mains de la famille Rathbone, qui en possède d'autres en Australie, dont Mount Langi Ghiran, Parker Estate dans Coonawarra et Yering Station dans Yarra Valley. Pour les visiteurs, un restaurant propose le midi une cuisine qui se marie bien avec les vins proposés.

> Amoureux de littérature et inspiré par les mots de Coleridge dans son poème *Kubla Khan*, il baptisa son domaine du nom de Xanadu.

Glenn Goodall, winemaker *d'origine néo-zélandaise.*

Les vins

Avec **Secession, Dragon** et **Xanadu,** Glenn Goodall, le *winemaker* d'origine néo-zélandaise, propose trois gammes qui représentent bien la diversité de la région. La première est la plus abordable, mais sous l'étiquette **Dragon** se cachent plusieurs bons vins offrant un excellent rapport qualité-prix. Le **sauvignon** et le **shiraz** s'en tirent bien et l'assemblage **cabernet/merlot** est très fruité, mais c'est le **chardonnay non boisé** qui remporte la palme, surtout qu'il ne coûte que 16 $. Les vins signés **Xanadu** sont plus concentrés. J'ai apprécié les deux cuvées de **chardonnay,** au boisé bien intégré, mais celui qui provient des vignes de Lagan Estate est particulièrement réussi. On évite la dégradation malolactique et, après un départ de fermentation spontané, on élève le vin pendant neuf mois, période au cours de laquelle on procède au bâtonnage des lies en suspension. Toujours sous le nom de **Xanadu,** le **shiraz** a un nez de prune bien mûre et des tanins de velours. Un petit bémol cependant au niveau du taux d'alcool, un peu trop élevé à mon goût. Quant au **cabernet sauvignon,** en assemblage avec merlot et cabernet franc, il est très stylé, porteur d'épices et de cacao en bouche et se prolonge en beauté, le tout enveloppé par des tanins arrondis.

Le portail du domaine illustre bien la présence du dragon, animal emblématique de la maison.

YALUMBA

BAROSSA VALLEY • EDEN VALLEY • COONAWARRA | **South Australia**
(Angaston)

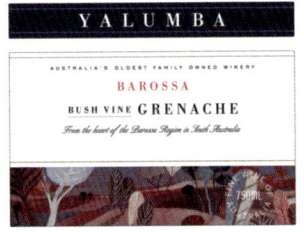

Yalumba est un mot autochtone qui signifie *la terre aux alentours*. C'est ainsi que Samuel Smith a baptisé sa propriété, après être débarqué d'Angleterre, en 1849, à Angaston avec sa famille. Smith et son fils ont commencé à planter les premières vignes et, six générations et plus de 150 ans plus tard, le domaine familial, parmi les plus anciens d'Australie, incarne à juste titre ce qui a fait le succès des vins du pays. Ici, en se concentrant sur le caractère durable des ressources naturelles, on ne lésine pas avec les pratiques environnementales. La philosophie de l'entreprise lui a d'ailleurs permis, en 2005, d'être reconnue comme chef de file dans la gestion des gaz à effet de serre. Brian Walsh, le sympathique directeur des opérations, a été nommé en 1996 au conseil d'administration de Yalumba, et est responsable de la viticulture, de la vinification et de tous les aspects de la production, mais aussi du vignoble familial d'Hill Smith. L'un des aspects intéressants de la société est cette petite tonnellerie installée sur les lieux mêmes de la cave et qui répond à environ 50 % des besoins. Avec pas moins de 15 gammes proposées au consommateur, imaginez le nombre d'étiquettes! Il est difficile de s'y retrouver. Une conversation avec Brian et Brenton Fry, le directeur de l'export, m'a tout de même donné l'impression qu'il y avait divergence de point de vue à ce sujet car si le département de la production aimerait réduire la pléthore de cuvées, l'aspect commercial semble l'emporter. Quoi qu'il en soit, plusieurs vins extrêmement bien vinifiés justifient le détour.

Brian Walsh, le directeur des opérations.

Les vins

La dégustation débute difficilement avec le **riesling Pewsey Vale Vineyard** d'Eden Valley, qui manque cruellement de typicité. Le **chardonnay Wild Ferment Eden Valley** a beaucoup de fraîcheur et son boisé, discret, est bien intégré. Il est fort agréable, mais j'ai préféré le **chardonnay Heggies Vineyard,** rond et gras, mielleux et savoureux avec sa finale d'amande grillée. À prix très attrayant (environ 15 $), le **viognier Y Series** est sec et fruité et a tout ce qu'il faut pour plaire, avec ses saveurs de poire, de pêche et d'abricot, typiques cette fois-ci du cépage. Un peu plus cher, mais tout aussi séduisant, le **viognier Eden Valley** offre des notes de fenouil et d'anis et un fruité très mûr digne de mention. Enfin, pour terminer la série des blancs, le **viognier Virgilius,** toujours d'Eden Valley, produit en très petite quantité, a du gras et une longueur soutenue, mais à ce prix-là (plus de 50 $), je préfère le précédent. Difficile départ aussi avec les rouges et le **Y Series,** un mélange de **shiraz** et de **viognier,** au nez délicat, ténu, qui manque de matière en bouche et dont les tanins sont rudes. Le **Barossa Bush Vine,** un **grenache** (vigne plantée en foule et taillée en gobelet) a beaucoup d'expression florale et une bonne fraîcheur au palais, tandis que

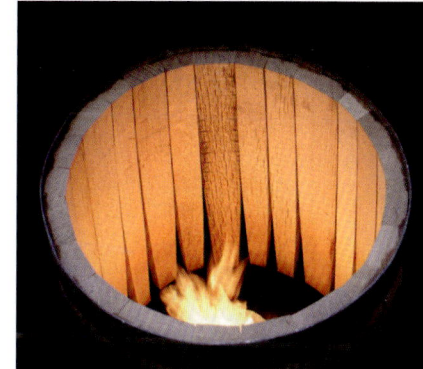

Yalumba possède sa propre tonnellerie.

Le chai à barriques est plutôt impressionnant.

l'assemblage **shiraz/viognier Barossa** de sept ans, aux saveurs de cerise noire bien mûre, est très élégant et termine, de ses tanins soyeux, sur une finale enfumée... Dans la série **Hand Picked,** ce qui signifie que tous les raisins ont été cueillis à la main (dans Barossa Valley), le **grenache Tricentenary Vines** est savoureux, charnu et long en bouche. Le **TGV** (tempranillo, grenache et viognier) est très original, avec des tanins imposants et un côté confituré qui plaira aux amateurs de sensations sucrées. Quant au **MGS** (mourvèdre, grenache et syrah), fruité, charnu et épicé, il m'a semblé plus équilibré. Enfin, l'assemblage **shiraz/viognier** m'a beaucoup plu. Élevé dans du chêne neuf, il nous offre, après trois ans, une explosion de cannelle, de clou de girofle et de muscade et des notes fruitées qui se prolongent superbement. Depuis 1962, Yalumba élabore **The Signature,** un assemblage **cabernet sauvignon/syrah** dense, très expressif, charpenté et muni de tanins serrés malgré ses quatre ans. Il faut attendre avant d'ouvrir! Ce sera la même chose avec **The Octavius,** issu de vieilles vignes de **syrah** (âgées de 60 à 70 ans). Avec un mélange de baies noires, de chocolat, de moka et d'épices douces au nez comme en bouche, ce vin a une structure tannique et une acidité qui lui permettront de traverser les années avec aplomb! (Entre 20 et 50 $, excepté la cuvée The Octavius qui se vend environ 100 $.)

Ici, en se concentrant sur le caractère durable des ressources naturelles, on ne lésine pas avec les pratiques environnementales. La philosophie de l'entreprise lui a d'ailleurs permis, en 2005, d'être reconnue comme chef de file dans la gestion des gaz à effet de serre.

YERING STATION

YARRA VALLEY | Victoria
(Yarra Glen)

Pas très loin de Melbourne dans Yarra Valley, nichée dans un environnement splendide, avec des jardins soigneusement entretenus et une cave à l'architecture avant-gardiste, Yering Station est une expérience en soi. Une magnifique allée bordée d'ormes centenaires m'accueille en beauté pour une visite de cette propriété importante dans l'histoire agricole du pays. Longtemps géré comme un centre d'envergure pour le bétail, le domaine, qui est passé entre de nombreuses mains, appartient depuis 1996 à la famille Rathbone, qui possède plusieurs caves en Australie, dont Xanadu à Margaret River. On a fait appel à l'architecte de Melbourne Robert Conti pour redessiner les installations de vinification et la structure d'accueil, dont un restaurant au menu alléchant. C'est en compagnie de Tom Carson, nommé *winemaker* de l'année à Londres en 2004, qui pilote intelligemment les opérations œnologiques de Yering Station, que j'ai pu déguster une bonne partie de la production.

> On a fait appel à l'architecte de Melbourne Robert Conti pour redessiner les installations de vinification et la structure d'accueil, dont un restaurant au menu alléchant.

L'art moderne est mis en valeur dans cette cave des environs de Melbourne.

Les vins

En association avec Devaux, maison champenoise bien connue, Yering Station produit une méthode traditionnelle de grande qualité : avec du chardonnay et du pinot noir (à parts égales) de Yarra Valley et de Mornington Peninsula, le **YarraBank,** dosé intelligemment (avec seulement trois grammes de sucre) est très fin et d'une grande distinction. Le **MVR**, d'une belle couleur paille, est élaboré avec de la marsanne (54%), du viognier (36%) et de la roussanne. Il est très expressif (parfums subtils de tilleul, d'amande et d'abricot) et offre en bouche une bonne matière fruitée tout en équilibre, grâce à une utilisation judicieuse du chêne français (25 % seulement et le reste en cuve inox). Le premier **chardonnay** est aussi savamment équilibré (7 % seulement de chêne neuf et le reste en barriques d'un à cinq ans). Le second, Le **chardonnay Reserve** est délicieux et très réussi. De petits rendements de raisins bien mûrs, de la matière, de la rondeur et de l'acidité confèrent de la classe à ce vin élaboré uniquement dans les bonnes années, qui possède une jolie pointe pralinée en finale. Le **rosé** de **pinot noir** provient d'une courte macération carbonique. Il est savoureux mais un peu cher... Quant aux vins rouges, le premier **pinot noir** est sur le noyau de cerise, avec des tanins un peu fermes, mais le suivant, le **pinot noir Reserve,** est fameux, beaucoup plus expressif, plus complexe aussi, et d'une longueur soutenue. Le prix (environ 70 $) est en conséquence. Enfin, les deux cuvées d'assemblage **shiraz/viognier,** aux jolis parfums de violette, sont très fruitées et charpentées. Le premier vin est un peu carré tandis que le **Reserve** brille par sa finesse, sa jeunesse et sa classe, avec une robe d'encre profonde, des tanins de qualité et des saveurs d'épices et de poivre noir. À revoir dans cinq ans !

D'AUTRES MAISONS À DÉCOUVRIR

AMBERLEY (MARGARET RIVER)

Même si Amberley est connue dans la région pour son chenin blanc, ce sont les assemblages **sémillon/sauvignon** (qui me rappelle trop les arômes d'un plant de tomate) et **cabernet/merlot** (d'un joli fruité) qui sont le plus souvent exportés. Comme sa nouvelle cousine Goundrey, la société Amberley a été achetée par le groupe canadien Vincor International en 2004. Puis, elle est entrée *de facto* dans le giron de la compagnie Hardys, elle-même membre du groupe Constellation, qui a fait l'acquisition de Vincor en 2006.

BANROCK STATION (RIVERLAND)

Banrock Station est une magnifique et immense propriété de 1700 hectares, dont 250 sont plantés de vignes, située le long de la rivière Murray dans le Riverland. Lorsqu'on arrive dans cet environnement très particulier, fait de marécages, de bois et de forêts, on comprend rapidement l'importance donnée ici à l'écologie et à la préservation des ressources naturelles. Le vignoble, composé de shiraz, de cabernet sauvignon, de merlot, de chardonnay et de sémillon, est assujetti à un plan d'irrigation informatisé des plus sophistiqués, et il est très rafraîchissant de voir qu'on a voulu, dans ce coin d'Australie, mettre l'accent sur la vigne autant que sur la cave. À visiter pour sa faune et sa flore et le côté sauvage que la société Hardys, propriétaire de cette oasis de paix qui attire à chaque année des centaines de milliers de visiteurs, a su conserver et mettre en valeur. Que ce soit le **merlot,** le **shiraz** ou le **sparkling** (effervescent) sous l'étiquette **Reserve** ou à un moindre degré, le **chardonnay,** le **chardonnay unwooded** et le **cabernet,** ces vins de facture simple mais plutôt bien faits, ont l'avantage de se vendre à prix très doux...

BASS PHILIPP (GIPPSLAND)

Le propriétaire et vigneron Phillip Jones est un amoureux de la Bourgogne et de ses grandes cuvées de pinot noir. C'est pourquoi il se dévoue corps et âme pour nous proposer des vins d'une extrême finesse avec des raisins qui ont mûri doucement dans le climat frais de South Gippsland, au sud-est de Melbourne. Avec une approche bio, tant à la cave que sur le terrain, des rendements peu élevés et des vignes relativement âgées (25 ans en moyenne), le sieur Jones séduit les amateurs qui, soit dit en passant, doivent être prêts à délier les cordons de leur bourse pour obtenir la crème de sa gamme. Mais le **Village** est bon et abordable.

BAY OF FIRES (TASMANIA)

C'est en 1994 que Hardys a acheté ses premiers raisins en Tasmanie, pour élaborer des vins effervescents de qualité. Pari tenu avec la cuvée **Arras** (en référence aux textures soyeuses des tapisseries du xve siècle qui ont rendu cette ville célèbre) élaborée avec pinot noir et chardonnay. Fermentation et prise de mousse se font au château Reynella et le résultat est tout à fait convaincant. Il s'agit là d'une des meilleures méthodes traditionnelles du pays, avec un dosage équilibré, de la finesse en bouche, et beaucoup de fraîcheur, malgré ses six ans. Mais même en Australie, son prix équivaut à celui d'un très bon champagne en France. J'ai aussi goûté au **sauvignon blanc Reynella** (sous la marque Tigress), léger et fruité, aux parfums de buis, mais avec un peu trop d'asperge verte en bouche. Par contre, le **pinot gris,** avec ses saveurs d'agrumes, de gingembre et de cannelle, et le **pinot noir,** aux tanins bien enveloppés, d'une bonne vivacité et aux saveurs de cerise noire, m'ont enthousiasmé. Comme quoi l'avenir viticole de la Tasmanie est très prometteur, mais attention, les prix de tous ces vins sont assez élevés !

BRIDGEWATER MILL (ADELAIDE HILLS)
Voir Petaluma p. 232.

CASELLA (RIVERINA)
Je ne me suis jamais trop arrêté au nombre de caisses sortant des domaines et autres sociétés d'Australie et de Navarre, mais entre Virgin Hills et ses 2500 caisses et les 25 millions de Casella, vous comprendrez que nous ne sommes plus sur la même planète. Je ne pouvais donc ignorer ce géant, célèbre dans le monde avec son vin devenu incontournable : le **Yellow Tail,** qui atteint des sommets de vente faramineux aux États-Unis.

CHALICE BRIDGE (MARGARET RIVER)
Considérée aujourd'hui comme la deuxième cave en importance à Margaret River, Chalice Bridge Estate est née en 1998. Sa jeune histoire ne l'empêche pas de se démarquer, avec des vins d'une bonne facture issus de ses propres terroirs, élément important dans la philosophie aux réminiscences celtiques de l'entreprise. L'assemblage **sémillon/sauvignon** offre un nez assez élégant et discret, même si la fiche technique stipule, comme c'est hélas trop souvent le cas, qu'on devrait y trouver des notes de pamplemousse, de banane, de groseille et de melon. Pour ma part, je préférerais y retrouver le sémillon et le sauvignon… Ceci dit, le **shiraz** m'a plutôt séduit avec ses notes de poivre blanc et le **Calamus** (ou sang-de-dragon) qui est un assemblage de cabernet sauvignon (60 %), de syrah (20 %) et de merlot, possède du fruit et de l'élégance. Je n'ai pas bu le calice jusqu'à la lie mais c'est une maison qui s'applique à mettre en relief ses terroirs, ce qui est déjà un bon début…

COAL VALLEY VINEYARD (TASMANIA)

Le propriétaire, Todd Goebel, canadien d'origine, et son épouse tiennent un restaurant très sympathique sur leur propriété de Cambridge, et proposent à la carte des vins de leur vignoble, élaborés pour la plupart par Hood Wines (Frogmore Creek), en attendant de pouvoir le faire eux-mêmes. J'y ai goûté un excellent **riesling** très sec, net et droit. J'ai beaucoup moins aimé le **chardonnay**, marqué encore une fois par des notes de beurre rance. Par contre, le **pinot noir**, même s'il manquait de chair, avait le fruit voulu et la fraîcheur pour accompagner en beauté ma truite saumonée. Une maison à suivre.

CORIOLE (McLAREN VALE)

Si Coriole est un incontournable dans le **shiraz** issu principalement de McLaren Vale, cette cave, qui possède plus de 33 hectares de vignes, produit aussi des vins élégants de **chardonnay** dans Adelaide Hills. Les amateurs de crus italiens se feront plaisir avec leurs cuvées de **sangiovese**, de **barbera** et de **nebbiolo**. Gourmets et gourmands pourront en plus s'y arrêter pour se procurer une excellente huile d'olive et des fromages maison.

CLARENDON HILLS (McLAREN VALE)

On pourrait presque traiter Roman Bratasiuk de Rhône Ranger, comme on le fait en Californie, tellement cet homme, qui s'est établi en 1989 sur les collines de Clarendon, à une quarantaine de kilomètres au sud d'Adélaïde, est amateur des cépages rhodaniens. Il faut dire qu'il a eu le nez fin lorsqu'il a jeté son dévolu sur ces vieilles vignes plantées en sols propices à l'obtention de vins racés. Ici, la syrah et le grenache sont à l'honneur et se déclinent en fonction des terroirs. C'est ainsi, par exemple, que les schistes de Piggott Range donnent des vins d'une grande complexité, et **Astralis**, grâce à une terre riche en fer et à des plants de syrah qui ont plus de 70 ans, est un vin puissant, à la palette aromatique intense. Quant aux vignobles de Clarendon et de Blewitt Springs, le sol argileux permet d'obtenir des cuvées de **grenache** très mûr et sphérique au bouquet épicé. Les vins de **cabernet sauvignon** et de **merlot** sont également très prometteurs. Inutile de préciser que tout se fait à la main, avec le moins d'intervention possible : levurage naturel, fermentation à chaud, et un élevage en barriques mesuré, à la française.

DOMAINE CHANDON (YARRA VALLEY)

Plus connue en Australie sous le nom de Green Point, la célèbre maison de Champagne produit en grande partie des vins saute-bouchon, dont un **Vintage Brut**, un **Tasmanian Cuvée** et un **blanc de blancs** plutôt réussis. Mais elle ne s'en tient pas là et nous propose également des vins tranquilles de **chardonnay**, de **sauvignon** et de **sémillon**, et deux vins de **syrah** généreux et fruités.

FERNGROVE (FRANKLAND RIVER)

L'histoire de Ferngrove en tant que vignoble est assez jeune, puisqu'on a décidé de profiter des conditions naturelles et d'un environnement de style méditerranéen pour planter les premières vignes, en 1997, et déclarer le premier millésime en l'an 2000. Aujourd'hui, avec environ 225 hectares, des installations modernes et une structure d'accueil impressionnante, cette maison glane ici et là des médailles dans certains concours, avec le **riesling Cossack**, le **shiraz Dragon** et le **cabernet sauvignon Majestic**, des vins bien vinifiés mais aux prix quelque peu élevés. Cependant, à part pour le **cabernet sauvignon Reserve**, je suis un peu perplexe avec la gamme **Leaping Lizard**.

FREYCINET (TASMANIA)

C'est au détour d'un virage en me rendant vers le magnifique et spectaculaire parc national Freycinet, le long de la côte Est de la Tasmanie, que j'ai levé la pédale d'accélérateur afin d'admirer ces vignes en lyre plantées sur de jolies collines bien exposées. J'étais au domaine Freycinet, l'un des rares vignobles de cette région impressionnante, qui profite d'un climat adouci par la mer, et où **riesling, chardonnay** et **pinot noir** ont en commun la franchise, le fruit et la vivacité. Avant de me rendre à Swansea dévorer quelques huîtres accompagnées d'un **riesling** du coin, je suis allé admirer l'une des plus belles baies de l'île, difficilement accessible, et dénommée à juste titre Wineglass Bay.

FROGMORE CREEK ET HOOD WINES (TASMANIA)

Les propriétaires de Frogmore Creek ont acquis le domaine d'Andrew Hood à la fin de 2003. Celui-ci, certifié en culture organique, est situé le long du ruisseau du même nom, dans la vallée de la rivière Coal, près de Hobart en Tasmanie. Le sol et le climat se rapprochent quelque peu de ce qu'on trouve en Bourgogne et en Champagne, avec des conditions idéales pour la maturité du raisin et un taux d'ensoleillement élevé pendant l'automne. J'ai eu l'opportunité de le constater lorsque j'ai visité Hood Wines, où les vins sont élaborés. Les vendanges n'étant pas encore terminées, la cueillette se faisait sous les filets, afin de protéger des oiseaux les baies gorgées de sucre, comme le font la plupart des producteurs d'Australie (et de Nouvelle-Zélande). C'est en 1990 que Hood Wines a planté ses premières vignes. On y produit sous cette marque de jolies cuvées, comme le **riesling** en version sec et en version *kabinett* (40 grammes de sucre résiduel), un **pinot grigio** savoureux, avec du poivre blanc en finale, un **sauvignon** léger mais fruité, et un **chardonnay** non boisé très rafraîchissant. J'ai aussi goûté un **chardonnay** boisé, avec du gras et de la rondeur et un **pinot noir** tout en fruit. Enfin, le **pinot noir** Frogmore Creek a toute la typicité du cépage, avec en bouche une bonne acidité et des saveurs de cerise bien mûre. Ils élaborent aussi sous forme contractuelle beaucoup d'autres cuvées pour une vingtaine de producteurs.

GEOFF MERRILL (McLAREN VALE)

Une maison bien installée, depuis 1980, à Woodcroft, qui propose de très grands vins de **syrah**, de **cabernet sauvignon** et de **merlot**, mais aussi un excellent **SGM** (syrah, grenache et mourvèdre) juteux et savoureux. En 1985, Geoff Merrill a mis la main sur la fameuse

Mount Hurtle Winery, une cave complètement rénovée et réhabilitée. La qualité des vins est constante et les prix raisonnables.

HOWARD PARK
(MARGARET RIVER • GREAT SOUTHERN)

C'est par pur hasard que j'ai retrouvé mon ami Pascal Marchand (qui vit en Bourgogne et vinifie un peu partout sur la planète) dans un restaurant de Perth. Il m'a présenté Jeff et Amy Burch, les sympathiques propriétaires de cette maison, qui a une excellente réputation malgré sa relative jeunesse. Ici, on ne travaille qu'avec du chêne français de première qualité, aussi bien pour le haut de gamme que pour la marque **MadFish**, qui ma foi, cache des vins fort agréables à prix abordables. J'ai beaucoup aimé le **MadFish**, composé de sauvignon (58%) et de sémillon élaboré en cuves uniquement. Très net et expressif sans être exubérant, avec des notes de pamplemousse, le vin est vif et possède de la matière et un fruité qui se prolonge. Le **chardonnay Unwooded MadFish** est aussi très fruité et d'une bonne franchise. Quant au **chardonnay Howard Park**, fermenté en barriques (60% de fûts neufs et 40% de fûts d'un an et de deux ans), il est équilibré, avec en bouche de la rondeur, du gras et de la matière. L'assemblage **cabernet sauvignon/merlot** et le **shiraz MadFish** m'ont épaté : le premier (qui contient un peu de cabernet franc) possède une robe très concentrée, des notes de cerise noire et de fumée, du fruit et de l'élégance, avec une finale aux subtils arômes de réglisse ; le tout à moins de 20 $. J'achète sans hésiter ! Le **shiraz**, pour le même prix, se dévoile sous une robe profonde presque opaque. Les fruits noirs bien mûrs et les épices sont au rendez-vous, au nez comme en bouche, avec en finale une fraîcheur étonnante. Si j'ai nommé l'ami Pascal, c'est parce que celui-ci se lance en affaires avec Jeff Burch, afin d'élaborer, dans la région de Pemberton, un pinot noir, cépage qu'il connaît plutôt bien...

JASPER HILL (HEATHCOTE)

Réputée pour ses rendements très limités, pour ne pas dire confidentiels, Jasper Hill, située à Heathcote, dans l'État de Victoria, fait dans la culture organique à la limite de la biodynamie. Les vignobles sont Emily's Paddock (trois hectares de syrah incluant près de 5% de cabernet franc), et Georgia's Paddock (12 hectares de syrah, trois hectares de riesling, un hectare de sémillon et un hectare de nebbiolo). La plupart des vignes ont été plantées non greffées, supposément pour préserver la pureté des variétés, mais c'est jouer avec le feu car certains producteurs australiens sont aux prises aujourd'hui avec le phylloxéra, qui reste un problème récurrent. Cela dit, grâce à des sols extrêmement profonds et bien drainés, les raisins conservent des niveaux d'acidité naturelle et l'on pratique en cave une œnologie non interventionniste. Le **shiraz Giorgia's Paddock** et l'assemblage **shiraz/cabernet franc Emily's Paddock** sont des vins très denses et corpulents, aux tanins serrés, aux saveurs empyreumatiques et de baies noires chez le premier, tandis que le second offre des notes d'épices et de chocolat noir. Vu les rendements et la philosophie de la maison, je vous laisse deviner les prix, élevés, il va sans dire.

JIM BARRY (CLARE VALLEY)

Grande cave familiale qui ne fait pas toujours dans la dentelle, notamment avec ses **shiraz The Armagh** et **McRae Woodden**, des vins puissants, bâtis (le deuxième surtout) comme des colosses. Pour les amateurs de concentration à tout prix... Par contre, dans la série **Lodge Hill CLare Valley**, le **shiraz** fait profil bas, ce qui n'est pas plus mal, et j'ai été conquis par le **riesling**, très sec et minéral, avec ses notes grillées et fumées, seyantes ma foi pour ce vin qui a de la matière et une forte personnalité. Quant au **riesling Florita**, toujours de Clare Valley, je m'en suis régalé, c'est un vin très expressif et équilibré, avec en bouche du fruit et des saveurs d'agrumes confits sur une finale subtilement citronnée.

KNAPPSTEIN (CLARE VALLEY)

Cette cave fait partie, avec Petaluma, Mitchelton et Stonier, du groupe Lion Nathan, et distribue bon an mal an de jolies cuvées à prix très raisonnables. À l'image des maisons installées dans la région de Clare Valley, on élabore ici des vins rouges de **syrah** juteux et généreux, aux accents d'épices et de cacao. J'ai bien aimé le **cabernet sauvignon Enterprise,** aux parfums discrets et aux tanins serrés, mais c'est le **riesling Hand Picked,** un vin éminemment sec qui m'a le plus enthousiasmé avec son nez pointu, son amplitude et sa minéralité.

LEO BURING (EDEN VALLEY • CLARE VALLEY)

Hermann Paul Leopold Buring, d'origine allemande, a créé ce vignoble voilà plus de 75 ans. Après avoir longtemps produit des vins d'Australie méridionale, dont des cuvées de riesling déjà renommées, la marque Leo Buring est synonyme, depuis 2002, de grand riesling. Le vin est produit à partir de raisins soigneusement sélectionnés et achetés sous contrat dans Eden Valley et Clare Valley, les régions réputées pour ce cépage. Si les vins sont mis au point par les responsables des vinifications de Lindemans, l'historique cave du château Leonay, à Tanunda, est toujours en service. Le **Clare Valley** et le **riesling Eden Valley** sont d'une grande pureté aromatique, très secs et particulièrement persistants, avec des notes d'agrumes confits et des saveurs minérales en bouche. Quant au **Leo Buring Leonay DWI17 Eden Valley,** il est d'une grande complexité, exquis, distingué et complexe, avec ses notes d'hydrocarbures, surtout si on a la patience d'attendre quelques années avant d'ouvrir l'exceptionnel flacon...

MITOLO (BAROSSA • McLAREN VALE)

Cette propriété familiale a été créée par Frank et Simone Mitolo, tous deux d'origine italienne. Avec des vignes dans Barossa Valley et dans McLaren Vale, ils ne font pas dans la dentelle pour ce qui est de la confection des vins ou des prix. Je ne sais pas si c'est pour faire plaisir à Parker ou rafler des médailles auprès des jurés mal intentionnés de certains concours, qui confondent forte personnalité avec ours mal léché, mais les vins sont tout d'une pièce et très chers de surcroît. Malgré tout, le **shiraz Reiver,** de Barossa Valley a du nez avec des fruits noirs bien mûrs et des épices, de la matière, mais beaucoup trop d'acidité. Le **shiraz G.A.M.** (premières lettres du prénom des trois enfants), de McLaren Vale, est d'une très belle couleur, riche et profonde, avec des épices en rétro-olfaction et beaucoup de tanins bien enrobés, mais l'alcool et l'acidité dominent. Enfin, le **shiraz Savitor** est d'une grande extraction, il faut bien le reconnaître ; c'est de l'encre en bouteille, mais le vin est atramentaire du début à la fin. Les cuvées de **cabernet sauvignon Jester** et **Serpico** sont dans la même veine : de l'extraction, surtout pour le **Serpico** issu de raisins séchés à l'air, mais je ne pense pas que l'on puisse appliquer les règles de l'amarone au cabernet sauvignon. Bref, on obtient des vins colorés et hyper concentrés, mais pas de plaisir. La jeune fille qui m'a reçu était pourtant tout le contraire : jolie, délicate, élégante et primesautière… Tout sauf une caricature !

MOSS WOOD (MARGARET RIVER)

Ce domaine est très respecté dans la région de Margaret River puisqu'il fait figure de pionnier en Australie occidentale. En effet, près de 40 ans après sa création, grâce au visionnaire Bill Pannell, le fondateur (qui a ensuite vendu à la famille Mugford), les vins sont toujours très recherchés. En plus de raisins achetés à différents viticulteurs, la société possède trois entités viticoles : Moss Wood, Amy's Vineyard et Ribbon Vale. Le climat et le sol très bien drainé de la région favorisent ici l'élaboration de vins rouges racés, corpulents mais d'une certaine austérité, notamment en ce qui concerne le fameux cabernet sauvignon.

MOUNT LANGI GHIRAN (GRAMPIANS)

Une excellente cave qui existe depuis 1969, acquise par la famille Rathbone en 2002. En fait, tout en conservant son indépendance, elle produit en synergie avec l'équipe de Yering Station, l'excellent domaine de Yarra Valley. Les deux montagnes qui protègent le vignoble ont un effet rafraîchissant sur l'environnement. Le **pinot gris** est agréable, le **riesling** très expressif et l'assemblage **cabernet/merlot** fruité à souhait. La **syrah** y est en vedette, avec les **shiraz Cliff Edge** et **Nowhere Creek,** tous deux vigoureux et charnus. Enfin, pour le **shiraz Langi,** couleur profonde, franchise d'arômes et de saveurs (fruits noirs, cannelle, muscade, chocolat noir et pointe de réglisse) ainsi que des tanins à la trame serrée sont au rendez-vous.

MOUNT MARY (YARRA VALLEY)

On aime la musique dans ce petit domaine à la production quasi confidentielle et à la philosophie plutôt européenne, avec une approche bio de la vigne et un usage très modéré du bois neuf. En effet, le **Triolet** est un assemblage à la bordelaise fort agréable et très réussi de sauvignon, de sémillon et de muscadelle. Pour peu, on se croirait en compagnie d'un grand cru des Graves. Le **Quintet** est comme une composition classique à la médocaine, nourri par des saveurs très fruitées et soutenu par des tanins fermes et une structure acide qui lui permettra de bien vieillir. On y produit aussi un **chardonnay** et un **pinot noir**, mais ils sont à vrai dire peu accessibles, surtout en termes de disponibilité.

PALANDRI
(MARGARET RIVER • GREAT SOUTHERN)

Créée en 1998 dans la région de Margaret River par cinq hommes d'affaires australiens, la société Palandri a lancé sa première gamme en mai 2001 et sa gamme **Baldivis Estate** en mars 2002. C'est dire la jeunesse de cette entreprise qui réussit malgré tout à proposer des vins corrects, malgré l'importance de son vignoble et de sa production. Une bonne partie de celle-ci provient de Margaret River, mais aussi du secteur de Frankland River, dans le Great Southern au climat plus frais. Grâce à des prix attrayants, tous ces vins, dont l'étiquette est illustrée par un gecko (décidément les animaux ont la cote en Australie...), se vendent plutôt bien sur le marché domestique. Entre un **riesling** aux notes citronnées, mais dont l'acidité est peut-être défaillante, et un **merlot** fatigué et manquant de chair qui aurait dû être bu depuis un certain temps, je suis tombé sur un **sauvignon** fringant, vif et agréable, au nez floral délicat. Dans l'ensemble, les vins rouges m'ont semblé lourds, manquant d'élégance, de fraîcheur, et dénaturés, en ce qui concerne le **shiraz**, par le chêne américain trop présent.

PARRI
(SOUTHERN FLEURIEU • McLAREN VALE)

Dans un environnement préservé et bucolique de bocages, de rivières et de ruisseaux, la famille Philipps a installé ses pénates, il y a moins de dix ans, et dirige un vignoble digne d'intérêt. En effet, sur cette péninsule de Fleurieu, à environ 45 minutes au sud d'Adélaïde, on fait tout, ou presque, à la main. Sur les 33 hectares que compte le domaine, la taille et les soins apportés à la vigne et les vendanges sont effectués de façon méticuleuse. On se régalera de **sauvignon** et de **shiraz**, mais aussi d'un assemblage **chardonnay/viognier**, le tout à des prix abordables. Parri Estate possède aussi un vignoble de six hectares dans McLaren Vale.

PIPER'S BROOK (TASMANIA)

Difficile de présenter le vignoble tasmanien sans parler de ce domaine situé dans le nord de l'île, qui fait du bon travail avec ses 220 hectares de vignes. Si l'on produit d'excellents vins de domaine (**Estate**) avec le **chardonnay**, le **pinot noir** et autres vins effervescents, c'est avec la marque **Ninth Island** (entre 20 et 22 $) que l'on découvre des cuvées de **riesling**, de **sauvignon blanc**, de **pinot gris** et de **pinot noir** qui ont du fruit et du mordant.

POOLE'S ROCK (HUNTER VALLEY)

Excellente maison de Hunter Valley, qui produit des vins de régions diverses sous la marque assez connue **Cockfighter's Ghost**.

ROCKFORD (BAROSSA VALLEY)

Cette maison fait dans l'artisanat, pour ne pas dire le vin de garage. La rareté des cuvées et le fait qu'elles furent longtemps réservées aux seuls détaillants d'Adélaïde ont fait de cette cave un incontournable qui peut réserver de sacrées surprises. En effet, à partir de petits rendements issus de très vieilles vignes, le propriétaire élabore sans concessions des vins de syrah serrés, austères dans leur jeunesse et corpulents. Pour s'en convaincre, on pourra se procurer le **Rockford Moppa Springs** (dans lequel entrent grenache et mourvèdre) et le fameux **shiraz Basket Press Barossa Valley**.

RYMILL (COONAWARRA)

Ce domaine de 150 hectares de vignes appartient aux Rymill, descendants du célèbre John Riddoch (*voir* Wynns Coonawarra p.260). Le **sauvignon blanc** m'a enchanté, même s'il est un peu court. Quel fruit bien mûr et quelle franchise ! Même plaisir avec le **Rymill Coonawarra MC2** de six ans. Avec ses 50 % de cabernet sauvignon, ses 30 % de merlot et le cabernet franc, on a dans le verre un vin dont la robe est d'un rouge foncé, avec des tanins bien enveloppés, de la structure mais aussi de la finesse.

SALITAGE (PEMBERTON)

C'est peut-être la plus importante cave de Pemberton, une jolie région située à l'extrême Sud du pays, entre Margaret River et le Great Southern. John Horgan et son équipe y vinifient des vins non dénués d'intérêt. Les deux vins de **chardonnay** sont réussis, aussi bien le **Unwooded** (non boisé) qui est d'une grande franchise et agréablement fruité, que celui fermenté en barriques, très bien vinifié. Dans la gamme **Treehouse**, à prix plus abordables, le **pinot noir** m'a semblé évolué, pour ne pas dire oxydé, tandis que l'assemblage **chardonnay/verdelho** est non seulement original, mais très expressif et rafraîchissant.

SANDALFORD
(SWAN DISTRICT • MARGARET RIVER)

Même si ce domaine a son siège social près de Perth, il est surtout bien installé dans la zone de Margaret River où il produit d'excellentes cuvées de cabernet sauvignon, de chardonnay et de shiraz, et près du mont Barker, dans le Great Southern, avec des résultats de plus en plus probants. À signaler le **cabernet sauvignon Prendiville Reserve**, savoureux mais cher, et l'excellent **cabernet sauvignon Margaret River**, tout en fruit et bien équilibré. L'assemblage **sémillon/sauvignon blanc** est tout à fait réussi. Enfin, dans la gamme **Element**, le **chardonnay** et le **cabernet sauvignon**, à prix très raisonnables, sont à signaler.

SEAVIEW

Avec Seppelt, Seaview est l'une des marques de vins effervescents les plus connues des Australiens. De Hope Farm à Hope Vineyards, cette propriété a connu ses heures de gloire dans les années 1950 et 1960. Passée depuis dans le giron de Southcorp, Seaview fait maintenant partie des marques commerciales de Foster's avec le **Brut** et le **Brut Grande Cuvée.**

SKILLOGALEE (CLARE VALLEY)

C'est à une altitude d'environ 500 mètres au-dessus de la mer que se trouve ce vignoble acheté par la famille Palmer à la fin des années 1980, au cœur de Clare Valley, réputée pour ses fameux vins de **riesling**. Le leur, aux arômes de citron confit, avec de la matière fruitée en bouche, est délicieux, équilibré et d'une grande fraîcheur. Cette cuvée, obtenue avec des petits rendements (36 hl/ha) n'apporte que du plaisir! Le **shiraz Basket Pressed**, obtenu avec des rendements encore inférieurs (28 hl/ha), est issu de vignes non irriguées et élevé 24 mois dans des barriques de chêne français et américain, avec pour résultat un vin très fruité, moyennement corsé, et des saveurs toastées soutenues par des tanins mûrs.

STONIER (MORNINGTON PENINSULA)

En fait, cette cave fait partie de Petaluma, dans les collines d'Adélaïde. Elle est située au sud de Melbourne, dans Mornington Peninsula. Le climat de cette petite région se prête bien au **chardonnay**, et au **pinot noir**, qui y a fait son entrée avec succès. Celui de **Stonier** est tout en fruit et les cuvées de chardonnay sont dans le même style, avec beaucoup de matière, de l'acidité et une certaine subtilité. Le **chardonnay Reserve** se distingue par son expression fruitée et le **chardonnay KBS Vineyard** par son gras et sa concentration.

TARRAWARRA (YARRA VALLEY)

Excellent domaine de cette jolie vallée située aux portes de Melbourne, tout près du domaine Chandon. Créé en 1983, il a fait sa réputation avec des vins de chardonnay et de pinot noir concentrés, soutenus et persistants. À moitié prix (environ 20 $), sous l'étiquette **Tin Cows**, on se fera plaisir avec un **pinot noir** très élégant, un **chardonnay** bien rond, un **shiraz** charmeur et un **sauvignon** qui a du mordant.

TATACHILLA (McLAREN VALE)

Cette cave, née en 1903, a connu une histoire mouvementée et des fortunes diverses au cours des décennies. Elle a même fait partie pendant longtemps de Penfolds. On assiste à sa renaissance depuis son entrée dans le groupe Lion Nathan, en 1995. Elle propose une myriade de cuvées sous l'appellation McLaren Vale, avec un **shiraz**, un **cabernet sauvignon** et un **merlot** très réussis.

TAYLORS (CLARE VALLEY)

À cause de son nom qui fait penser à une grande maison de porto, cette cave commercialise ses vins sur les marchés extérieurs sous le nom de **Wakefield**. Le vignoble est beaucoup plus important qu'il n'y paraît, principalement dans Clare Valley et Adelaide Hills. Le **sauvignon Adelaide Hills** que j'ai goûté est particulièrement aromatique. Le **shiraz St Andrew**, de Clare Valley, propose de jolies notes de réglisse en fin de bouche, mais j'ai été gêné par l'acidité et l'alcool, très dominants. Cela dit, le **cabernet** sauvignon de sept ans **St Andrew**, de Clare Valley aussi, m'a charmé. En plus de son côté séducteur avec de jolies notes de menthol et d'eucalyptus, j'y ai décelé en bouche des saveurs de cerise noire et de chocolat. Charnu et nanti de tanins assouplis, il se laisse boire comme par enchantement…

THORN-CLARKE (BAROSSA VALLEY)

Une maison assez récente (établie en 1997) qui s'est fait remarquer avec des vins bien nourris, juteux, savoureux et constants, et une politique de prix plutôt attrayante. On se fera notamment plaisir avec le **shiraz Shotfire Ridge Barossa Valley** et le **Shotfire Ridge Barossa Valley Quartage,** un assemblage de cabernet sauvigon, de merlot, de malbec et de petit verdot. Dans la série **Sandpiper** (entre 15 et 18 $), le **chardonnay**, le **merlot** et le **cabernet sauvignon** tirent honorablement leur épingle du jeu.

TIDSWELL (LIMESTONE COAST)

La famille Tidswell possède deux vignobles totalisant une surface d'environ 110 hectares. J'ai trouvé leur **shiraz Heathfield Ridge** moyennement expressif, avec de l'extraction, mais un peu lourd et manquant de finesse. Par contre, le **cabernet sauvignon Jennifer** est plutôt charmeur avec ses notes de cèdre et de tabac blond ; même si les tanins sont légèrement asséchants, il y a du fruit en bouche.

VIRGIN HILLS (MACEDON RANGES)

Le célèbre domaine Virgin Hills se situe à Lauriston, à 15 kilomètres à l'ouest de Kyneton dans Macedon Ranges, dans l'État de Victoria. Son altitude de 600 mètres au-dessus du niveau de la mer en fait l'un des vignobles les plus hauts d'Australie, avec un climat assez frais dans l'ensemble. Les sols sont formés d'une couche de terre arable rouge et brune friable sur une base d'argile rouge, qui retient pendant l'été les pluies de l'hiver précédent. L'irrigation n'est donc pas nécessaire à Virgin Hills, sur ce sol bien drainé et planté de cabernet sauvignon (60 %), de shiraz, de merlot et de malbec, sur une surface de 12,5 hectares d'un seul tenant. Le vin de cinq ans que j'ai dégusté chez Michael Hope, propriétaire depuis l'an 2000, m'a semblé bien jeune malgré des notes de figue en bouche, mais le joli nez de cèdre, la rondeur et la finesse des tanins laissent entrevoir encore quelques années à cette cuvée quelque peu confidentielle qui a de plus en plus d'adeptes dans le monde.

WATERSHED (MARGARET RIVER)

Ce domaine très jeune (créé en 2001) mais assez grand, puisqu'il possède 115 hectares, a la chance d'avoir pour responsable des vinifications une femme. Sa sensibilité lui permet d'élaborer de très jolis vins, comme l'assemblage **sauvignon/sémillon,** issu de raisins très mûrs, et surtout le **chardonnay Unoaked** (non boisé) très net, avec du fruit, de la matière et un bon équilibre entre le gras et l'acidité. À ce prix (environ 16 $), j'applaudis ! Même constat avec le **shiraz** et surtout l'assemblage **cabernet/merlot,** très charmeur, aux parfums de menthe et de framboise, aux saveurs de cassis, de fumée et de chocolat, et aux tanins de velours. Un peu plus chers (environ 25 $) mais très réussis.

L'Australie compte à ce jour plus de 2100 établissements, domaines ou sociétés qui produisent du vin. Il est donc impossible de les recenser tous dans ce livre, d'autant plus, comme je l'explique précédemment, que quatre groupes fournissent plus de 80 % de la production. Néanmoins, j'ai voulu citer ces maisons, de petite ou moyenne taille pour la plupart, qui élaborent bon an mal an d'excellents vins et qu'il sera toujours agréable de découvrir. J'indique entre parenthèses la région viticole où elles sont installées.

ALKOOMI (FRANKLAND RIVER)
ASHBROOK (MARGARET RIVER)
ASHTON HILLS (ADELAIDE HILLS)
BANNOCKBURN (GEELONG)
BECKETT'S FLAT (MARGARET RIVER)
BIDGEEBONG (TUMBARUMBA)
BLEASDALE (LANGHORNE CREEK)
BLUE PYRENEES (PYRENEES)
BOTOBOLAR (MUDGEE)
CAPEL VALE (GEOGRAPHE)
CASA FRESCHI (LANGHORN CREEK)
CHARLES MELTON (BAROSSA VALLEY)
CLOVER HILL (TASMANIA - *VOIR* TALTARNI p. 246)
CRAIGLEE (VICTORIA)
CRANEFORD (BAROSSA VALLEY)
CRAWFORD RIVER (VICTORIA)
ELDERTON (BAROSSA VALLEY)
FIRST'S CREEK (HUNTER VALLEY)
GALLI (VICTORIA)
GEOFF WEAVER (ADELAIDE HILLS)
GROSSET (CLARE VALLEY)
HAAN (BAROSSA VALLEY)
HARREWOOD (DENMARK)
HEGGIES (EDEN VALLEY-*VOIR* YALUMBA p. 264)
HIGHER PLANE (MARGARET RIVER)
JARVIS (MARGARET RIVER)
KAESLER (BAROSSA VALLEY)
KANGARILLA (McLAREN VALE)
KILIKANOON (CLARE VALLEY)
LANGANOOK (BENDIGO)
LEEUWIN (MARGARET RIVER)
MEEREA PARK (HUNTER VALLEY)
MILLBROOK (PERTH HILLS)
MITCHELL (CLARE VALLEY)
MOOROODUC (MORNINGTON PENINSULA)

MOUNTADAM (EDEN VALLEY)
O'LEARY WALKER (CLARE VALLEY)
PARINGA (MORNINGTON PENINSULA)
PARKER (COONAWARRA)
PENLEY (COONAWARRA)
PFEIFFER (RUTHERGLEN)
PIERRO (MARGARET RIVER)
PLUNKETT (VICTORIA)
PRIMO (ADELAIDE PLAINS)
PHILIP SHAW (ORANGE)
RED EDGE (HEATHCOTE)
RICHARD HAMILTON (McLAREN VALE)
ROLF BINDER (BAROSSA VALLEY)
ROSABROOK (MARGARET RIVER)
ROSS (BAROSSA VALLEY)
STONEHAVEN (PADTHAWAY)
TAPANAPPA (WRATTONBULLY)
TOWER (HUNTER VALLEY)
TULLOCH (HUNTER VALLEY)
TURKEY FLAT (BAROSSA VALLEY)
TWO HANDS (SOUTH AUSTRALIA)
VOYAGER (MARGARET RIVER)
WARRENMANG (PYRENEES)
WELLINGTON (TASMANIA)
WENDOUREE (CLARE VALLEY)
WESTERN RANGE (PERTH HILLS)
WIRRA WIRRA (McLAREN VALE)
WOODLANDS (MARGARET RIVER)
YANGARRA (McLAREN VALE)
YARRA RIDGE (YARRA VALLEY)
YARRA YARRA (YARRA VALLEY)
YARRA YERING (YARRA VALLEY)
YERINGBERG (YARRA VALLEY)
WINGARA (*VOIR* KATNOOK p. 216)

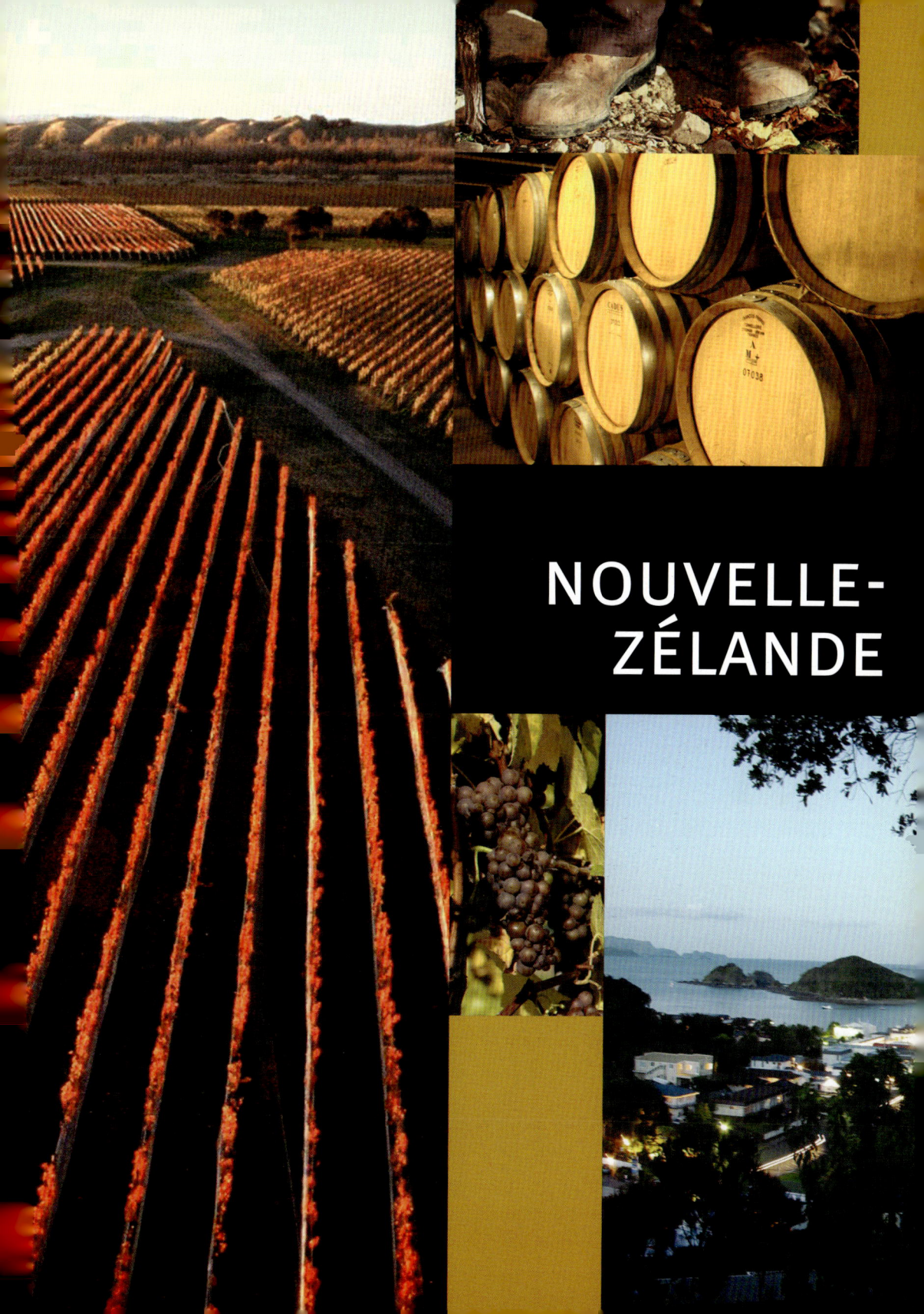

NOUVELLE-ZÉLANDE

LA NOUVELLE-ZÉLANDE EN BREF

CAPITALE
Wellington

VILLES PRINCIPALES
Auckland
Martinborough
Wellington
Blenheim
Christchurch
Queenstown
Dunedin

POPULATION
4 072 000 habitants

SUPERFICIE DU VIGNOBLE
23 500 hectares

PRODUCTION
1 330 000 hl

CONSOMMATION
12 l/hab.

DIVERS
> dix grandes régions viticoles situées sur l'île du Nord et l'île du Sud.

284 LES VINS DU NOUVEAU MONDE

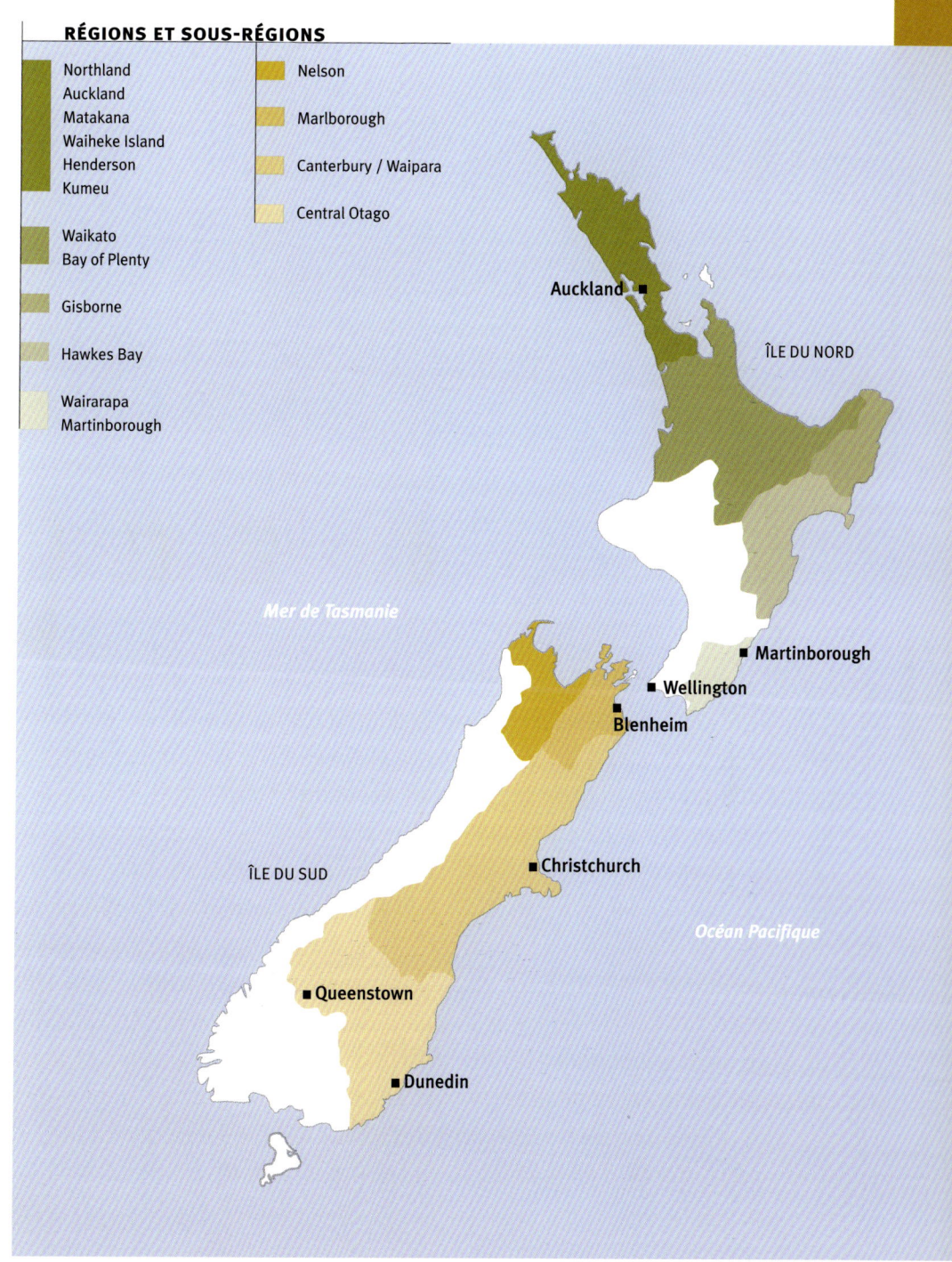

Paysage somptueux dans le sud de l'île du Sud.

J'écrivais, il y a déjà sept ans, que parmi les plus récents vignobles du monde, celui de la Nouvelle-Zélande s'est forgé une réputation d'excellence en quelques années seulement, le pays ayant su inspirer la sympathie. Ce constat est toujours d'actualité puisque la qualité de ses vins ne s'est pas démentie, mais on découvre également que les Néo-Zélandais doivent apprendre à gérer le succès et le fruit de leurs efforts. En effet, si la qualité est en constante progression, l'étendue du vignoble l'est tout autant : il a plus que doublé entre 2000 et 2005. Le défi est de maintenir des prix abordables et attrayants. Le volume moyen des vendanges a presque triplé en une décennie et conséquemment, le prix du raisin est à la hausse à cause d'une forte demande des entreprises vinicoles. Pire, la région de Marlborough, dont le vignoble a le plus progressé au cours des dernières années, est confrontée à une grave pénurie de main-d'œuvre pour effectuer la taille des vignes. Selon le président de l'association des producteurs, quand 2000 employés agricoles sont au travail, il en faudrait 500 de plus pour finir les travaux avant que ne débute la végétation.

UN PEU D'HISTOIRE

Ce n'est qu'au début du XIXe siècle que la vigne aurait été introduite en Nouvelle-Zélande par un missionnaire anglais, plus précisément à Kerikeri, dans l'extrême-nord. Puis un certain James Busby, premier résident britannique qui avait auparavant contribué à l'essor de la viticulture australienne, élabora quelques années plus tard les premiers vins de ce pays situé à quelque 2000 kilomètres à l'est de l'Australie, en plein océan Pacifique. Vers 1895, le dévastateur phylloxéra, phénomène naturel qui ne favorisera pas l'expansion du vignoble, s'introduit en Nouvelle-Zélande. Malgré les essais de quelques colons français, espagnols, italiens ou dalmates, la vigne, au début des années 1920, ne comptait pas plus de 200 hectares, rien de vraiment important pour assurer l'avenir du vignoble néo-zélandais. Une production minuscule de modestes vins de liqueur assurée par quelques petits propriétaires, conjuguée à une curieuse politique de tempérance, ne favorisa pas la culture du vin au pays du kiwi (l'oiseau national). Heureusement, cette période d'abstinence s'est terminée en 1990, lorsque les magasins d'alimentation furent enfin autorisés à vendre des boissons alcooliques. C'est à peu près à la même époque que le vignoble s'est considérablement développé. Les exportations ont décuplé, notamment en Australie, au Canada, aux États-Unis et au Royaume-Uni, celui-ci demeure leur premier client. Même constat sur le plan domestique avec des importations qui ont augmenté de façon significative, et une consommation qui, malgré une certaine stagnation de nos jours, est cinq fois plus importante qu'il y a 30 ans.

Plusieurs raisons expliquent cette réussite soudaine. Tout d'abord, la Nouvelle-Zélande connaît, sur une partie de ses deux îles principales, des conditions climatiques et géologiques idéales pour la culture de la vigne, favorisant l'élaboration de vins très agréables. Ceux-ci sont souvent dotés d'une richesse aromatique, d'une bonne matière fruitée et d'un excellent niveau d'acidité, conférant à l'ensemble un équilibre certain. De plus, si on compare ce petit pays au géant australien, on se rend vite compte que l'échelle de grandeur diffère sur

Une partie de la marina d'Auckland.

bien des points et que le contrôle y est peut-être plus facile à effectuer, tant sur le plan de la viticulture, de l'œnologie que sur celui de la commercialisation. Enfin, et ce n'est pas négligeable, le dynamisme des Néo-Zélandais, qui affichent avec fierté leur légitime satisfaction, encourage l'esprit d'initiative et dirige les projets dans la bonne direction. Depuis quelques années, les exportations ont atteint des taux record, enregistrant au début de 2006 une hausse annuelle de 40 % par rapport à l'année

Le matériel viticole est adapté aux pratiques culturales. Ici, les rangs de vignes sont très espacés.

précédente. Le sauvignon blanc est toujours le vin le plus exporté, les expéditions de vins mousseux ont progressé de 89 % et le pinot noir est le premier cépage rouge, se classant encore une fois devant les expéditions de chardonnay. Les volumes exportés ont progressé sur les principaux marchés, soit le Royaume-Uni, l'Australie et les États-Unis. Aujourd'hui, les viticulteurs et autres *winemakers* du pays, diplômés des grandes universités et fort expérimentés, nous offrent de belles cuvées, en blanc comme en rouge, comme le splendide sauvignon de Cloudy Bay, qui est arrivé à nos lèvres pour notre plus grand plaisir. Après plusieurs semaines dans ce pays imprégné de la culture maorie et de ses mystères, je dois dire que j'ai été impressionné à la fois par la gentillesse de ses habitants et la beauté de ses paysages qui sont parfois à couper le souffle, entre autres dans la région de Marlborough et dans Central Otago, au sud de l'île du Sud. Les Néo-Zélandais ont développé un grand sens de l'accueil et de l'hospitalité, beaucoup de domaines ont ouvert restaurants, bistros, et boutiques, pour le plaisir de recevoir… et de faire des affaires. Tant de progrès en si peu de temps peut laisser songeur : voilà bien la preuve, quand on a le nez dans son verre, qu'aucun pays au monde ne détient le monopole de la qualité et que la connaissance et la passion des hommes combinées à des terroirs comme on en trouve dans ce pays, peuvent provoquer des petits miracles œnologiques. C'est ce que je vous invite à découvrir !

Agriculture durable et traçabilité

L'image de la Nouvelle-Zélande est celle d'un pays vert et sans pollution. Les Néo-Zélandais protègent d'ailleurs jalousement leurs différents écosystèmes, et on ne peut pas les en blâmer. Je peux d'ailleurs en témoigner, car je me suis fait prendre à la douane, avec deux belles pommes dans le fond de mon sac, par un inspecteur quelque peu belliqueux. Mon geste n'était pas prémédité, je vous l'assure, mais je me suis quand même senti comme un gamin qu'on réprimande (ou un criminel, c'est selon) et j'ai bien retenu ma leçon !

Afin de maintenir ce statut de pays « vierge », la fédération des vignerons néo-zélandais a mis en place un code de bonne pratique, le Sustainable Winegrowing New Zeland. Ce code fournit des directives en matière de développement viticole écologique et rentable. L'organisme s'occupe de la mise en place d'une viticulture durable et se penche également sur un programme spécifique aux vinifications et au fonctionnement des caves. C'est aussi pour répondre aux attentes des marchés étrangers, que la Nouvelle-Zélande a mis en place un code de traçabilité, du vignoble jusqu'à la vente au consommateur. Dans un même ordre d'idée, une cave de la région de Marlborough tire actuellement profit des efforts qu'elle a réalisés pour réduire ses émissions de gaz à effet de serre. En effet, les vins de Grove Mill sont parmi les premiers déclarés *carbon neutral* (produit élaboré sans émission de gaz à effet de serre), et l'entreprise vient d'obtenir la certification « zéro carbone » du Landcare Research Institute.

LA LÉGISLATION

La jeunesse du vignoble explique en grande partie l'absence d'une législation sévère, même si un texte réglementaire s'appuyant sur les accords internationaux a été préparé par les autorités. Mais en attendant un système d'indications géographiques (origine certifiée) rigoureux, l'étiquette néo-zélandaise nous indique tout de même, en plus de la mention du pays, la région, le ou les cépages, et la maison de production. On constate qu'un effort a été fait

En Nouvelle-Zélande, contrairement à ce qui se fait en Australie, une bonne partie des raisins est récoltée à la main.

en ce qui concerne le respect des dénominations étrangères. Le temps des *liebfraumilch* et des pseudos chablis à l'exportation est donc terminé ; il reste à souhaiter qu'ils en fassent autant pour les quelques *ports* qui sévissent encore, le seul vrai, celui du Portugal, étant victime d'usurpation. Pour cette raison, aucun vin de liqueur de Nouvelle-Zélande n'est autorisé en Europe. De plus, si le vin est vendu sur le marché domestique seulement, la loi de la Nouvelle-Zélande s'applique, et le vin doit être élaboré avec au moins 75 % de la variété inscrite sur l'étiquette. À l'exportation, à l'instar de bien des pays du Nouveau Monde, la règle laxiste du 85 % est toujours utilisée. Si plusieurs variétés sont indiquées sur l'étiquette, les règles diffèrent selon le pays où le vin est vendu, mais en général elles sont présentées dans l'ordre décroissant.

Quant au millésime, ou année de la récolte, l'OIV (Organisation internationale de la vigne et du vin) stipule que cette mention est réservée aux vins bénéficiant d'une indication géographique ou d'une appellation d'origine reconnue. Pour porter cette mention, les vins doivent être issus de raisins provenant à 100 % de l'année indiquée. Toutefois, par dérogation, les états producteurs peuvent abaisser ce pourcentage à 85 %, dans la mesure où cette pratique est traditionnelle et d'usage.

L'ENCÉPAGEMENT

L'encépagement est majoritairement constitué de variétés internationales, et beaucoup de régions commencent à privilégier certains cépages. Par exemple : Gisborne, Hawkes Bay et Nelson se spécialisent dans le chardonnay, Auckland et Hawkes Bay dans le cabernet sauvignon et le merlot, Marlborough dans le sauvignon blanc et Canterbury/Waipara et Central Otago dans le pinot noir. En donnant l'avantage à une variété plus qu'une autre, les producteurs peuvent ainsi aménager des cuveries spécifiquement adaptées, mais le choix des sélections clonates reste déterminant.

Le principal problème touchant la filière viticole depuis une décennie concerne la

Dans la région de Central Otago, le vignoble de Chard Farms est blotti au pied de la montagne, dans un environnement presque surréaliste.

Les vendanges terminées, on ramasse les filets à la machine. Cette opération délicate se passe ici dans le vignoble de Quartz Reef.

production, trop souvent en pénurie. La plupart des opérateurs confirment qu'ils n'ont souvent pas assez de vin, notamment de sauvignon blanc, la demande étant plus importante que l'offre. Les producteurs ont donc pris l'habitude de limiter les volumes accordés à chaque client. Si les surfaces plantées ont doublé de façon exponentielle, les rendements à l'hectare ont nettement diminué. La grande récolte de 2002 est la seule exception. Les conditions météorologiques, un encépagement mieux adapté à chacun des terroirs, et une politique qualitative, expliquent en grande partie cette évolution. Les vins blancs représentent environ 70 % de la production et plus de 80 % des exportations, mais l'idée reçue « l'Australie pour les vins rouges, la Nouvelle-Zélande pour les vins blancs » est mise à mal depuis une dizaine d'années par l'émergence de vins rouges de qualité (près de 20 % de la production actuelle). À ce sujet, le pinot noir néo-zélandais, qui fait de plus en plus d'adeptes, a dépassé en 2006 le chardonnay, en ce qui concerne la surface plantée. Enfin, tous les producteurs néo-zélandais sans exception devront se résoudre à planter leurs vignes greffées afin d'éviter les problèmes avec le phylloxéra. La situation est moins préoccupante qu'en Australie, mais plusieurs hectares, par le passé, ont été plantés francs de pied, et l'infâme puceron semble sévir à nouveau dans le sud de l'île de Nord.

Les cépages blancs

Les deux cépages blancs les plus importants sont le sauvignon blanc et le chardonnay, représentant respectivement 37 et 16 % de la surface totale plantée au pays, en 2007. La Nouvelle-Zélande s'est lancée, il y a une vingtaine d'années, dans la production de vins effervescents. Généralement vendus sous le nom de méthode traditionnelle, ils sont très appréciés des Néo-Zélandais, donc principalement consommés sur place. Par contre, et ce n'est pas une mauvaise nouvelle, la part des vins fortifiés s'est effondrée en 30 ans et est aujourd'hui d'environ 1%. Enfin, la diminution des superficies de müller-thurgau, de muscat et des autres cépages blancs minoritaires amène une légère diminution des blancs.

Sauvignon (37%)*

Souvent comparés aux meilleurs crus de la vallée de la Loire, de Sancerre ou de pouilly-fumé, les vins de ce cépage offrent en effet du fruit, de la fraîcheur et de l'élégance. Peut-être est-ce à cause de l'effet terroir, notamment dans la région de Marlborough. Il faudrait toutefois prendre garde de ne pas tomber dans l'excès aromatique et l'exubérance, pour ne pas dire dans la caricature. Le fait que ce cépage nous propose des parfums explosifs de groseille et de citron vert, parfois épicés et nuancés de saveurs tropicales peut être intéressant, mais comme certains vinificateurs l'ont compris, un peu de retenue est tout à fait souhaitable. En effet, à cause peut-être de raisins récoltés hâtivement, de jus dilués suite à des rendements élevés, et de mauvais choix dans la vinification, les notes végétales, herbacées et même «pipi de chat», comme on dit, sont souvent beaucoup trop évidentes. Après en avoir dégusté plusieurs sur le terrain et discuté avec des *winemakers* que j'ai rencontrés, je les ai séparés en trois catégories: ceux qui rappellent les asperges vertes, ceux, beaucoup trop verts, qui font dans la feuille de tomate, et enfin, les meilleurs à mon avis, ceux qui sont plus typés par les arômes et les saveurs d'agrumes et de fruits confits. Terroir ou pas, lors d'une dégustation organisée à mon attention par l'association des producteurs de Marlborough, l'exercice fut

* Les pourcentages ont été arrondis.

Arrivée du raisin sur les tapis roulants.

éloquent puisque sur 24 vins de sauvignon goûtés en même temps et de façon anonyme, j'ai obtenu un tiers pour chacune de mes catégories. Cela dit, le cépage est en expansion et plusieurs maisons font des demandes pour en planter plus. Enfin, un vaste programme de recherche sur les arômes du sauvignon va être lancé par des chercheurs de l'université d'Auckland, et les résultats devraient déboucher sur de nouvelles technologies telles que l'analyse des arômes dans les moûts, et des recommandations pour la conduite du vignoble, les nouvelles souches de levures, etc.

Chardonnay (16 %)

C'est l'un des cépages les plus cultivés de nos jours un peu partout sur les deux îles. Comme ailleurs, la mode de l'élevage en barriques s'est quelque peu atténuée, les fermentations sont mieux contrôlées, et les vins gardent une bonne fraîcheur. En général, rondeur et concentration sont au rendez-vous, mais je préfère habituellement la minéralité des vins provenant des zones les plus fraîches (île du Sud), ou le fruit et la netteté d'un vin qui n'a pas vu le bois (*unoaked* ou *unwooded*).

Pinot gris (4 %)

Variété en émergence et en constante progression, notamment dans Central Otago, elle a de plus en plus d'adeptes dans le monde, même si elle ne parvient pas toujours à la richesse, à la concentration et à la complexité des grandes cuvées d'Alsace. Cela dit, c'est sans doute le cépage blanc qui m'a le plus étonné, il est bien souvent meilleur que l'éternel chardonnay, et il faut l'avouer, d'une très belle facture quand il est élaboré par les meilleurs vinificateurs du pays.

Riesling (3,5 %)

Le célèbre cépage rhénan (Alsace et Allemagne) a de plus en plus de succès, notamment dans les régions de Nelson et de Canterbury où il est vinifié en sec et en liquoreux. Un peu comme dans les régions d'Eden et de Clare Valley, en Australie méridionale, on retrouve dans certaines cuvées la race, la finesse et la pureté auxquelles ce cépage nous a habitués.

On cultive aussi, en ordre d'importance, le gewurztraminer, le sémillon, le müller-thurgau, le muscat, le viognier, le chenin blanc, le chasselas, le pinot blanc, le palomino (ce dernier pour élaborer des vins de type xérès) et quelques autres.

LES CÉPAGES ROUGES

Cépage dominant, le pinot noir représente 50 % des cépages utilisés dans l'élaboration des vins rouges. Cela dit, le pinot noir représentait 11 % de la production totale en 2005, suivi du merlot avec 7 % et du cabernet sauvignon avec 2 %. Le marché du vin rouge continue à se développer doucement et est surtout destiné à l'exportation car les marges y sont plus importantes. Dans cet ordre d'idée, l'assemblage merlot et cabernet sauvignon est de plus en plus proposé par les producteurs installés dans la région plus chaude de Hawkes Bay.

Pinot noir (17 %)

C'est indéniablement la variété qui a le vent dans les voiles actuellement. Le grand cépage bourguignon donne de très bons résultats dans les régions de Martinborough et de Marlborough, mais c'est dans Central Otago qu'il s'exprime aujourd'hui à merveille, que ce soit sous forme de vin effervescent, en assemblage avec le chardonnay, ou bien entendu en tant que vin rouge racé, fruité et parfois voluptueux. Malheureusement, comme c'est un cépage capricieux sur lequel on ne peut pas compter pour faire des quantités, les prix sont parfois élevés.

Merlot (6,5 %)

Cépage connu dans le Bordelais pour sa rondeur, sa souplesse, mais aussi ses fragrances qui se complexifient à mesure qu'il prend de l'âge, le merlot est vinifié seul ou en assemblage, et donne des résultats de plus en plus prometteurs. C'est dans l'île du Nord, notamment dans la région de Hawkes Bay, seul ou en assemblage avec le cabernet sauvignon, qu'il peut réserver de belles surprises.

Cabernet sauvignon (2,5 %)

Le célèbre grand cépage de la région de Bordeaux signe ici quelques cuvées intéressantes, avec sa couleur intense, son nez de fruits mûrs, de fumée et parfois d'épices. Quand les rendements sont raisonnables, tanins, matière et longueur sont au rendez-vous. On ne peut pas dire, à part de rares exceptions, qu'il fait des étincelles dans ce pays, et contrairement au merlot, au malbec et même au cabernet franc, le cabernet sauvignon a trop de tanins et de puissance pour être vinifié seul. Mais il reste, quand il est bien travaillé, un excellent faire-valoir.

Syrah (1 %)

Cette variété reconnue dans la vallée du Rhône, en France, à l'origine des grands crus de l'Hermitage ou de Côte-Rôtie, s'est pointé le nez en Nouvelle-Zélande dans les années 1990 avec un certain succès. Cette percée reste toutefois bien timide avec 240 hectares en 2006, principalement dans la région de Hawkes Bay, et très souvent dans les Gimblett Gravels. On est loin des 40 000 hectares de syrah plantés en Australie.

On cultive également, mais dans des petites proportions, le cabernet franc (180 hectares), le malbec, le pinotage, le pinot meunier (pour les vins effervescents), le gamay, et une dizaine d'autres cépages, à titre expérimental.

TABLEAU RÉCAPITULATIF

ÉVOLUTION DES SURFACES DE PLANTATION DES PRINCIPAUX CÉPAGES (EN HECTARES) ET POURCENTAGE À L'EXPORTATION.

Cépages	1997	2004	2005	2006	2007	% 2007	% à l'exportation 2006
Sauvignon	1 450	5 900	7 280	7 890	8 700	37	72
Pinot noir	500	3 240	3 760	3 900	4 050	17,25	7
Chardonnay	1 620	3 610	3 800	3 810	3 820	16,25	6,7
Merlot	350	1 490	1 500	1 520	1 520	6,5	1,5
Cabernet sauvignon	500	690	610	570	560	2,4	1,5
Riesling	310	670	810	830	850	3,6	1,3
Pinot gris	50	380	490	710	960	4	0,4
Autres	2 630	1 820	2 750	2 870	3 040	13	9,6
Surface totale	7 410	17 800	21 000	22 100	23 500	100	100

La pose des filets : comme en Australie, les oiseaux d'ici sont de vrais gourmands...

LES RÉGIONS VITICOLES

La Nouvelle-Zélande étant essentiellement composée de deux grandes îles, on a l'habitude de différencier les zones viticoles du pays de la même manière. Renommée pour ses verts pâturages et ses millions de moutons, la Nouvelle-Zélande subit des variations climatiques notables puisqu'elle se situe entre les latitudes 34 à 47 degrés sud, sur une distance de 1600 kilomètres. En fait, un monde sépare les conditions semi-tropicales de l'extrême-nord de l'île septentrionale et les hivers rigoureux de l'extrême-sud de l'île du Sud. Entre les deux, les étés frais et les hivers relativement tempérés offrent d'excellentes conditions de viticulture. Il n'existe pas, à proprement parler, d'appellation d'origine contrôlée, mais comme je l'indique plus haut, à propos de la législation, la région d'où provient le raisin est clairement mentionnée sur l'étiquette, ce qui revient au même en quelque sorte. Enfin, j'ai fait référence en début de chapitre à la culture maorie, toujours très présente, ce qui explique la quantité de lieux (villes, villages, rivières, montagnes, etc.) qui portent des noms maoris.

NORTH ISLAND (île du Nord)

C'est dans cette île que tout a commencé. D'Auckland à Wellington, la capitale, en passant par Hawkes Bay et Martinborough, le vignoble est très disséminé. C'est pour cette raison que de nombreux producteurs achètent encore à des viticulteurs du raisin cultivé dans les régions les plus favorables. À ce sujet, même si j'indique plus loin certaines maisons en fonction des lieux où elles sont installées, la plupart d'entre elles produisent et exportent aussi des vins d'une autre dénomination géographique. Pour une meilleure compréhension, voici du nord au sud les principales zones viticoles.

Northland

Lieu de naissance du vignoble néo-zélandais dans les années 1820. C'est aussi la zone viticole la plus proche de l'équateur, donc la plus chaude, ce qui favorise une excellente maturité pour certains cépages comme le cabernet sauvignon, le merlot et la syrah. Ceux-ci sont plantés sur des sols argileux peu profonds et des sous-sols argilo-sablonneux et volcaniques. Pour des raisons statistiques, on place habituellement cette partie du vignoble avec celui d'Auckland. Parmi les quelques domaines que l'on y retrouve, citons Ake Ake, Cottle Hill, Karikari, Longview, Marsden et Okahu.

Auckland

C'est ici que l'on trouve le siège administratif de nombreuses entreprises viticoles du pays (Babich, Delegate's, Nobilo, Matua Valley, Villa Maria, etc.) et par le fait même de nombreuses personnes d'origine croate, fils et filles d'immigrants ou immigrants eux-mêmes. À cause de son climat chaud et humide en été et des fortes pluies d'automne qui favorisent la pourriture et les maladies cryptogamiques, l'intérêt pour cette région est toujours un peu mitigé (on n'y retrouve qu'environ 3 % de la surface totale cultivée). On y produit des raisins rouges et blancs, sur des sols peu pentus, peu profonds, limoneux et à dominante argileuse. Le chardonnay tire assez bien son épingle du jeu, suivi du merlot et du cabernet sauvignon.

Deux petites sous-régions seront à surveiller dans les années à venir : Matakana (où l'on trouve Brick Bay, Heron's Flight, Omaha Bay et Takatu) et Waiheke Island, véritable petit paradis pour les touristes et les habitants d'Auckland qui vont y passer leurs week-ends. Pourtant, il y a 25 ans, personne n'aurait parié sur cette île, située au nord d'Auckland dans le golfe Hauraki, pour une production de vins de qualité. C'était ne pas connaître les rêves, la passion et la détermination qui ont animé certaines personnes, dont les Goldwater et le Dr Stephen White. Celui-ci, fondateur de Stonyridge, était convaincu que des plantations de cabernet sauvignon et autres consorts seraient fructueuses sur cette île. Ces variétés profitent en effet d'un sol maigre composé d'argile saturée avec du manganèse, d'oxydes de fer et de beaucoup de magnésium, élément essentiel à la photosynthèse. Cable Bay, Kennedy Point et Peninsula sont trois autres domaines réputés.

Waikato et Bay of Plenty

Ces deux régions sont le terroir de prédilection du chardonnay, cultivé sur des sols riches et un climat modéré, mais comme à Auckland, les risques de pourriture sont assez élevés. Le cabernet sauvignon permet d'élaborer des rouges robustes aux tanins bien mûrs, mais le sauvignon propose encore trop souvent des vins aux notes herbacées. Judge Valley à Waikato et Mills Reef (Bay of Plenty) sont des valeurs sûres.

Gisborne

Troisième vignoble néo-zélandais par sa surface, Gisborne est connue pour être la région viticole la plus à l'est au monde. Les vignes, qui bénéficient d'un fort taux d'ensoleillement, sont abritées par des montagnes à l'ouest, et sont plantées principalement en plaine sur des alluvions recouvrant des sous-sols sablonneux et volcaniques. Ici, le chardonnay est roi (56 % de l'encépagement), suivi du merlot et du gewurztraminer.

La vigne pousse sur l'île de Waiheke, véritable petit paradis pour les touristes et les habitants d'Auckland.

Plants de vigne dans la région de Hawkes Bay.

Hawkes Bay*

Il s'agit de la deuxième région viticole en importance au pays. Des étés et des automnes ensoleillés, de faibles pluies et des sols de graves bien drainés sont autant de facteurs autorisant l'élaboration d'excellents vins. Le chardonnay, cépage en première position, donne des vins assez gras et opulents. Même s'il existe des risques de gelée au printemps, le müller-thurgau y est encore assez cultivé, les vins de sauvignon sont secs et très fruités et le cabernet sauvignon possède une bonne matière fruitée et une certaine élégance. Dans l'ensemble, on constate une très bonne qualité dans la mesure où la barrique (surtout pour les vins blancs) est utilisée parcimonieusement. Depuis quelques années, la syrah et le pinot noir font des adeptes, et des variétés dites aromatiques, comme le gewurztraminer, le pinot gris et le viognier s'installent peu à peu. La renommée de cette région réside aujourd'hui dans ses terroirs, puisque les géologues y distinguent près de 25 types de sols, de l'argile au calcaire, en passant par le sable, les galets et le gravier. En fait, entre Hastings et Napier**, la région bien nommée Gimblett Gravels est constituée d'alluvions laissées par la rivière Ngaruroro, lorsque celle-ci est sortie de son lit en 1867. Il en résulte un environnement bien particulier, aux sols et sous-sols bien drainés, parfois excessivement pourrait-on dire, causant des manifestations de stress hydrique intense pour la vigne. Une irrigation très pointue est donc préconisée sur de beaux terroirs bien délimités. Ainsi, du nord au sud on retrouve : Mohaka Valley avec ses terrasses à Raupunga ; Esk Valley où le raisin mûrit en premier ; Tutaekuri Valley, propice à la culture du sauvignon, du chardonnay et du cabernet sauvignon ; et Ngaruroro Valley, où l'on cultive le chardonnay pour des vins effervescents et du pinot noir. Enfin, à côté d'Havelock North, de belles terrasses plantées de chardonnay longent de chaque côté la rivière Tukituki. J'ai été séduit par les vins de Craggy Range, Kim Crawford, Te Awa, Te Mata, Trinity Hill, Sacred Hill, Vidal et Ngatarawa.

* Pour des raisons pratiques, j'ai décidé d'utiliser systématiquement la forme rédactionnelle Hawkes Bay et non Hawke's Bay, les deux étant largement employées.

** Il faut visiter Napier, qui a été reconstruit dans le style Art déco, après le tremblement de terre de 1931.

Wairarapa

C'est du vignoble de Martinborough qu'il était question autrefois. En fait, Wairarapa, qui inclut les zones de Martinborough et de Wellington, près de la capitale, est la région la plus au sud de l'île du Nord et son climat s'apparente souvent à celui de Marlborough, avec beaucoup de vent et une faible pluviosité. Pour ces raisons climatiques, mais aussi grâce à des sols plutôt maigres, le pinot noir est le maître des lieux, et le sauvignon blanc y réussit très bien. La région est magnifique, notamment la route entre Martinborough et Wellington, où je me suis fait plaisir en conduisant à gauche! Je me suis régalé de vins rouges d'une grande élégance (pinot noir), de blancs de sauvignon vifs et aromatiques, mais aussi de riesling, de chardonnay, de pinot gris et de syrah aux qualités indéniables. Mes coups de cœur vont à Margrain, Alana, Ata Rangi, Borthwick, Dry River, Palliser et Te Kairanga.

SOUTH ISLAND (Île du Sud)

Plusieurs vignobles sur cette île, qui assure près de 70% de la production totale, avaient été laissés à l'abandon avant de reprendre du service dans les années 1970 pour les raisons que l'on connaît. Marlborough, au nord, reste incontestablement la locomotive de cette industrie, tant sur le plan quantitatif que qualitatif. Ce qui ne gâte rien pour les amants de la nature comme pour les œnophiles aguerris (l'un n'empêche pas l'autre, bien au contraire), c'est de découvrir, en voiture ou à bord d'un petit avion, ses paysages pittoresques et majestueux, de Blenheim à Queenstown, en passant par Nelson et Christchurch.

Marlborough

C'est la plus grande surface viticole du pays (plus de 60 % de la production). Dans Wairau Valley, la vigne profite de sols caillouteux et d'un climat sec et ensoleillé idéal pour la bonne maturation du raisin, qu'il s'agisse de sauvignon, de chardonnay, de riesling ou de pinot noir. C'est incontestablement le sauvignon, aromatique à souhait, qui est le seigneur de l'endroit et c'est avec les vins de Cloudy Bay que nous avions deviné, il y a quelques années, l'immense potentiel de la production viticole néo-zélandaise. On élabore également, en méthode traditionnelle, des vins effervescents d'excellente qualité. Pour des raisons évidentes, de nombreuses maisons, d'Auckland notamment, y possèdent des vignes ou y achètent du raisin. C'est à Marlborough que j'ai visité le plus de domaines, des plus petits aux plus importants. L'accueil, toujours très chaleureux, est à souligner, les propriétaires ayant compris que le marketing est aussi important que le produit. Nombre d'entre eux ont ouvert des restaurants, des cafés et des boutiques où se vendent, en plus des vins, des huiles d'olive et autres produits régionaux. La plupart des maisons se trouvent à Blenheim (où l'on atterrit) et Renwick, la petite ville voisine. Mais Marlborough n'est pas qu'une entité régionale, elle compte aussi plusieurs terroirs spécifiques qu'il faut apprendre à distinguer – *voir* le tableau qui suit. (On verra plus loin le détail sur les maisons les plus importantes.)

Tableau récapitulatif du vignoble de Marlborough

Sous-région	Situation géographique	Caractéristiques
Wairau Valley Rapaura, Lower Wairau, Conder's Bend, Renwick et Kaituna	La vallée de la rivière Wairau est très large. C'est ici que sont installées la plupart des maisons.	Le climat étant plus chaud et plus humide qu'au sud, les raisins ont tendance à mûrir plus tôt. L'irrigation, sur ces sols caillouteux et bien drainés, n'est pas toujours nécessaire dans le bas de la vallée.
Southern Valley Ben Morven, Brancott, Omaka et Waihopai	Située à côté de la région précédente, au sud de l'autoroute 63. Brancott et Waihopai sont les vignobles les plus renommés.	Les sols caillouteux, plus anciens, donnent de meilleurs résultats avec des vignes plantées en altitude. Le climat est plus sec et plus frais que dans Wairau Valley.
Awatere Valley Blind River et Seaview	Située au sud de Marlborough, à environ 20 kilomètres de Blenheim.	Le climat y est plus froid, plus sec et plus venteux que dans les autres régions, les raisins mûrissent donc plus tard. À cause d'un manque d'eau provenant de sources naturelles, l'irrigation est nécessaire.

Nelson

Sortez votre boussole! Nous sommes ici en baie de Tasmanie, sur la côte Ouest, au nord de l'île du Sud. On y trouve du soleil et un ciel bleu toute l'année, des montagnes (souvent recouvertes de neige), des lacs, des forêts et un bord de mer magnifique... ce qui fait dire à certains que Nelson est la plus belle région de Nouvelle-Zélande. Le vignoble est protégé des fortes précipitations par les montagnes, et bénéficie d'un climat tempéré par la proximité de la mer. Des conditions idéales, avec des vignes très bien exposées au nord (n'oublions pas que nous sommes dans l'hémisphère sud), des hivers très froids mais des étés très secs, des nuits d'automne rafraîchissantes et des journées avec de longues heures d'ensoleillement, et un excellent drainage sur des sols de gravier... ce qui fait aussi dire à certains que Nelson est la meilleure région viticole du pays! On y trouve les cépages résistant aux températures plus basses, comme le riesling, le chardonnay et le sauvignon blanc. Ce dernier, le plus répandu de l'endroit, donne habituellement des vins secs, frais et finement ciselés. Quant au pinot noir, il est à la base de rouges assez corpulents, très fruités et parfois non dénués de subtilité. Parmi les bons domaines, soulignons Anchorage, Blackenbrook, Brightwater, Himmelsfeld, Kahurangi, Neudorf, Seifried et Waimea.

Canterbury/Waipara

Les plaines de Canterbury et Waipara Valley bénéficient d'un climat frais et de longs automnes ensoleillés, parfaits pour la culture du riesling, du sauvignon, du chardonnay et du pinot noir, cépages qui s'expriment ici avec finesse, fraîcheur et élégance. Waipara Valley, située à 40 minutes au nord de Christchurch, est protégée des vents frais de l'océan Pacifique par les collines du Teviotdale et du mont Cass, à l'est. La proximité de l'océan et des montagnes qui se dressent à l'ouest favorisent en quelque sorte la chaleur du jour et la fraîcheur de la nuit. Mount Cass est l'un des trois premiers vignobles d'importance installés dans cette vallée, mais on trouve aussi Waipara Springs ainsi que Sherwood et l'excellent Pegasus Bay.

Central Otago

La région viticole la plus au sud au monde! Elle fut longtemps l'une des plus petites du pays, mais les choses ont changé puisque l'on anticipe plus de 1300 hectares en 2008, presque sept fois plus qu'en 1998. On parle beaucoup de cet écosystème viticole qui a pris un envol indéniable il y a une dizaine d'années quand certains visionnaires (je pense à Rudi Bauer, de Quartz Reef) ont deviné le potentiel de cette région absolument magnifique. Elle bénéficie d'un climat semi-continental avec des étés courts, chauds et arides, et des automnes secs et ensoleillés le jour et frais la nuit: de bonnes conditions pour le chardonnay, le sauvignon et le riesling, et idéales pour le pinot noir. Ce dernier apprécie notamment les sols graveleux composés de lourds dépôts de micaschiste provenant d'alluvions. Central Otago comprend en fait quatre terroirs bien distincts. Le plus important, autour de Cromwell (70% des vignobles) inclut les zones de Bannockburn au sud, et de Bendigo, au nord du lac Dunstan. Le second en importance (20%) se trouve autour de

Gibbston, là où les vignes sont plantées le plus souvent sur des terrasses qui longent l'envoûtante rivière Kawarau. Plus au sud, Clyde et Alexandra (7 %) profitent de zones schisteuses donnant des vins basés sur la minéralité. Enfin, il faut se rendre sur les bords ou pas très loin du lac Wanaka, où quelques domaines, dont Rippon Vineyard, sont installés sur des sols d'origine glacière.

En visitant ces vignobles du bout du monde, on découvre en prime un panorama exceptionnel d'une grande pureté, composé de lacs majestueux (comme Wakatipu, Wanaka, Hayes, Dunstan, Hawea, et bien d'autres), de rivières et de cascades, de collines verdoyantes parmi lesquelles chemine une route sinueuse et pittoresque, de montagnes imposantes et de gorges profondes et mystérieuses. Tous ces éléments naturels ont incité le réalisateur Peter Jackson à mettre son pays en valeur dans sa célèbre trilogie *Le seigneur des anneaux*.

LIÈGE OU CAPSULE À VIS ?

Si j'ai choisi ce chapitre pour soulever cette réalité passablement récente, c'est que la Nouvelle-Zélande est le chef de file en la matière : 90 % de ses vins sont bouchés aujourd'hui avec une capsule à vis. Celle-ci a gagné du terrain, le « goût de bouchon », ou vin bouchonné au sens large, touchant 4 à 7 % des bouteilles dégustées, ce qui est, convenons-en, beaucoup trop. Je me mets à la place de celui qui a attendu plusieurs années un grand cru, et qui découvre, en ouvrant la bouteille, une infâme piquette qui a subi au fil du temps l'ignominieuse influence du liège. Je n'ai personnellement rien contre les capsules à vis pour des vins qui ne sont pas de garde et qui sont prêts à être bus jeunes en toute convivialité. Il suffit de consulter les travaux d'un symposium international de la capsule à vis qui s'est justement tenu en Nouvelle-Zélande pour comprendre

l'importance du phénomène. De nombreux producteurs l'utilisent intelligemment, et même avec beaucoup d'humour, comme Randall Grahm de Bonny Doon Vineyard, en Californie. D'autres le font avec un grain de provocation, comme François Lurton, qui produit et distribue dans le monde… des vins du Nouveau Monde. La capsule métallique à vis continue aussi timidement de faire des adeptes dans les pays traditionnels, comme la France. Après Michel Laroche, de Chablis, qui est l'un de ses plus ardents défenseurs, d'autres suivent, entre autres un négociant du Languedoc, qui a lancé une gamme de vins de pays d'Oc, et tout dernièrement la maison Joseph Mellot, du Sancerrois. Employée depuis longtemps en Suisse (80 % des bouteilles) et en Australie (50 % des bouteilles), la capsule à vis connaît une progression croissante dans l'ensemble des pays du Nouveau Monde et sur les marchés anglo-saxons.

Des scientifiques ont démontré que cette forme de bouchon est sans doute la meilleure alternative au liège pour la conservation, la régularité et l'évolution des vins en bouteilles. Voici d'autres avantages :

> Il n'y a pas de goût de bouchon.
> Les arômes, la fraîcheur et le fruit du vin sont parfaitement sauvegardés et le vin vieillit naturellement, en fonction de ses propres qualités.
> L'étanchéité de la bouteille est parfaite.
> Le stockage est facilité dans la mesure où les bouteilles peuvent être conservées debout.
> L'ouverture de la bouteille est simplifiée, ne nécessite pas de tire-bouchon et ne provoque pas de chute de débris de liège dans le vin.
> La bouteille se rebouche facilement et hermétiquement.

Jolie bonde de verre chez Kumeu River.

Le vignoble de Brancott, dans Marlborough.

> La demande pour des capsules à vis est de plus en plus forte chez les importateurs, notamment ceux des pays du nord de l'Europe et des marchés anglo-saxons.

Le bouchon de liège serait-il pour autant en train de disparaître ? Je n'en suis pas certain. En fait, on assiste à mon avis, depuis quelques années, à un faux débat, je dirais même à un faux procès. Certains, sous prétexte de se montrer sous un jour avant-gardiste pur et dur, condamnent sans discernement et pour toujours le liège, responsable de ce « fameux » goût de bouchon. Il ne faudrait pas que quelques mauvais bouchons mettent en péril les magnifiques suberaies centenaires où pousse le noble chêne-liège. Le Portugal en est le premier producteur au monde et l'Espagne se place au deuxième rang. Pour avoir visité dernièrement plusieurs entreprises dans ces deux pays, j'ai la conviction que bien des choses ont changé dans la façon de faire. Les forêts sont mieux gérées, avec un contrôle allant de la matière première, notamment l'âge des écorces, jusqu'au produit final. De nombreuses technologies ont été mises au point afin d'éviter les désagréments. Et ce qui est amusant, même dans les pays où la capsule à vis est généralisée, c'est d'entendre, comme cela m'arrive régulièrement, l'argument fallacieux des producteurs qui consiste à faire deux poids deux mesures en disant que certains de leurs vins sont bouchés avec une capsule métallique mais que l'on garde le bouchon de liège traditionnel pour les meilleurs. Est-ce à dire que les premiers ne sont pas assez bons pour mériter le liège ? D'autres, plus pragmatiques, avouent que la capsule coûte tout simplement trois à quatre fois moins cher qu'un bouchon de liège. Multipliez ce bénéfice par des centaines de milliers ou des millions de flacons et vous aurez compris l'enjeu économique que représente cette petite capsule qui a changé nos habitudes. Le débat est lancé, et gardez votre précieux limonadier, il pourrait encore vous servir…

TABLEAU RÉCAPITULATIF

PAR RÉGION VITICOLE POUR 2007

ÎLE DU NORD

Régions et sous-régions	Cépages dominants (%)	Nombre d'hectares et % de la surface totale	% de la production	Principales maisons
Northland Auckland Matakana Waiheke Island Henderson Kumeu	Chardonnay (21%) Merlot (20%) Cabernet sauvignon (14%)	560 (3,4%)	1%	Babich, Cable Bay, Collard Brothers, Cooper's Creek, Delegat's, Goldwater, Kumeu River, Matua Valley, Montana, Nobilo, Stonyridge, Villa Maria, West Brook
Waikato Bay of Plenty	Chardonnay (17%) Cabernet sauvignon (12%) Sauvignon (11%)	145 (0,6%)	0,5%	Judge Valley, Mills Reef, Morton, Ohinemuri, Rongopai, Totara
Gisborne	Chardonnay (56%) Merlot (7%)	1950 (8,2%)	9,5%	Brancott (Montana), Lindauer, Milton, Tiritiri, Waiohika
Hawkes Bay	Chardonnay (27%) Merlot (21%) Cabernet sauvignon (12%)	4700 (20%)	18%	Akarangi, Alpha Domus, Askerne, Babich, C.J. Pask, Church Road, Clearview, Craggy Range, Esk Valley, Gunn, Hatton, Kemblefield, Kim Crawford, Matariki, Mission, Ngatarawa, Pukeora, Sacred Hill, Sileni, Te Awa, Te Mata, Trinity Hill, Vidal
Wairarapa Martinborough	Pinot noir (53%) Sauvignon (17%)	800 (3,8%)	1,5%	Alana, Ata Rangi, Ashwell, Borthwick
Autres		3%	0,5%	

ÎLE DU SUD

Régions et sous-régions	Cépages dominants (%)	Nombre d'hectares et % de la surface totale	% de la production	Principales maisons
Marlborough	Sauvignon (59 %) Pinot noir (17 %) Chardonnay (13 %)	11 200 (48 %)	62 %	Allan Scott, Cape Campbell, Cellier Le Brun, Churton, Clifford Bay, Clos Henri, Domaine Georges Michel, Foxes Island, Forrest, Fromm-La Strada, Goldridge, Grove Mill, Herzog, Highfield, Huia, Hunter's, Isabel, Jackson, Kaikoura, Kim Crawford, Konrad, Koura Bay, Lake Chalice, Lawson's Dry, Montana, Mount Riley, Mount Nelson Nautilus, N° 1 Family, Oyster Bay (Delegat's), Saint Clair, Seresin, Spy Valley, Stoneleigh, The Crossings, Te Whare Ra, The Ned, Tohu, Vavasour, Villa Maria, Wairau River, Whiter Hills
Nelson		750 (3,3 %)	3 %	Anchorage, Brightwater, Blackenbrook, Kahurangi, Neudorf, Seifried, Waimea
Canterbury/ Waipara	Sauvignon (30 %) Chardonnay (24 %) Pinot noir (24 %)	970 (4,2 %)	1,6 %	French Farm, Melton, Giesen, Mount Cass, Pegasus Bay, Daniel Schuster, Sherwood, Torlesse, Waipara Hills, Waipara Springs
Central Otago	Pinot noir (37 %) Riesling (24 %) Chardonnay (18 %)	1 300 (5,5 %)	2,4 %	Akarua, Amisfield, Black Ridge, Carrick, Chard Farm, Cornish Point, Felton Road, Gibbston Valley, Mt Difficulty, Peregrine, Quartz Reef, Rippon, Waitiri Creek

LES MAISONS

Comme pour les chapitres précédents, je présente les maisons néo-zélandaises dans l'ordre alphabétique, tout en indiquant les régions viticoles auxquelles elles sont rattachées, ainsi que la ville où elles sont installées. Un peu comme en Australie, si certains producteurs sont identifiés à un vignoble en particulier, d'autres peuvent produire des vins de plusieurs régions. C'est le cas des sociétés et des grands groupes cités plus bas.

Les structures de production

Le succès aidant, le nombre de maisons, petites caves ou grandes entreprises, a fortement augmenté depuis le début des années 1990. Entre 1991 et 2001, le chiffre est passé de 150 à 382, puis à 530 en 2006. On assiste également à un afflux de capitaux étrangers ; 80 % de la production serait réalisée par des entreprises détenues en partie ou en totalité par des sociétés étrangères. Montana Wines, le plus gros producteur au pays, est maintenant une filiale de la compagnie française Pernod Ricard, depuis que celle-ci a repris les intérêts du groupe Allied Domecq. Nobilo, en deuxième position, est contrôlée par BRL Hardy, absorbée depuis 2003 par le géant américain Constellation. Viennent ensuite Villa Maria, Delegat's, et Matua Valley qui est dans le giron de Foster's, une société fortement implantée en Australie. Les petites entités vitivinicoles élaborent près du quart de la production et celles de taille moyenne en élaborent 30 %. La part des grandes exploitations est passée en dessous de 50 % pour se stabiliser autour de 45 %.

Ambiance

Pour des raisons qualitatives évidentes, les maisons néo-zélandaises, peu intéressées par le bois américain, utilisent la barrique de chêne français et ce, encore plus que leurs voisins australiens. D'autre part, je veux souligner l'ambiance conviviale qui règne dans les caves, et la présence presque quotidienne de la musique qui, en plus de jouer de son influence positive sur le personnel, aurait un impact sur la personnalité des vins...

Le prix des vins

À l'instar de ce qui se pratique en Australie, j'ai été étonné par le prix plutôt élevé des vins néo-zélandais, que ce soit à la cave (*cellar door*) ou en boutique. À étiquette égale, les vins se vendent quelques dollars de moins seulement que dans les pays de l'hémisphère nord, et cela malgré les frais de transport. Ils peuvent même parfois être au même prix (qu'en Amérique du Nord surtout), ou plus chers. Ce sont les taxes, qui s'élèvent à 19 % chez les « kiwis » qui expliquent cette situation, et les producteurs n'y peuvent rien. Je mentionne pour de nombreuses maisons des prix spécifiques à une cuvée, ou une fourchette de prix à titre indicatif, en dollars canadiens.

AMISFIELD

CENTRAL OTAGO
(Queenstown)

Amisfield, à une quinzaine de minutes en voiture de Queenstown en direction de Bannockburn, se trouve sur les rives du majestueux lac Hayes, c'est là qu'il faut aller si l'on veut se procurer des vins du domaine, et à plus forte raison, se faire plaisir au Amisfield Bistro. C'est en compagnie du dynamique et sympathique Jeff Sinnott, l'un des vinificateurs les plus respectés du pays, que j'ai pu vérifier la réputation du restaurant. Tout ici est affaire de bon goût et de simplicité. Il n'y a rien de tape à l'œil ou d'ostentatoire. Le chef exécute une cuisine inventive et savoureuse et le *winemaker* travaille en complicité avec le chef de culture et son équipe. Les vins sont élaborés dans une nouvelle cave située à une quarantaine de kilomètres de là, tout près du lac Dunstan, où pousse une partie de leurs vignes.

> Tout ici est affaire de bon goût et de simplicité. Il n'y a rien de tape à l'œil ou d'ostentatoire.

Le winemaker *Jeff Sinnott, tout sourire devant ses grappes de pinot gris.*

Les vins

Le **Dry Riesling,** très sec comme son nom le suggère, emplit nos narines d'effluves d'agrumes, notamment d'écorce de pamplemousse. La bouche est toute aussi expressive, avec du gras et une finale franche qui ne trompe pas sur la qualité du vin. Le **sauvignon** profite du saumon mariné pour se mettre en valeur sans détour. Beaucoup de fruit mûr, pas de notes végétales et herbacées, mais une acidité qui rafraîchit l'ensemble de manière remarquable. Quant aux vins rouges, j'ai goûté le **pinot noir** au joli nez de garrigue (de thym et de romarin), presque exubérant, et aux saveurs de baies rouges, le tout soutenu pas des tanins de velours et une bonne vivacité. Je devrai retourner dans ce joli coin de Nouvelle-Zélande afin de goûter au **pinot noir Rocky Knoll**, qui est paraît-il savoureux et magnifique, mais déjà tout vendu malgré son prix élevé (100 $). Amisfield produit aussi des vins effervescents sous la marque **Arcadia** et des vins tranquilles à prix plus abordables sous le nom de **Lake Hayes**. (Entre 20 et 100 $, toutes gammes confondues.)

Au restaurant, le chef propose une cuisine aussi inventive que savoureuse.

BABICH

AUCKLAND • HAWKES BAY • GISBORNE • MARLBOROUGH
(Auckland)

On n'imagine pas à quel point les Croates ont fait progresser la viticulture dans l'île du Nord, et Babich en est un exemple éloquent. En effet, le fondateur de cette grande maison, Josip Babich, est né en Croatie en 1895. À 14 ans, il émigre en Nouvelle-Zélande pour rejoindre ses frères qui gagnaient leur vie en creusant et en vendant de la gomme de kauri, au nord du pays. Le jeune Josip ne perdra pas de temps, puisque dès 1916, il élabore ses premiers vins. En 1919, il s'installe avec ses frères sur une propriété de 24 hectares dans Henderson Valley, à l'ouest d'Auckland. À la fin des années 1940, la famille est de plus en plus active dans l'industrie viticole du pays, et les enfants du couple Babich sont impliqués dans l'affaire.

Peter et son frère Joe (Joseph) sont des gens simples, des gentlemen passionnés et humbles malgré le succès de leur entreprise.

Aujourd'hui, ils représentent l'une des plus importantes propriétés familiales de Nouvelle-Zélande, la troisième génération continue ce que Josip a commencé. Peter et son frère Joe (Joseph) sont des gens simples, des gentlemen passionnés et humbles malgré le succès de leur entreprise. Avec David, le deuxième fils de Peter qui est maintenant le directeur général, il est clair que la tradition va se poursuivre en beauté, avec des vins issus à 85 % de leurs propres vignes, que ce soit autour d'Auckland, dans Gimblett Gravels (dans la région de Hawkes Bay) ou dans Marlborough.

Les vins

Parmi les six gammes principales proposées par Babich, commençons avec la série **Lone Tree** et son **chardonnay Unoaked**, très net, très fruité et d'une grande franchise. Un bon début ! Le **sauvignon** classique de Marlborough est très aromatique avec ses notes de groseille et sa délicate vivacité, mais le **sauvignon Black Label** m'apparaît beaucoup plus intéressant et plus extrait, avec en bouche de la matière et de la rondeur, tout cela grâce à une petite partie fermentée en fûts. C'est mon coup de cœur ! Le **chardonnay** de **Gimblett Gravels** tire d'un sol maigre particulièrement propice une matière étonnante, avec en filigrane une acidité qui lui donne du relief. Du côté des rouges, Adam Hazeldine, le vinificateur en chef, me fait découvrir un **pinot noir Reserve** de Marlborough paré d'une jolie robe assez foncée et d'arômes de cerise noire invitants. Lorsque l'on me demande de deviner le pourcentage d'alcool, je lui donne deux degrés de moins que son pourcentage réel. En effet tant de fraîcheur et d'élégance m'étonnent pour un vin contenant autour de 14,5 % d'alcool. Enfin, la gamme **Irongate** peut réserver de grandes surprises, avec notamment un **chardonnay** qui est d'un magnifique équilibre et qui va chercher toute sa minéralité dans le sol d'un vignoble exclusif bien installé le long de Gimblett Road, dans Hawkes Bay.

Joe Babich est l'âme de la maison.

CARRICK

CENTRAL OTAGO
(Bannockburn)

Carrick, qui figure parmi les excellentes caves de Bannockburn, dans Central Otago, est située sur les terrasses des monts Cairnmuir, avec trois vignobles totalisant 25 hectares et une vue imprenable sur le splendide lac Dunstan. Le domaine ne fait pas exception parmi les autres vignobles de Central Otago puisqu'on y privilégie le pinot noir (environ 60 % de l'encépagement) avec en complément des petites quantités de sauvignon, de chardonnay, de riesling et de pinot gris. Il est bien installé depuis 1994 sur un promontoire dont le sol de gravier et de sables siliceux permet d'extraire des jus qui vont donner des vins fins et délicats. Steve Davies, le *winemaker*, est un *aficionado* du pinot noir. Il l'a vinifié en Californie et en Oregon et le maîtrise assurément si je me fie à tout ce que j'ai dégusté sur place. Conscients de l'éloignement relatif de cette région – à une heure de route de Queenstown – les responsables de Carrick, Steve et Barbara Green ont ouvert, en 2002, un excellent restaurant qui permet non seulement de se sustenter et de déguster, mais aussi d'apprécier l'environnement exceptionnel qui les entoure.

Barbara Green devant ses vignes, juste après les vendanges.

Les vins

La dégustation débute très bien avec un **sauvignon** fringant ne manquant pas de matière fruitée. Issu de petits rendements, ce vin agréable est élaboré à partir de raisins très mûrs. Même approche pour le **chardonnay**, qui a du gras et aussi du relief, grâce à une acidité en équilibre. On sent que le passage en barriques s'est fait de façon mesurée (18 % seulement de bois neuf). Le **riesling** est digne d'intérêt mais le sucre résiduel masque la fraîcheur, la rendant difficile à percevoir. Le **pinot gris**, bien sec, est tout simplement une réussite, très expressif

> Steve Davies, le *winemaker*, est un *aficionado* du pinot noir. Il l'a vinifié en Californie et en Oregon et le maîtrise assurément si je me fie à tout ce que j'ai dégusté sur place.

Vue imprenable sur le lac Dunstan.

avec ses notes d'acacia et en bouche de la structure, mais aussi une belle texture. C'est une excellente cuvée! Enfin, arrive le nec plus ultra de la maison: le **pinot noir**! Élevé 11 mois en barriques de chêne français, dont 30% de bois neuf, le vin est superbe, d'une bonne densité, charpenté et élégant à la fois, paré de tanins à la trame serrée et d'une grande longueur en finale. Si les notes de kirsch s'expriment au nez, on trouve en bouche de sensuelles saveurs d'épices douces. À prix plus doux (environ 25 $), on pourra toujours se procurer le **pinot noir Unravelled**, moins concentré mais tout aussi agréable. (Entre 20 et 45 $.)

CHURTON

MARLBOROUGH
(Renwick)

Lorsqu'un Anglais, fort de l'expérience acquise en Europe et principalement en Bourgogne, puis dans plusieurs domaines dont Stoneleigh, décide de s'installer dans l'un des plus jolis coins de Nouvelle-Zélande avec la détermination d'y faire le meilleur des vins, le résultat est un vin du Nouveau Monde dans le style de l'ancien. Sam Weaver, puisque c'est de lui qu'il s'agit, est né dans le Shropshire, le nom de Churton vient du petit village où vivaient ses grands-parents. Les raisins utilisés par Churton proviennent de quatre sites principaux situés dans le secteur de Wairau Valley et de Waihopai Valley. C'est justement dans cet environnement privilégié, où se trouve leur résidence, que Sam et Amanda, son épouse, qui est aussi directrice des opérations, ont décidé de planter leur propre vignoble, dans l'espoir d'être autosuffisants dans les années à venir. Les vignes sont situées sur des coteaux exposés au nord-est, entre 160 et 220 mètres au-dessus du niveau de la mer, les densités de plantation (4600 pieds à l'hectare) sont beaucoup plus élevées que la moyenne nationale, et l'irrigation est très contrôlée. Quelques mois avant mon passage, le grand expert des sols Claude Bourguignon était à pied d'œuvre avec son épouse, analysant ici et là la terre de Churton qu'il aurait comparée à celle où poussent les meilleurs vins de la côte de Nuits. C'est tout dire... Sans vouloir être têtus, les Weaver semblent résolus à conserver le liège pour boucher leurs bouteilles. C'est une décision courageuse et téméraire dans ce pays où 90 % des flacons sont bouchés avec des capsules à vis. Reste à voir si l'avenir leur donnera raison.

> Le pinot noir de trois ans offre un bouquet de rose fanée très complexe, des tanins soyeux et une matière fruitée impressionnante.

Sam Weaver est très fier, avec raison, de son vignoble nouvellement installé.

Les vins

La production de Churton est des plus sobres : un sauvignon et un pinot noir. Il n'y a pas plus simple ! Sam est convaincu qu'un grand vin, blanc ou rouge, doit mûrir avant d'être bu. C'est ce que j'ai constaté d'abord avec le **sauvignon** d'un an, floral et délicat, très typé mais encore peu expressif. Celui de deux ans commence à livrer des parfums de pamplemousse et de fruits confits et des saveurs minérales. Le **sauvignon** de quatre ans, quant à lui, est tout simplement magnifique, très mûr, avec en bouche un gras et une matière dignes des grands crus. Enfin, le vin de six ans, aux agrumes confits en bouche, joue le jeu de l'évolution mais non celui de l'oxydation. Même approche avec le **pinot noir,** mais à l'envers, j'ai goûté celui de quatre ans en premier. Issu de petits rendements, il porte sur des notes de cerise bien mûre et est soutenu par des tanins encore serrés. Le pinot noir de trois ans offre un bouquet de rose fanée très complexe, des tanins soyeux et une matière fruitée impressionnante. Celui de deux ans est bien équilibré mais encore trop jeune, tandis que le dernier millésime est, de toute évidence, fermé et d'une certaine austérité. (Entre 20 et 30 $.)

Vue du patio de la coquette maison de Sam et Amanda.

CJ PASK

HAWKES BAY
(Hastings)

C'est en compagnie de la charmante Kate Radburnd, responsable des vinifications et directrice générale, que j'ai visité cette cave bien connue dans la région de Hawkes Bay. Si Chris Pask a planté ses premières vignes en 1981, c'est en 1991 que Kate est arrivée, imprimant depuis ce temps sur les vins de la maison, sa forte personnalité. Avec une centaine d'hectares sur le vignoble de Gimblett Road, et des raisins achetés sur une base contractuelle, CJ Pask assure une production régulière à travers trois gammes : Gimblett Road, Roy's Hill et Declaration.

Les vins

Début timide avec la série **Roy's Hill**. Le **sauvignon blanc** est fruité mais un peu trop marqué par ses notes végétales. Le **chardonnay Unoaked** n'est pas exceptionnel mais il a au moins le mérite d'être franc et fidèle au cépage. Quant à l'assemblage **cabernet/merlot**, il est typé au nez avec ses fragrances de confiture de mûre et de prune, mais le reste ne suit pas, à cause de tanins un peu rudes (environ 18 $). Dans la gamme **Gimblett Road**, le **chardonnay**, d'une grande netteté, offre en bouche beaucoup de fruit et de fraîcheur. Le **merlot** m'a séduit par sa finesse, son équilibre et sa longueur, plus que l'assemblage **cabernet/merlot/malbec** qui a du fruit et de la chair, mais peu de finesse. Heureusement que la **syrah** s'est pointé le nez avec ses saveurs d'épices et de poivre, et cette vigueur engageante et sensuelle qui en fait un vin savoureux. Enfin, dans la série **Declaration**, le **chardonnay** est dominé par le bois et doit vieillir quelques années avant d'être consommé. Déception encore une fois avec l'assemblage **cabernet/merlot/malbec** à cause d'un manque de consistance mais la **syrah** m'enchante de ses parfums floraux et ses saveurs de cannelle et de clou de girofle, sans oublier cet aspect charnu et juteux qui donne envie d'en reprendre. (Entre 17 et 38 $.)

C'est en 1991 que Kate Radburnd est arrivée, imprimant depuis ce temps sur les vins de la maison, sa forte personnalité.

CLOS HENRI

MARLBOROUGH
(Blenheim)

Connaissant bien les Bourgeois (de la maison Henri Bourgeois) depuis des années, je n'ai pas vraiment été étonné d'apprendre que cette famille, qui se consacre au vin depuis dix générations, au cœur du Sancerrois, a déniché dans ce coin d'Océanie une terre nouvelle, afin de perpétuer son expertise et sa passion pour le sauvignon et le pinot noir. Après des années de repérage à la recherche d'horizons différents, en Europe et dans la plupart des pays du Nouveau Monde, ils ont été très impressionnés par l'effervescence vitivinicole régnant à Marlborough, et plus encore par les terres vierges de Wairau Valley. Jean-Marie Bourgeois, avec fils et neveux, a acheté 98 hectares, dont 30 sont consacrés à la vigne, pour élaborer des cuvées parmi les plus belles du pays. Qu'il s'agisse de l'intégrité d'un terroir, de sélection parcellaire, de nouvelles tendances en œnologie, de l'usage de la gravité ou des choix dans l'élevage du vin, le clan Bourgeois applique avec un soin jaloux les vieux principes acquis à Chavignol dans ce nouvel eldorado. Jean-Marie, qui est un homme passionné, curieux, chaleureux, simple et doté d'un solide sens de l'humour, m'a confié à quel point il a été impressionné par cette nature presque vierge et par la pureté des sols, exempts d'herbicides. Une jeune équipe a été mise en place : Damien Yvon, qui a fait ses classes chez les Couly-Dutheil à Chinon, s'occupe des vinifications et la dynamique Nelly, une jeune femme allumée qui a fait le tour du monde en suivant le cours de l'OIV*, vous reçoit dans ce petit coin de France. Allez visiter la chapelle Sainte-Solange, haut lieu qui prédispose à la dégustation comme à la méditation, et amusez-vous à comparer le sancerre Les Baronnes et leur cuvée du Clos Henri. Vous serez confondus…

> Jean-Marie Bourgeois, qui est un homme passionné, curieux, chaleureux, simple, et doté d'un solide sens de l'humour, m'a confié à quel point il a été impressionné par cette nature presque vierge.

* *OIV : Organisation internationale de la vigne et du vin.*

Les vins

En toute objectivité, je ne peux que faire l'apologie de leur **sauvignon** au nez très mûr, aussi floral que minéral, à la fois généreux et distingué et d'une grande longueur. En dégustant la magnifique cuvée âgée de deux ans, aux saveurs d'agrumes confits et parfaitement ciselée grâce à son équilibre moelleux-acidité, on devine, malgré le jeune âge des vignes, la maîtrise de ces experts en sauvignon. Côté vin rouge, fruité et fraîcheur sont au rendez-vous dans le **pinot noir**. En dégustant le premier millésime (2005), on anticipe tout le potentiel de ce vin lorsque les vignes auront pris de l'âge. En plus d'un fruit très mûr, j'ai trouvé une tendance empyreumatique au nez et des fragrances épicées qui procurent à l'ensemble une certaine sensualité. En conclusion, qu'ils soient de la vallée de la Loire ou de Marlborough, vive les grands crus Bourgeois! (Entre 26 et 38 $.)

La charmante chapelle Sainte-Solange, cellar door *du Clos Henri.*

CLOUDY BAY

MARLBOROUGH
(Blenheim)

Je ne suis certainement pas le seul à avoir compris le potentiel du vignoble néo-zélandais en découvrant dans le verre le fruit, la distinction et la finesse du sauvignon blanc de Cloudy Bay. C'était au début des années 1990 et le vignoble n'avait pas encore pris l'expansion qu'on lui connaît de nos jours. Cloudy Bay a été créé en 1985 par Cape Mentelle, producteur australien bien connu qui fait partie aujourd'hui de la maison champenoise Veuve Clicquot, l'un des fleurons du groupe LVMH. Avec ses 170 hectares de vignes plantées sur trois sites soigneusement choisis (Wairau Valley à Rapaura, où se trouve la cave, mais aussi Renwick et Brancott Valley), l'équipe de Cloudy Bay élabore des vins de grande qualité. Les variétés principales sont le sauvignon blanc, le chardonnay et le pinot noir, et en quantités moindres le riesling, le gewurztraminer, et depuis peu le pinot gris. La propriété tire son nom de la jolie baie située à l'extrémité est de la vallée, nommée Cloudy Bay par le Capitaine Cook lors de son voyage en Nouvelle-Zélande en 1770. La belle étiquette, qui a contribué à la réputation de ce vin depuis ses débuts, évoque à merveille les paysages à faire rêver de la région de Marlborough, et plus précisément les pics, dont le mont Riley, de Richmond Range. Kevin Judd, un Britannique ayant grandi en Australie, excellent photographe et auteur d'un très beau livre sur la région, dirige Cloudy Bay avec sensibilité. C'est en compagnie de son assistante expérimentée, Eveline Fraser, que j'ai survolé l'ensemble de leur production.

La belle étiquette qui a contribué à la réputation de ce vin depuis ses débuts, évoque à merveille les paysages à faire rêver de la région de Marlborough.

Les vins

Une grande première pour moi avec l'excellente cuvée **Pelorus,** l'une des meilleures méthodes traditionnelles du pays. Les premières fermentations se font en partie en cuves et en barriques de chêne français. La cuvée non millésimée **NV,** parée de jolis reflets verts, délicate et aérienne, est composée de 80 % de chardonnay et de 20 % de pinot noir, et le vin reste deux ans sur ses lies avant le dégorgement. Le **Vintage,** plus concentré, très expressif, et d'une texture crémeuse, est issu de pinot noir à 60 % et de chardonnay, et passe trois ans sur ses lies avant le dégorgement. Ces deux grands vins saute-bouchon aux bulles très fines ont le mérite d'être sobrement dosés et de ne pas coûter trop cher (entre 35 et 40 $). Incontournable et de facture classique, le **sauvignon blanc** est très aromatique, porté sur les senteurs de groseille et de citron confit, avec en pointillé une petite note qui me rappelle le buis de mon enfance. En bouche, la texture onctueuse et néanmoins délicate explique une partie du succès de ce vin porte-drapeau (environ 27 $). Le **Te Koko** (âgé de trois ans) est un autre sauvignon ayant passé 18 mois en barriques. Plus complexe

Comme sur la photo de gauche, le mont Riley découpe l'horizon de ses lignes altières.

certes et plus concentré, la bouche, qui a du gras, me plaît plus que le nez. Le vin ne semble pas encore avoir digéré le bois et son prix est assez élevé (environ 40 $). Du côté du **chardonnay,** à prix cette fois-ci très correct (environ 30 $), j'ai été épaté par la franchise et la finesse des deux cuvées qui respectent en tout point la personnalité du cépage. Celui de cinq ans est un exemple parfait de l'utilisation rationnelle de la barrique, offrant au dégustateur un bouquet de fleurs blanches, de miel et de noisette, de la rondeur et de la concentration, avec une fraîcheur en finale qui confère à l'ensemble une étonnante jeunesse. Je peux aisément l'imaginer accompagnant un riz de veau à la crème… Le **riesling,** de style Clare Valley en Australie, conjugue à la fois au nez comme en bouche les effluves citronnés, la pâte de coing et la minéralité, le tout dans un réel équilibre. Un vin à découvrir ! Enfin, le **pinot noir** fait partie des grands de ce monde, il a beaucoup de classe, grâce à une maturité indéniable du fruit, à une acidité de bon aloi et à des tanins bien enrobés, à la fois serrés et soyeux.

Eveline Fraser, winemaker *expérimentée et respectée dans le pays.*

CRAGGY RANGE

HAWKES BAY • MARLBOROUGH
(Havelock North)

Craggy Range fait partie, une fois encore, des belles histoires provoquées par la rencontre de deux personnes aux affinités convergentes. Steve Smith, propriétaire d'une terre dans Tukituki Valley, et l'homme d'affaires américain Terry Peabody ont imaginé, puis créé, à la fin des années 1990, ce lieu exceptionnel dédié au vin de qualité. Coincée entre l'une des plus belles rivières de pêche à la truite du pays à l'est et l'escarpement massif du mont Te Mata à l'ouest, cette région de Hawkes Bay est située sur un sol argileux et caillouteux, idéal, entre autres, pour le chardonnay. Puis, les deux compères achetèrent à Gimblett Road (toujours dans Hawkes Bay), Martinborough, Rapaura et à Renwick, dans Marlborough. Steve Smith, qui est aussi *Master of Wine,* est un personnage charmant et déterminé qui cumule les charges de chef de culture et de directeur général avec efficacité. Terry Peabody et son épouse, quand à eux, même s'ils partagent leur vie entre Brisbane en Australie, et Whistler au Canada, sont très impliqués dans les affaires de la société. Lorsqu'on a la chance de visiter ce domaine, il faut en profiter pour déguster la cuisine savoureuse que propose le bien nommé restaurant Terrôir (sic), reconnu comme l'un des meilleurs établissements de restauration attaché à une entreprise viticole au monde. Craggy Range, au pied du mont Te Mata, avec ses vignes et ses moutons venus à l'occasion brouter l'herbe entre les rangs, restera pour moi l'un des souvenirs paisibles du voyage.

La cave de Craggy Range est construite sur le modèle de celles des grands crus du Médoc, dans la région de Bordeaux.

Les vins

Conduite par Steve, cette dégustation s'est faite, à bien des égards, sous le signe de l'efficacité et d'un grand professionnalisme, mettant en relief la philosophie de la maison qui vise à créer des vins issus d'un terroir particulier. Certains esprits chauvins continueront d'affirmer bêtement que les pays du

Nouveau Monde n'ont pas de terroirs… qu'ils viennent donc y faire un tour ! Dans la série **riesling**, le **Glasnevin Gravels** de Waipara est un vin de style moselle allemande très pur et minéral et plutôt bien équilibré malgré ses 30 grammes de sucre résiduel. Le **Te Muna Road** de Martinborough, beaucoup plus sec (il ne contient que huit grammes de sucre), m'a épaté par sa minéralité et ses saveurs d'agrumes (mandarine), tout comme le **Fletcher Family** de Marlborough, sémillant, équilibré et d'une grande longueur. Parmi les trois cuvées de **sauvignon blanc**, le **Old Renwick** de Marlborough tire son épingle du jeu avec des notes rafraîchissantes de pamplemousse rose, mais c'est le **Te Muna Road** de Martinborough qui gagne la palme grâce à ses arômes très mûrs d'agrumes confits, et sa matière en bouche valorisée sans aucun doute par une fermentation soignée (14 % du jus en barriques) et judicieuse. Si le **chardonnay** s'exprime délicatement dans les trois échantillons proposés, c'est celui du **Kidnappers** de Hawkes Bay fermenté à 100 % dans du chêne français qui m'a littéralement ébloui.

Certains esprits chauvins continueront d'affirmer bêtement que les pays du Nouveau Monde n'ont pas de terroirs… qu'ils viennent donc y faire un tour !

Une partie des installations du domaine et le restaurant, de forme cylindrique, se reflètent sur un étang.

Il faut dire qu'avec 14 hl/ha, un rendement aussi bas est difficile à trouver en Bourgogne. Steve Smith se fait plaisir : une couleur encore jeune, une touche de noisette, un vin sphérique et sensuel qui n'en finit pas. Un grand cru de chardonnay quoi ! Chapeau Mister Smith !

Bienvenue dans le monde des vins rouges avec les deux cuvées de **pinot noir.** Issus de petits rendements, (environ 30 hl/ha), le **Calvert** de Central Otago, et le **Te Muna Road,** de Martinborough, m'ont convaincu malgré le jeune âge des vignes. Du fruit dans le verre mais surtout de la finesse et de la concentration. J'ai ensuite goûté le **merlot Gimblett Gravels** de Hawkes Bay au nez de mûre et aux tanins dodus, élevé 20 mois dans des barriques de chêne français, dont 50 % de fûts neufs. L'assemblage du **Te Kahu** de Gimblett Gravels aussi, dans lequel merlot (80 %) et cabernet sauvignon se répondent, m'a semblé plus complet et mieux abouti avec ses notes de cassis et ses tanins serrés. Toujours de la même région, le **syrah Block 14,** malgré un rendement de 65 hl/ha, offre beaucoup d'extraction et des notes sensuelles de poivre blanc en milieu de bouche. Vibrant et « sexy », comme ils disent... Enfin, j'ai conclu en beauté avec le **Sol,** toujours de Gimblett Gravels, une magnifique syrah aux reflets encore pourpres et aux saveurs de garrigue et d'épices, ponctuées en finale d'une touche de réglisse qui ne trompe pas sur la personnalité de ce vin racé. À ne pas mettre dans la bouche de tous ceux qui croient détenir la vérité, ils ne comprendraient pas... (Entre 22 et 70 $.)

C'est au pied de l'escarpement du mont Te Mata que le domaine Craggy Range s'est installé.

DELEGAT'S – OYSTER BAY

MARLBOROUGH • HAWKES BAY
(Auckland)

Difficile de passer à côté du Delegat's Wine Estate, cette entreprise dont le siège social est situé à Auckland, mais dont la marque commerciale répandue un peu partout dans le monde est Oyster Bay. Tout a commencé lorsque la famille Delegat, d'origine croate elle aussi, est arrivée en Nouvelle-Zélande au début des années 1940, devenant rapidement l'une des figures de proue du vignoble néo-zélandais. Très impliquée dans l'île du Nord, la famille dispose de terres dans Hawkes Bay, plus précisément dans Gimblett Gravels. Un chardonnay, un sauvignon et un assemblage cabernet et merlot sont proposés à la clientèle sous la marque Delegat's, mais c'est à Marlborough que l'on élabore les vins de sauvignon, de chardonnay et de pinot noir étiquetés Oyster Bay.

Les vins

Une vue aérienne des installations.

Fraîchement parfumé et vif en bouche, parfois influencé par le côté végétal du cépage (poivron vert ou *capsicum* en anglais), le **sauvignon blanc** affiche des notes d'agrumes et de fruit de la passion dans un style qui plaît à de nombreux consommateurs. Disons que je suis moins acheteur... Par contre, le **chardonnay** tire bien son épingle du jeu et n'est pas trop marqué par le bois. Dans une même perspective, le **pinot noir Marlborough** et le **merlot Hawkes Bay** sont des vins très fruités, dont le passage en barriques a été suffisamment sage pour conserver le fruit et offrir en bouche des tanins d'une bonne souplesse. On est loin de la concentration et de la complexité, mais plus près de vins de moyenne envergure. (Entre 17 et 25 $.)

DOMAINE GEORGES MICHEL

MARLBOROUGH
(Blenheim)

Même si je ne crois pas au hasard, ce qui lui ressemble fait quand même bien les choses. C'est ainsi que le destin m'a permis de rencontrer, sur un bateau qui voguait allègrement dans les Marlborough Sounds, Georges Michel, un sympathique et prospère homme d'affaires français né à l'île de la Réunion, qui a décidé de tout liquider pour se lancer dans le vin. C'est dans le Beaujolais qu'il a d'abord installé ses pénates avant de découvrir, en 1997, tout le potentiel du vignoble néo-zélandais. Avec sa femme Huguette, il va jeter son dévolu sur Marlborough et se consacrer au trio chardonnay, sauvignon et pinot noir. Son premier sauvignon blanc sortira en 1998. Les vinifications se sont déroulées depuis le début sous la direction de Guy Brac de la Perrière, un producteur que l'on connaît bien sur les collines de Brouilly, mais c'est maintenant Swan, sa jeune fille qui assure les opérations. La valeur n'attendant pas le nombre des années, Swan se consacre à fond à ses nouvelles responsabilités, après l'obtention de son diplôme en viticulture et en œnologie et de bonnes expériences en Bourgogne et dans le Bordelais. Évidemment, le père n'est jamais bien loin, veillant amoureusement sur son petit coin de France des îles, où l'on retrouve d'ailleurs La Veranda, un charmant restaurant de style victorien, comme on en voit dans sa Réunion natale.

> Évidemment, le père n'est jamais bien loin, veillant amoureusement sur son petit coin de France des îles, où l'on retrouve d'ailleurs La Veranda, un charmant restaurant de style victorien, comme on en voit dans sa Réunion natale.

L'entrée du pittoresque domaine Georges Michel.

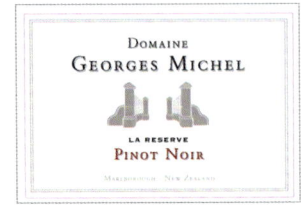

Les vins

Entre le **sauvignon Golden Mile** et le **sauvignon Reserve,** que l'hôte des lieux m'a proposés, je n'ai pas hésité un seul instant : ma préférence est allée au second, qui a été fermenté (partiellement) et élevé huit mois en barriques (fûts de chêne français de trois ans). Beaucoup plus gras, avec une fraîcheur non excessive et de bonnes saveurs d'agrumes confits, c'est un vin qui a « de la gueule ». Le premier était, comme plusieurs de ses congénères, marqué par les notes végétales d'asperge verte. Du côté du **chardonnay,** le **Golden Mile** m'a semblé très franc et très fidèle au cépage, grâce peut-être à un passage raisonnable de neuf mois seulement en fûts ayant servi une ou deux fois. Quant au **pinot noir,** les notes fumées et les saveurs de noyau de cerise m'ont convaincu, d'autant plus que ce vin a de la chair et des tanins bien mûrs. Enfin, pour finir sur une note amusante, j'ai goûté à l'une des rares eaux-de-vie de vin commercialisées en Nouvelle-Zélande, un marc de Marlborough digne des meilleurs de Bourgogne. (Entre 17 et 25 $.)

En compagnie du maître des lieux, après la dégustation.

FELTON ROAD

CENTRAL OTAGO
(Bannockburn)

Ma tournée des vignobles néo-zélandais n'aurait pas été complète sans un séjour dans cette petite propriété, blottie au détour d'un chemin appelé justement Felton Road. Fondé en 1997 par Stuart Elms, puis acquis en l'an 2000 par le Britannique et producteur de cinéma Nigel Greening, ce domaine est aujourd'hui l'une des valeurs sûres de la région et du pays. Voilà une cave à découvrir absolument dans le sud de l'île du Sud. Contrairement à de nombreuses maisons qui s'échinent à produire une pléthore de cuvées différentes, Felton Road propose principalement du riesling, du chardonnay et du pinot noir. Elle possède 22 hectares de vignes, dont 14 sur le site de Elms et huit sur le site de Cornish Point, dédié au pinot noir. Ce dernier ne propose qu'un seul vin, une magnifique cuvée issue d'un terroir réservé autrefois aux pommes et aux abricots, jusqu'à ce qu'on décide d'y planter le fameux cépage, reconnaissant là une terre parfaitement adaptée à ses caprices, tant sur le plan climatique que géologique. Les pentes bien exposées installées sur des sols argileux et le climat continental sont autant d'éléments naturels favorables à cette grande variété. De plus, on loue les terres voisines du vignoble Calvert, sur une superficie de 10 hectares, pour le cultiver. Fait à noter, on privilégie ici l'approche bio, en évitant les pesticides et en utilisant des composts organiques plutôt que d'autres fertilisants. Plusieurs techniques biodynamiques sont donc employées, ce qui n'est pas encore fréquent au pays des kiwis. L'équipe travaille sous l'intelligente supervision du directeur et *winemaker* Blair Walter, qui voit aux moindres détails, prônant l'utilisation de la gravité et des petites cuves, et le départ spontané des fermentations grâce à la température extérieure. C'est avec ce personnage charmant et extrêmement discipliné que j'ai procédé à la dégustation.

> Que ce soit pour les vins de Felton Road ou ceux de Cornish Point, tout ici est extraction, concentration, couleur, typicité, tanins serrés, précision, longueur et franchise. Que demander de mieux ?

Les vins

Que ce soit pour les vins de **Felton Road** ou ceux de **Cornish Point,** tout ici est extraction, concentration, couleur, typicité, tanins serrés, précision, longueur et franchise. Que demander de mieux ? Qu'ils gardent une politique de prix raisonnable pour la qualité (on se situe entre 25 et 60 $) ! J'ai eu le loisir de déguster leurs cuvées issues de parcelles bien définies : le **Block 3** et le **Block 5.** Les vignes sont plus âgées et le premier séjourne 11 mois dans des barriques de chêne français, dont 40 à 50 % de fûts neufs. Le second, plus soutenu, a la matière pour passer 18 mois en barriques. On devine avec délectation tout le potentiel de ces crus non filtrés que l'on pourrait comparer aux grands vins de la côte de Nuits.

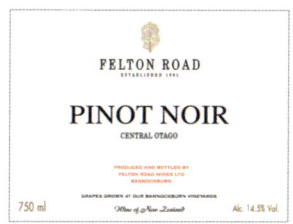

Un havre de paix où les nuits, au mois de mai, sont paisibles à souhait.

FORREST

MARLBOROUGH • HAWKES BAY • CENTRAL OTAGO
(Renwick)

Comme de nombreuses caves de la région de Marlborough, celle-ci est située à Renwick. Elle appartient au sympathique Dr John Forrest et à son épouse. En plus des 70 hectares que compte le domaine, Forrest Estate travaille aussi en partenariat avec des producteurs de Hawkes Bay et de Central Otago. Les vignes de Cornerstone à Gimblett Gravels, dans Hawkes Bay, produisent de bons vins rouges à base de cabernet sauvignon, de merlot, de malbec et de syrah, tandis que celles de Bannockburn, dans Central Otago, et de Waitaki Valley, donnent des vins de pinot noir d'une très belle expression aromatique et fruitée. Les premières vendanges se sont déroulées en 1990, et le succès de cette maison ne s'est jamais démenti. J'ai particulièrement apprécié la gamme de riesling, dont le vendange tardive, de ce producteur qui travaille avec beaucoup de rigueur, et qui n'exagère pas sur les prix.

> J'ai particulièrement apprécié la gamme de riesling, dont le vendange tardive, de ce producteur qui travaille avec beaucoup de rigueur, et qui n'exagère pas sur les prix.

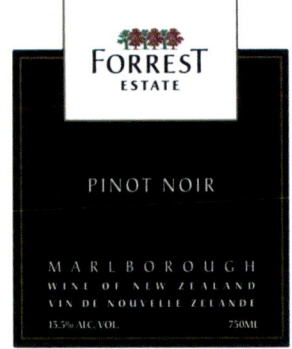

Les vins

Le **sauvignon blanc** est pimpant et très distingué avec ses parfums de fleurs et d'agrumes nuancés d'une pointe végétale somme toute délicate. On a beaucoup de fruit en bouche et une bonne maturité qui tient ce vin loin des caricatures (environ 18 $). Le **sauvignon blanc James Randall**, deux fois plus cher, est beaucoup plus concentré, avec une forte minéralité et des saveurs de zeste de pamplemousse confit. Le **chardonnay** est bien typé, fruité et d'une grande netteté, offrant en rétro-olfaction des saveurs persistantes d'amande et de noisette. Les vins de riesling sont très réussis, que ce soit en sec (fruité et fringant), en demi-sec (porté sur la lime avec des notes d'hydrocarbures toutes minérales), en vendange tardive (magnifique nez de cire et d'agrumes confits) ou en vin botrytisé (généreux et d'une grande expression). Quant au **pinot noir**, malgré un agréable fruité, le vin semble avoir une acidité exacerbée. Le **Cornerstone Hawkes Bay** de trois ans est d'une bonne densité, et sa robe est soutenue et profonde. Très expressif et porté sur les fruits noirs, il offre une bonne structure tannique, une palette de saveurs allant de la prune à la réglisse, et une finale toute en fraîcheur. Ce vin, qui est un assemblage de cabernet sauvignon (34 %) de merlot (31 %), de malbec (27 %) et de cabernet franc, est épatant, beaucoup plus que celui de sept ans, qui s'est présenté fatigué, le chapeau sur l'oreille… (Entre 18 et 35 $.)

Le chien de la maison… Milou?

GLADSTONE

WAIRARAPA
(Carterton)

Fondé en 1986 par le vétérinaire Dennis Roberts, Gladstone appartient depuis février 1996 à Christine et David Kernohan, deux immigrants arrivés d'Écosse il y a trente ans. Aujourd'hui, Christine assume les responsabilités de *winemaker* et de directrice générale, tandis que son mari dirige sa propre affaire de consultation en architecture. En fait, ce petit domaine est le premier d'un groupe de caves-boutiques installées depuis quelques années au sud de Masterton. Impliqué depuis ses débuts dans un programme de développement durable en Nouvelle-Zélande, Gladstone se concentre sur les meilleures pratiques environnementales possibles dans la production du vin. Il faut dire que le vignoble situé sur la vieille terrasse longeant la rivière Ruamahanga est l'un des plus beaux sites viticoles du pays, avec des sols caillouteux permettant d'extraire des raisins parfaits dotés de tanins bien mûrs et d'une acidité en équilibre. Ici, on a compris depuis longtemps que les conditions climatiques et géologiques étaient à l'origine de bas rendements, donc de vins riches et concentrés.

> Ce petit domaine est le premier d'un groupe de caves-boutiques installées depuis quelques années au sud de Masterton.

Les vins

La dégustation débute sur une note peu convaincante avec le **sauvignon blanc** qui, malgré une certaine matière fruitée en bouche, semble manquer de vivacité et de répondant. Par contre, le **pinot gris** est très invitant avec ses parfums floraux et ses saveurs de poire. Tout en étant sec, il possède une texture moelleuse et du gras, et offre en finale une longueur étonnante. Enfin, le **pinot noir** est bien vinifié, typique de son cépage, sensuel et charnu grâce à des tanins mûrs et enrobés, vif et fort agréable, avec des saveurs qui rappellent les cerises à l'eau-de-vie. (Entre 20 et 35 $.)

La région de Wairarapa regorge de sites reposants et enchanteurs comme celui-ci.

GOLDWATER

WAIHEKE ISLAND
(Putiky Bay)

Fondé en 1978, Goldwater Estate, du nom des fondateurs Kim et Jeannette Goldwater, toujours aux commandes même s'ils n'en sont plus les propriétaires, est considéré comme l'un des joyaux viticoles de Waiheke, une île à laquelle les habitants d'Auckland sont apparemment très attachés. En une heure de bateau, on accède à ce lieu privilégié où j'ai retrouvé ici et là des paysages évoquant la Bretagne du Sud. Mais en plus des centaines de plages, des boutiques chères aux touristes, des criques et des bateaux qui dodelinent, la vigne a pris possession des collines, qui ne semblaient attendre que cela. Elle profite d'un sol maigre composé d'argile saturé avec du manganèse, des oxydes de fer et beaucoup de magnésium. On en déduit qu'il est aisé de produire des vins concentrés. En plus des vins de Waiheke, Goldwater élabore aussi des vins dans Hawkes Bay et Marlborough.

> En plus des centaines de plages, des boutiques chères aux touristes, des criques et des bateaux qui dodelinent, la vigne a pris possession des collines, qui ne semblaient attendre que cela.

Les vins

Je m'en tiendrai aux vins de l'île, avec tout d'abord le **chardonnay Zell**, encore très boisé malgré ses deux ans, mais doté d'une bonne matière riche et fruitée. L'assemblage **cabernet/ merlot Wood's Hill,** quelque peu austère, est bien structuré, frais, assez complexe et profond et à prix abordable (environ 32 $). Le **Goldie** que j'ai bu est un assemblage de cabernet (45 %), de merlot (43 %) et de cabernet franc plutôt souple et légèrement évolué, mais il n'offre pas un très bon rapport qualité-prix (environ 70 $). Enfin, le **Esslin,** un merlot de cinq ans, très coloré certes et au joli bouquet de tabac, à la bouche fruitée (cassis) et épicée, est un peu court pour son prix d'environ 90 $. C'est le pompon !

HERZOG

MARLBOROUGH
(Blenheim)

Venant directement de leur Suisse natale, Hans et Thérèse Herzog se sont installés au cœur de Marlborough en 1994. Ressemblant plus à une boutique qu'à une grande entreprise, le petit domaine est certifié par le Sustainable Winegrowing New Zeland, un programme qui encourage les membres à adopter une production organique. Les vignes, dont les premières vendanges remontent à 1998, bordent la rivière Wairau et sont bien protégées des gels printaniers. À la cave, Hans applique judicieusement une philosophie de non-intervention avec des départs de fermentation spontanés et à basse température pour les vins blancs. Quant aux rouges, après un élevage en barriques de chêne français, ils sont embouteillés non filtrés. À signaler, rares dans ce pays, un viognier d'une grande finesse et un montepulciano juteux, digne de ce qui se fait en Italie avec ce cépage. Non contents d'avoir réussi leur pari en émigrant à l'autre bout du monde, les Herzog ont ouvert un bistro ainsi qu'un restaurant, le Herzog Luxury Restaurant, qui s'est déjà mérité une réputation d'excellence dans tout le pays, tout cela en moins de 10 ans, pas mal !

Les vins

Une fois n'étant pas coutume, je n'ai pas dégusté le **sauvignon**. Quant au **viognier**, fermenté et élevé 12 mois en barriques de chêne neuf français, il est très fin et d'une belle consistance, onctueux et vif en même temps. Très expressif avec ses arômes floraux et ses saveurs de pêche blanche, il n'aurait pas à rougir (ce qui serait ironique pour un vin blanc) à côté d'un condrieu. Je passe sur le **chardonnay** et le **pinot noir**, réputés mais non dégustés et m'arrête sur l'assemblage **merlot/cabernet Spirit of Marlborough**, très réussi. Voilà un vin carré et dense qui a du tonus. Extrêmement concentré pour ses six ans, il offre beaucoup de plaisir en exprimant ainsi sans retenue des saveurs épicées qui n'en finissent pas.

> Voilà un vin carré et dense qui a du tonus. Extrêmement concentré pour ses six ans, il offre beaucoup de plaisir en exprimant ainsi sans retenue des saveurs épicées qui n'en finissent pas.

Des vignes à perte de vue dans la région de Marlborough.

HUIA

MARLBOROUGH
(Renwick)

Le huia, emblème de la maison, était déjà, avant l'arrivée des Européens, une espèce rare qui vivait dans les montagnes du sud-est de l'île du Nord. C'était, paraît-il, le seul oiseau au monde dont la forme et la taille du bec différaient en fonction du sexe. Cette différence unique ainsi que son plumage ont sans doute causé sa perte : il fut convoité par les collectionneurs et les Maoris en quête de plumes d'un bleu envoûtant. C'est dans Wairau Valley, dans la grande région de Marlborough, que Claire et Mike Allan ont installé leurs pénates en 1996, suite à une formation œnologique en Australie, puis à une expérience dans la région (Mike a travaillé chez Cloudy Bay et Vavasour) et un stage en Champagne. Après des débuts modestes, les propriétaires ont agrandi substantiellement leur domaine qui compte aujourd'hui 35 hectares, dont une trentaine en production, en plus d'acheter du raisin aux viticulteurs des environs. Je ne peux passer sous silence le plaisir que j'ai eu de visiter cette cave et d'y retrouver une charmante connaissance, sommelière de son état. En effet, la Québécoise Marie-Isabelle Devault a fait son nid en terre néo-zélandaise et s'occupe, depuis 2003, des ventes et du marketing de Huia, qui exporte une grande partie de sa production.

> Le huia, emblème de la maison, était, paraît-il, le seul oiseau au monde dont la forme et la taille du bec différaient en fonction du sexe.

Claire Allan et Marie-Isabelle Devault, toujours aussi souriantes...

Les vins

Après quelques gouttes de **Huia Brut,** vin effervescent élaboré en méthode traditionnelle (avec pupitres pour le remuage à la main), j'entame cette dégustation avec l'une des très belles cuvées de **sauvignon** de la région. Pas de notes végétales au programme grâce à des petits rendements et des raisins d'une grande maturité, mais du gras et une minéralité qui séduit l'amateur que je suis de ce style de vin. Je goûte ensuite un joli et vibrant **pinot gris** aux parfums de pêche et de fruits secs. Le **gewurztraminer** est très expressif, floral et subtil malgré sa forte personnalité. Quant au **chardonnay,** issu de raisins récoltés à Rapaura et sur le vignoble de Reed West Coast, il est fermenté et élevé 10 mois en fûts de chêne français ; une partie seulement fera sa transformation malolactique. C'est ce qui explique en partie la franchise et la subtilité de ce vin rond, sensuel et charmeur. Enfin, le **pinot noir** est aussi très réussi, concentré et gratifié de tanins denses et serrés. D'une bonne vivacité, il est encore jeune (deux ans) et sera prêt à boire dans deux ou trois ans. (Entre 20 et 35 $.)

Les vignes, tout près de Renwick.

KIM CRAWFORD

HAWKES BAY • MARLBOROUGH
(Te Awanga)

Fatigué des vins trop soutenus par le bois, le vinificateur Kim Crawford a décidé, un beau jour de 1994, à l'issue d'une rencontre avec un ami londonien, de se lancer lui-même dans l'aventure et de créer ses propres cuvées en compagnie de son épouse Erica, une Sud-Africaine rencontrée au Cap en 1988. Après une expérience de cave à vin virtuelle, c'est en 1999 que le premier vin issu de leur propre vignoble, un chardonnay non boisé de Marlborough, a été présenté aux amateurs. Et comme il existe encore des contes de fées, les Crawford ont réussi à percer de façon remarquable plusieurs marchés, dont les États-Unis, l'Australie et le Canada. C'est justement au Canada que le géant de Toronto, Vincor International, qui fait maintenant partie du groupe Constellation, a commencé à s'intéresser sérieusement à cette cave qui faisait parler d'elle. Si cette maison est aujourd'hui canado-américaine, il n'en demeure pas moins que Kim Crawford et son épouse sont toujours impliqués dans l'affaire. Le petit gars qui a grandi sur une ferme dans la région de Waikato, sur l'île du Nord, était loin de se douter que ses rêves allaient faire de lui l'un des vignerons les plus connus et respectés du pays.

> Le petit gars qui a grandi sur une ferme dans la région de Waikato, sur l'île du Nord, était loin de se douter que ses rêves allaient faire de lui l'un des vignerons les plus respectés du pays.

Le vignoble de Kim Crawford, dans la région de Marlborough.

Les vins

Vedette incontestée de leur production, le **sauvignon Marlborough** ressemble à ce qui se fait très souvent dans la région, c'est-à-dire des vins vifs et très expressifs certes, mais pour lesquels je dois confesser mes réserves car ils font plus dans la feuille de tomate et la salade de fruits tropicaux que dans la pureté variétale. Discrètement, Érica, la propriétaire, m'a elle-même glissé dans le creux de l'oreille sa même perception du sauvignon. Disons que tout cela est affaire de goût personnel. Ce qui est dommage, c'est que le succès populaire de ce vin tend à masquer les autres produits. Je pense au **chardonnay Marlborough Unoaked** qui est un vin fruité très agréable et surtout fidèle à son cépage. Le **riesling Marlborough** est également un bel exemple de vin à la fois fruité et minéral. Le **SP* pinot gris Marlborough** est tout en fruit et en rondeur et le **gewurztraminer SP* (Parklands) Gisborne** est une réussite : une magnifique expression aromatique tant au nez qu'en bouche, une riche matière fruitée et beaucoup de distinction. Que demander de plus ? Du côté des rouges, le **pinot noir Kim Crawford** est un assemblage régional très honnête, tandis que le **pinot noir SP (Comely Bank) Marlborough** est un vin bien en chair, fruité, moyennement corsé et savoureux. Kim Crawford propose aussi plusieurs vins d'appellation Hawkes Bay, la région où ils sont installés : le **viognier Te Awanga**, le **chardonnay Doc's Block** ainsi qu'un excellent **merlot** assemblé avec 15 % de cabernet franc. Enfin, le **merlot SP (Briant) Gisborne** est délicieux, avec ses saveurs de cassis, de mûre et de douces épices, et le côté charnu des vins élaborés avec des raisins d'une bonne maturité phénolique.

*SP (pour small ou special plot) signifie : petite parcelle.

Une partie de la cave, dans la région de Hawkes Bay.

Kim Crawford surveille toujours l'état de ses vignes.

Nouvelle-Zélande 343

KUMEU RIVER

NORTHWEST • AUCKLAND
(Kumeu)

Voilà une autre famille issue d'immigrants croates venus eux aussi dans la partie nord de la Nouvelle-Zélande extraire la gomme de kauri. C'est à Kumeu (prononcer « koumieu »), en 1944, que les Brajkovich vont s'établir. Après des débuts modestes, la famille est toujours là, bien installée. Les petits-enfants du fondateur, Michael – *Master of Wine* (le premier au pays) et grand patron de la maison –, Milan, ingénieur de son état, et Paul, responsable commercial, se sont impliqués et ont apporté plusieurs changements afin de produire des vins de haute qualité faits de chardonnay, de sauvignon, de pinot gris et de pinot noir. Aujourd'hui décédé, leur père, Maté Brajkovich était une figure de l'industrie viticole néo-zélandaise et a notamment agi à titre de président de l'Institut du Vin de la

Melba, la charmante maman, continue de veiller au grain avec un soupçon d'autorité maternelle...

Comme dans la plupart des caves du pays, la futaille est impeccable.

Nouvelle-Zélande. On constate d'ailleurs que l'aura du disparu illumine encore la maison tenue par Melba, sa charmante épouse, qui continue de veiller au grain avec un soupçon d'autorité maternelle et beaucoup d'admiration pour ses trois fils. Ici, on ne ménage rien pour élaborer des vins dignes des plus grands : culture en lyre pour optimiser l'exposition au soleil, rendements relativement faibles, vendanges manuelles, utilisation de levures indigènes et élevage sous bois sobre et bien maîtrisé, voilà les ingrédients qui composent la philosophie de Kumeu River. Tout cela se reflète évidemment dans le verre, notamment dans le **chardonnay Mate's Vineyard.** La famille Brajkovich possède une trentaine d'hectares qui lui assurent environ 85 % de la production totale.

Les cuvées de chardonnay m'ont épaté par leur vivacité, leur élégance, leur rondeur et leur longueur.

Taille d'hiver... en juillet!

Les vins

Le **sauvignon** issu de raisins pressés à Marlborough, mais dont la fermentation se fait au domaine à Kumeu débute bien la dégustation. Le nez est très net, plus minéral que végétal, avec en bouche une bonne matière fruitée et de la rondeur. C'est un vin texturé, avec de la classe et beaucoup d'allant. Le **pinot gris**, quant à lui, est fruité à souhait, ses neuf grammes de sucre résiduel ne dépareillent pas l'ensemble. Puis, une excellente série du cépage chardonnay, spécialité de la maison, m'a enthousiasmé : le **Village,** dont un tiers est élevé en barriques de chêne français, a du fruit à revendre et une bonne acidité, mais j'ai décelé une pointe d'amertume en finale. Le deuxième chardonnay, complètement fermenté en fûts, dont 25 % de chêne neuf, est impeccable. D'une jolie couleur dorée, il offre des parfums de beurre et de subtiles saveurs de miel. En bouche, la fraîcheur et la matière se rejoignent, dans un boisé déjà bien intégré pour sa première année. Les autres cuvées de chardonnay m'ont épaté par leur vivacité, leur élégance, leur rondeur et leur longueur. Enfin, dans le **Mate's Single Vineyard**, le célèbre cépage s'est présenté avec sa robe joliment dorée, ses saveurs de noisette et son onctuosité. Bref, c'est un vin de cinq ans très expressif qui fait tout bonnement dans ma bouche étonnée la « queue de paon », un signe qui ne trompe pas. Quant aux vins rouges, le **pinot noir Village** et le **Melba**, un assemblage **merlot/malbec,** ils se sont harmonieusement mariés avec les grillades que la maîtresse de maison m'a gentiment préparées… (Entre 20 et 45 $.)

Proue d'un bateau participant à l'America's Cup.

La Nouvelle-Zélande possède une faune relativement protégée.

Beaucoup de paysages magnifiques sont à découvrir dans ce pays.

Nouvelle-Zélande

MARGRAIN

MARTINBOROUGH
(Martinborough)

C'est une histoire passionnelle qui lie Daryl et Graham Margrain à la vigne et au vin. En visitant une petite cave au début des années 1990, ils ont entrevu l'avenir viticole de Martinborough. La propriété d'alors faisait quatre hectares et se trouvait sur une terrasse au sol composé de graviers apportés par la rivière Huangaroa. Les nouveaux propriétaires ont su en deviner le potentiel géologique, notamment pour le pinot noir et le chardonnay. Ces dernières années, le domaine s'est étendu avec l'achat du vignoble voisin. Une replantation de pinot noir a été effectuée il y a peu de temps, mais grâce aux vignes existantes, on peut compter sur des vins de pinot de 12 ans, ce qui n'est pas négligeable dans ce vignoble aux allures de gamin. Margrain est connu pour son chardonnay dense et puissant, mais ses cuvées de gewurztraminer joliment parfumé et ses vins issus de raisins botrytisés, en chenin blanc et en riesling, ne laissent pas indifférent. Strat Canning, l'un des vinificateurs les plus respectés du pays, m'a reçu en toute simplicité, m'expliquant avec force détails tout ce qui fait la singularité du terroir de Martinborough. Les touristes qui passent dans le coin en profiteront pour se sustenter au Margrain's Old Winery Café, après avoir dormi comme des bébés dans l'un des petits chalets de la propriété. Dans l'immense champ qui s'étend en arrière, on peut apercevoir des dizaines de pukekos, ces oiseaux aux plumes bleues qui illustrent les étiquettes du domaine, se dandinant en rang d'oignons…

Margrain propose de jolis chalets aux visiteurs de passage.

Les vins

Une fois n'est pas coutume, il n'y a pas de sauvignon à l'horizon, et je ne m'en plains pas. Tout d'abord, un **pinot gris** qui n'a pas vu le bois se présente dans mon verre, avec des arômes discrets de fruits blancs, mais explose en bouche avec beaucoup de matière et une évidente fraîcheur. Vient ensuite un **chenin blanc** demi-sec, très floral et délicat, avec un résiduel en sucre de 20 grammes absolument pas envahissant. Par sa finesse d'arômes et sa concentration, le **gewurztraminer,** issu de petits rendements, ferait pâlir de jalousie certains Alsaciens. Une réussite remarquable ! Quant aux deux vins de **Pinot noir,** la cuvée classique (de trois ans) est encore discrète au nez, mais s'exprime avec des tanins très mûrs qui tapissent le palais d'un drap de velours et un fruité digne des plus grands (environ 30 $). Enfin, le **pinot noir Home Block,** encore sur sa réserve, laisse entrevoir une trame tannique fine et serrée. Je palperai tout son potentiel en goûtant le même vin, cette fois-ci âgé de six ans, un superbe cru plein de finesse et d'élégance, savoureux et d'une longueur étonnante, possédant un équilibre moelleux-acidité qui met en valeur sa personnalité.

Dans l'immense champ qui s'étend en arrière, on peut apercevoir des dizaines de pukekos, ces oiseaux aux plumes bleues qui illustrent les étiquettes du domaine, se dandinant en rang d'oignons...

Ici aussi, les filets ont été soigneusement tendus.

MONTANA — BRANCOTT

GISBORNE • HAWKES BAY • MARLBOROUGH
(Auckland - Blenheim)

Montana est la marque incontournable des vins néo-zélandais. Avec des vignobles dans Gisborne, Hawkes Bay et Marlborough, ce groupe tentaculaire produit une gamme de vins élargie, c'est le moins que l'on puisse dire. Créée par les fils d'un autre immigrant croate, Ivan Yukich, la société Montana, en référence à la chaîne de montagnes Waitakere, à l'ouest d'Auckland, va connaître une progression exponentielle avec l'arrivée du groupe Allied Domecq qui en fait l'acquisition en septembre 2001. Montana fait maintenant partie, depuis 2005, du groupe français Pernod Ricard, et possède deux entités principales : Montana Gisborne Winery, dans l'île du Nord, et Montana Brancott Winery à Marlborough, dans l'île du Sud. Que ce soit autour de la première, avec 400 hectares de vignes en propriété, ou au cœur de la région de Marlborough avec un potentiel de 2500 hectares, Montana, qui est en fait la plus grande cave de Nouvelle-Zélande, achète aussi pour ses besoins de production des tonnes de raisins directement à des viticulteurs. Exposées au nord, les vignes situées dans la région de la rivière Wairau profitent d'un ensoleillement exceptionnel et de sols décomposés datant de l'ère glaciaire, recouverts de cailloux et de graviers.

Montana s'occupe également des vins de Stoneleigh, propriété du groupe Pernod Ricard (*voir* p.377). Après avoir arpenté la plupart de leurs sites viticoles en compagnie de Patrick Materman, le responsable des vinifications pour toute la région de Marlborough, et dégusté une grande partie de leur portfolio, je dois reconnaître qu'ils font preuve d'un souci de qualité malgré l'ampleur des opérations. Une grande partie de leur mérite, hormis une politique de prix abordables, réside dans la constance et la régularité.

C'est en automne, principalement au mois de mai, que les vignes composent une jolie mosaïque de couleurs.

Les vins

Allons-y cépage par cépage. Des sept cuvées de **sauvignon** dégustées, plusieurs affichaient ostensiblement et sans complexe leurs notes végétales d'asperge et de feuille de tomate dans un style qui plaît à beaucoup de consommateurs. Personnellement, je retiens le **sauvignon blanc Festival Block**, très agréable avec ses saveurs de groseille et sa petite pointe de buis, vif et rafraîchissant. Le **sauvignon blanc Marlborough**, plus simple et plus discret, était toutefois très agréable, bien vinifié, mordant juste ce qu'il faut, et doté d'arômes d'agrumes et de coing confit. Le **sauvignon blanc Brancott**, beaucoup plus cher, est aussi mieux structuré, sec et moelleux à la fois, avec du gras et de la matière. Le **pinot gris** et le **riesling** sont très typés et bien constitués, avec des notes de jasmin pour le premier et des réminiscences de pamplemousse rose dans le second. Les deux vins de pinot noir m'ont agréablement surpris. Le **pinot noir Reserve** est expressif tant au nez qu'en bouche, et la matière fruitée confère au vin une dimension intéressante qui manque tout de même d'ampleur. Le **pinot noir** (de trois ans) **Terraces Estate** est convaincant avec son bouquet d'épices et d'encens. Provenant des vignobles de Brancott Estate et des vieilles vignes du domaine Fairhall, le vin est savoureux, charnu et bien enveloppé. Enfin, je ne m'étendrai pas sur le **Lindauer**, un effervescent qui, hélas, ne m'a pas convaincu. (Entre 17 et 35 $.)

Créée par les fils d'un autre immigrant croate, Ivan Yukich, la société Montana, en référence à la chaîne de montagnes Waitakere, à l'ouest d'Auckland, va connaître une progression exponentielle.

MT DIFFICULTY

CENTRAL OTAGO
(Bannockburn)

Tout près des domaines Carrick et Felton Road, Mt Difficulty a été créé en 1992 par quatre propriétaires voisins, dans la prometteuse région de Central Otago, au sud de l'île du Sud, au pied du mont Difficulty qui culmine à 1282 mètres. Celui-ci, au nom évocateur, protège de son imposante silhouette le vignoble environnant. La famille Dicey, originaire d'Afrique du Sud, qui possède un des vignobles et une part des actions, a joué un rôle important dans le développement de la compagnie. Après avoir obtenu une maîtrise en œnologie et en viticulture, et pris de l'expérience pendant quelques années à l'étranger, Matt, le fils de Robin et Margie Dicey, en est maintenant le grand directeur et le responsable des vinifications. Tous les vins étiquetés Mt Difficulty viennent du secteur de Bannockburn, au sud de la rivière Kawarau. Quant au vignoble Pipeclay Terrace, il est situé sur un sol formé par les rejets des mines d'or qui y étaient exploitées il y a plus d'un siècle.

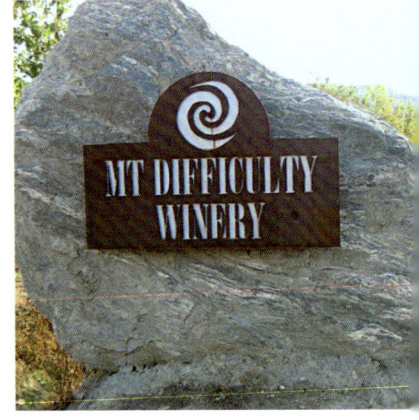

Les vins

Tout d'abord, le **Dry Riesling** porte bien son nom. Très sec et bien ciselé, il se présente de ses vifs parfums d'agrumes, avec toute la minéralité qu'on attend de ce cépage. Le **sauvignon** n'est pas en reste, sec et sémillant avec une finale citronnée qui ne me déplaît pas. Encore une fois, je constate que cette région peut fournir aussi d'excellents vins de **pinot gris**. Celui-ci ne fait pas exception, avec ses notes florales et fruitées (pêche, poire et amande) et sa texture ronde et moelleuse, même si le vin est bien sec (environ 25 $). Le **chardonnay**, de style bourguignon, a déjà trois ans. Malgré une légère amertume en finale, j'ai beaucoup aimé ce vin franc et d'une bonne souplesse. Le premier échantillon de **pinot noir** m'a semblé dominé par l'alcool et une forte acidité, mais je me suis rattrapé

avec le second, fruité à souhait, d'une bonne structure tannique et d'une longueur étonnante. Enfin, même plaisir avec le **pinot noir Long Gully**, issu de petits rendements, d'une couleur profonde, très expressif avec son bouquet de violette, de baies noires et de cerise à l'eau-de-vie. C'est un vin qui a du volume et de la classe, mais il faut casser sa tirelire puisqu'il se vend environ 75 $. Le **pinot noir Roaring** est en quelque sorte la deuxième étiquette du domaine, avec un merlot et un pinot noir sur le fruit et la souplesse à prix plus abordables (environ 26 $).

Quant au vignoble Pipeclay Terrace, il est situé sur un sol formé par les rejets des mines d'or qui y étaient exploitées il y a plus d'un siècle.

Le cellar door, *où l'on peut se restaurer et admirer l'imposante silhouette du mont Difficulty.*

NGATARAWA

HAWKES BAY • GISBORNE • MARTINBOROUGH • MARLBOROUGH
(Hastings)

Pour les besoins de la cause, on prononcera « naa-taa-ra-wa »... Les amateurs de cheval et d'équitation aimeront visiter cette propriété créée en 1981 par les Corban et les Glazebrook, fermiers installés dans la région. Les Corban sont issus d'une famille d'origine libanaise bien connue dans l'industrie du vin depuis longtemps, dont l'ancêtre avait émigré en 1891. En s'associant, ils ont converti les écuries en un petit domaine viticole qui allait devenir l'une des premières caves-boutiques du pays. En 1999, la famille Glazebrook a vendu ses parts aux cousins Alwyn et Brian Corban. C'est sous la direction du sympathique *winemaker* Peter Cough, que l'on élabore ici de nombreux vins à partir d'un vignoble de 25 hectares principalement situé dans la région de Hawkes Bay (30 % des raisins utilisés), et de raisins achetés ici et là.

> Pour les besoins de la cause, on prononcera « naa-taa-ra-wa »...

Les vieilles écuries ont été converties en un petit domaine fort sympathique.

Les vins

Des deux vins de sauvignon, j'ai préféré le second, le fringant **Stables,** produit avec des raisins venant à la fois de Hawkes Bay et de Marlborough. Le premier, le **Silks,** provenant de Marlborough uniquement, m'est apparu beaucoup trop végétal, avec en prime des notes d'asperge et de tomate verte dues sans doute à des rendements élevés et à des baies manquant de maturité. Le **chardonnay Alwyn** est plutôt bien vinifié. Fermenté à 100 % dans des barriques de chêne français, dont 55 % de fûts neufs, il est bâtonné chaque semaine et la malolactique est évitée. En plus des saveurs de crème pralinée, on découvre un vin tout en rondeur, fruité et d'une bonne vivacité. Le **merlot Stables** de Hawkes Bay, agrémenté de 13 % de malbec et de 2 % de cabernet sauvignon, est un joli vin au nez de groseille et de mûre, plus porté sur le fruit que sur la structure. Après l'agréable **syrah Silks,** aux senteurs de violette, de prune et de poivre blanc, j'ai goûté la **syrah Glazebrook 040°S-177°E,** pauvre en matière, manquant de relief et de profondeur. Heureusement que l'assemblage **merlot** (85 %) et **cabernet sauvignon** dans la même gamme sauve l'honneur avec du fruit et une charpente qui lui permettra de tenir quelques années. (Entre 17 et 27 $.)

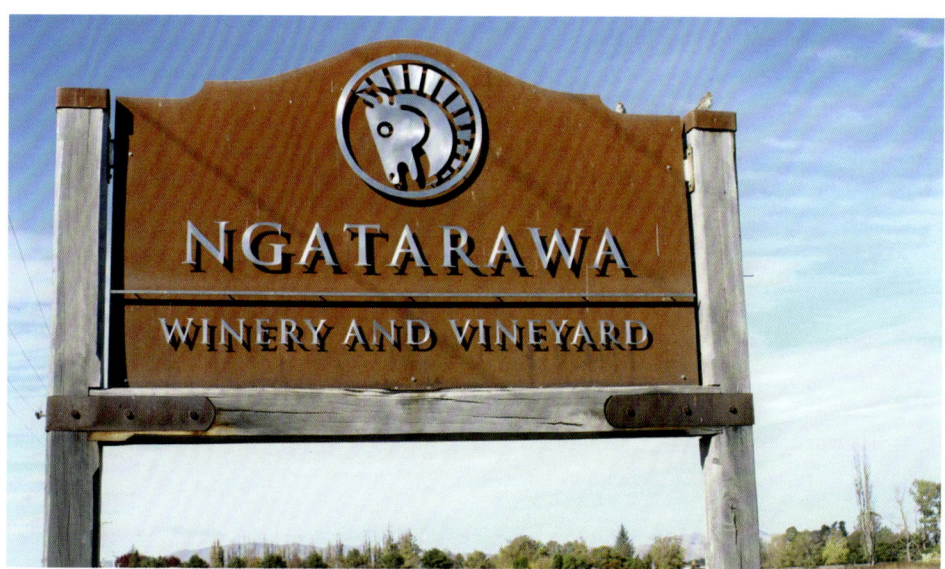

PALLISER

MARTINBOROUGH
(Martinborough)

Qui aurait cru, en 1984, quand Palliser Estate a planté ses premières vignes, que ce domaine allait jouer un rôle déterminant dans la région de Martinborough? C'est pourtant ce qui est arrivé, et certains se risquent même à affirmer qu'on y fait le meilleur sauvignon blanc du pays, en dehors de Marlborough. Il est donc intéressant de se pencher sur ce domaine de 85 hectares qui profite d'automnes secs favorisant, entre autres, de bas rendements. Le *winemaker* Allan Johnson essaie d'expliquer cette situation en évoquant les trois éléments essentiels à ses yeux pour l'élaboration de vins de qualité: le sol, l'eau et l'air. Sous l'étiquette Palliser Estate, sauvignon blanc, pinot noir, chardonnay et pinot gris sont particulièrement réussis. À un prix plus abordable et dans un style différent, la marque Pencarrow propose des vins de sauvignon blanc, de chardonnay et de pinot noir plus légers et très fruités.

Allan Johnson, un winemaker près de la terre.

Les vins

J'ai effectivement été impressionné par le **sauvignon blanc Palliser Estate Martinborough,** très aromatique avec une pointe végétale discrète, le buis en l'occurrence, très typique du cépage. Ce vin qui n'a pas vu le bois, ni pour la fermentation ni pour l'élevage, est une belle démonstration de la qualité obtenue lorsque le vigneron travaille sur la concentration et la maturité du raisin. La bonne vivacité en bouche ne fait que mettre en lumière l'équilibre de ce vin savoureux. Le **pinot gris** m'a également séduit avec ses arômes de pêche, de poire et de

> Qui aurait cru, en 1984, quand Palliser Estate a planté ses premières vignes, que ce domaine allait jouer un rôle déterminant dans la région de Martinborough?

menthe poivrée, ainsi que son gras, et son équilibre moelleux-acidité. Le **chardonnay**, fermenté en totalité avec des levures indigènes dans des barriques de chêne français, dont 25 à 30 % de fûts neufs, est une réussite, une magnifique expression aromatique, de la matière et du fruit, de la fraîcheur et une longueur qui n'en finit pas. Enfin, le **pinot noir**, élevé un an dans le chêne français (30 % de fûts neufs) n'offre que du plaisir, tant dans la couleur que dans les arômes très fins de fruits rouges. Il s'agit là d'un vin qui a de la classe, abouti et charnu, doté d'une structure tannique évidente et d'une texture veloutée. (Entre 18 et 40 $.)

Un environnement accueillant et verdoyant attend les visiteurs.

PEREGRINE

CENTRAL OTAGO
(Gibbston)

Peregrine vient du latin *falco peregrinus*, qui signifie faucon pèlerin, un oiseau de proie vivant dans l'environnement sauvage et envoûtant de Central Otago et qui symbolise le domaine très particulier de Gibbston. Le vignoble est situé à environ 20 minutes de Queenstown, dans un climat continental caractérisé par des étés chauds et secs et des nuits très fraîches. Plusieurs cépages sont cultivés sur les secteurs de Gibbston et Cromwell, avec indéniablement beaucoup de succès pour le pinot noir. Celui-ci, grâce à des sols de schiste, s'exprime avec beaucoup de personnalité, de finesse et de minéralité. Créé en 1998 par Greg Hay (le même qui a fondé Chard Farm avec son frère Rob), le domaine aux allures futuristes niché au creux des montagnes, avec son immense toit qui évoque l'aile du faucon, propose de très belles cuvées signées aujourd'hui par Peter Bartle. C'est une cave à inscrire au programme de vos prochaines pérégrinations!

Peter Bartle, l'un des winemakers du domaine.

Les vins

Excellent début avec le riesling, aussi bien la cuvée de base que le **riesling Rastasburn,** deux vins issus de rendements raisonnables et de raisins arrivés à maturité. Les notes de citron vert cohabitent avec une présence minérale assez marquée. Je me suis aussi régalé avec le **pinot gris,** au nez très net, vif et rond en bouche, et le **gewurztraminer,** très flatteur, aux notes épicées en finale. Je ne peux pas en dire autant du **chardonnay** qui m'a laissé une impression de rancio en finale. Le **pinot noir Saddleback,** le deuxième vin, est très fruité et prêt à boire, mais le **pinot noir** du domaine, élevé 10 mois en barriques de chêne français, dont 35 à 40 % de fûts neufs, a tout ce qu'il faut pour séduire l'amateur éclairé. Malgré sa jeunesse, il s'exprime déjà avec une certaine race et beaucoup de classe (environ 47 $).

> Peregrine vient du latin *falco peregrinus,* qui signifie faucon pèlerin, un oiseau de proie vivant dans l'environnement sauvage et envoûtant de Central Otago et qui symbolise le domaine très particulier de Gibbston.

L'immense rouleau à pâtisserie du Winehouse & Kitchen, près de Queenstown.

Paysage de Central Otago, près de Gibbston.

Les gorges de la rivière Kawarau, lieu d'origine du bungee.

QUARTZ REEF

CENTRAL OTAGO
(Cromwell)

Voilà ce qui peut arriver quand l'Autriche rencontre la France : un vignoble créé de toutes pièces en Nouvelle-Zélande. Mais lorsque l'Autrichien (arrivé au pays en 1985) est un spécialiste du pinot noir et que la Française est issue d'une vieille famille champenoise, c'est tout naturellement au cœur de cette fabuleuse région de Central Otago, où les conditions climatiques sont parfaites pour les cépages dits septentrionaux (en Europe), que cette rencontre sera déterminante, surtout si l'on a décidé d'élaborer des vins effervescents de qualité. En fait, Clotilde Chauvet avait remplacé Rudi Bauer à Rippon Vineyard sur les bords du lac Wanaka où elle élaborera plus tard la première méthode traditionnelle de la région. C'est en 1996 qu'ils vont s'associer avec d'autres partenaires pour créer Quartz Reef. En plus des raisins achetés par contrat, les 15 hectares de vignes, principalement composées de pinot noir et de pinot gris, ont été plantés dans l'étonnante sous-région de Bendigo sur de magnifiques pentes exposées au nord et conséquemment inondées de soleil. Lors de mon escapade sur le terrain en compagnie de Rudi, qui a trouvé là son terroir de prédilection, on s'affairait à ramasser à la machine les filets qui ont protégé les grappes sucrées des oiseaux insatiables. Sur les différentes étiquettes, le « c » pour Chauvet et le « b » pour Bauer surmontent la vague bleue qui représente le lac Dunstan.

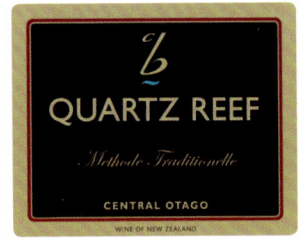

> Lors de mon escapade sur le terrain en compagnie de Rudi, on s'affairait à ramasser à la machine les filets qui ont protégé les grappes sucrées des oiseaux insatiables.

En pleine conversation avec Rudi Bauer.

Les vins

À tout seigneur tout honneur, c'est avec le **No Vintage Sparkling,** qui a passé trois ans sur ses lies avant le dégorgement, que je débute la dégustation. Le vin, dosé subtilement, est très net, fin et délicat, malgré la structure apportée par le pinot noir (75 %). Le **Chauvet 2002** m'a épaté. Après avoir patienté quatre ans sur ses lies, ce vin aux bulles minuscules et à la texture crémeuse (45 % de chardonnay) s'exprime avec ses parfums de coing, de poire et d'abricot. Dosé à six grammes de sucre seulement, il se laisse boire avec plaisir. On est pourtant à des milliers de kilomètres de la Champagne... Du côté des vins tranquilles, le **pinot gris** est très expressif, et l'on devine que rien n'a été négligé pour privilégier la qualité. Les trois millésimes du **pinot noir** qui suivent vont me conforter dans cette analyse. Il est clair que Rudi, qui ne fait pas de concessions et sans doute peu de compromis, veut extraire le maximum de fruit et de matière de ses raisins. Il en résulte une charpente et une certaine puissance, mais l'ensemble n'est pas dénué de fraîcheur et de finesse. Quant au dernier vin, il ferait réfléchir les amateurs de grand bourgogne. En effet, le **pinot noir Bendigo Estate Vineyard,** logé uniquement en magnum, est assez époustouflant, surtout lorsqu'on devine le relatif jeune âge des vignes. On y retrouve des notes empyreumatiques et des saveurs de fruits noirs. Complexe et racé, ce vin de deux ans seulement est déjà soyeux, grâce à des tanins mûrs et bien enrobés, et se prolonge en de longues caudalies. (Entre 25 et 45 $, excepté le Bendigo Estate à 150 $ le magnum).

Les vignes de Bendigo Estate.

SACRED HILL

HAWKES BAY • MARLBOROUGH • CENTRAL OTAGO
(Hastings - Napier)

C'est en 1982 que John Mason a installé son premier vignoble, sur la ferme familiale de la vallée de Dartmoor, dans la région de Hawkes Bay. Le pâturage laissa la place aux vignes, les raisins remplacèrent le bétail, et les chais se substituèrent aux abris agricoles. Les enfants de John, les frères David et Mark ont créé Sacred Hill – dont le nom est tiré de *puketapu* qui signifie *la colline sacrée* en maori –, un petit village près de la propriété, sur la commune de Napier. L'endroit, ravissant et pittoresque, avec des arbres exotiques qui poussent ici et là, est une destination populaire pour les touristes et les œnophiles. Aujourd'hui, le grand patron est David Mason, un visionnaire innovateur et intrépide. Depuis qu'il développe ce magnifique domaine, il n'a pas eu peur de prendre des risques, en s'installant ailleurs au pays, notamment à Marlborough et dans Central Otago. Sous la direction du talentueux *winemaker* Tony Bish, Sacred Hill propose beaucoup de cuvées et beaucoup d'étiquettes, mais il faut comprendre que l'on privilégie ici la notion de terroir. On fait donc peu d'assemblages puisque l'on vinifie (et embouteille) séparément la plupart des cépages en fonction de leur origine. Le spectaculaire vignoble de Rifleman's Terraces, dans Hawkes Bay, est situé à deux kilomètres de Dartmoor, près des falaises blanches de la rivière Tutaekuri. Sur un sol ancien composé de cendre volcanique et de terre rouge, 25 hectares sont consacrés à la culture du chardonnay, vendangé avec soin à partir de petits rendements. D'autres vignobles, plantés principalement en sauvignon et pinot noir sur le côté sud de Wairau Valley, dans Marlborough, permettent l'élaboration de vins vendus sous la marque Wild South.

> L'endroit, ravissant et pittoresque, avec des arbres exotiques qui poussent ici et là, est une destination populaire pour les touristes et les œnophiles.

Les vins

Bonne entrée en matière avec le **sauvignon blanc Sauvage,** plutôt minéral, avec du fruit et du gras, et qui n'est surtout pas envahi par les notes végétales, trop souvent encombrantes. Le **chardonnay Barrel Fermented,** comme son nom l'indique, a passé 12 mois en barriques de chêne français, avec bâtonnages réguliers des lies en suspension. Rondeur, corps, fraîcheur et acidité sont au rendez-vous dans ce vin au boisé bien intégré. Le **chardonnay Riflemans** de deux ans, est d'une grande netteté, avec des parfums pénétrants de beurre frais et de pralin. Tous les éléments sont bien intégrés, tant la matière fruitée et riche que l'acidité qui participe à l'équilibre de ce vin distingué. Il n'est pas donné (environ 40 $) mais c'est une belle réussite! Le **merlot Basket Press** est bien fait, offrant en bouche des saveurs très mûres et des tanins serrés, mais le **merlot BrokenStone,** âgé de trois ans, m'a tout simplement séduit avec ses notes de torréfaction et d'épices douces, tout en affichant en bouche une charpente et des tanins soyeux. Enfin, la **syrah DeerStalkers** se présente sous une robe profonde aux reflets incarnats. C'est un vin expressif, charnu avec des tanins de velours qui enveloppent le tout avec sensualité ; un pur plaisir! Tous ces vins sont d'appellation Hawkes Bay. Par contre, les vins de sauvignon venant de Marlborough, soit sous la marque Wild South ou Sacred Hill, m'ont moins séduit, faisant trop dans le citron et la salade de fruits tropicaux, avec parfois des notes d'asperge et de feuille de tomate. On est plus près de la caricature que de la typicité. (Entre 18 et 60 $.)

Le spectaculaire vignoble de Rifleman's Terraces.

SAINT CLAIR

MARLBOROUGH
(Blenheim)

Créée par la famille Sinclair, la ferme fut l'une des premières à voir le jour à Blenheim. En 1978, année des premières plantations, les nouveaux propriétaires, Neal et Judy Ibbotson, ont été des précurseurs dans la vente de raisins à contrat. Après en avoir vendu en quantité, ils ont décidé de créer leur propre cave et de développer les marchés d'exportation. C'est ainsi que l'étiquette Saint Clair se retrouve aujourd'hui dans les caves et sur les tables d'une quarantaine de pays. La famille est très impliquée dans l'affaire puisque les enfants s'occupent maintenant des ventes et du marketing. Sous la houlette du *winemaker* Matt Thomson, Neal Ibbotson insiste pour vinifier séparément tous ses cépages en fonction d'un terroir spécifique. C'est ainsi, par exemple, que le vignoble de Rapaura est consacré presque exclusivement au merlot, alors que le sauvignon et le chardonnay y poussaient encore il y a peu de temps. Il en résulte, hélas, une pléthore de cuvées dans laquelle le consommateur risque de se perdre. En effet, pas moins d'une trentaine de vins sont proposés à travers quatre gammes : Reserve, Pionnier Block, Premium Marlborough et Vicar's choice.

Neal Ibbotson et l'un de ses winemakers, *Hamisch Clark.*

Les vins

On sent chez Saint Clair beaucoup de bonne volonté et un désir d'amélioration, mais comme leur production va un peu dans tous les sens, je vous fais part de mes quelques coups de cœur glanés ici et là au cours de ce marathon de la dégustation. Pour commencer, le **riesling Marlborough** est un joli vin aux saveurs de zeste d'agrume confit, doté d'une bonne fraîcheur. Puis, parmi toutes les cuvées de **sauvignon,** dont plusieurs sont marquées par des notes herbacées envahissantes, le **Pionner Block 1 Foundation** est celui qui m'a paru le plus mûr, le plus franc et le mieux équilibré. Côté **chardonnay**, le **Pionner Block 10 Twin Hills** est sans aucun doute le plus intéressant et le mieux vinifié. Quant au **pinot noir,** celui de Marlborough est tout en fruit tandis que le **Pionner Block 5** est juteux, savoureux, moyennement tannique et d'une belle longueur. Enfin, le **merlot** exprime tout son fruit et sa rondeur dans le **Rapaura Reserve Marlborough** grâce à des tanins soyeux et à de bonnes saveurs de confiture de fraise et de gelée de myrtille. (Entre 16 et 30 $.)

C'est ainsi que le vignoble de Rapaura est consacré presque exclusivement au merlot, alors que le sauvignon et le chardonnay y poussaient encore il y a peu de temps.

Paysage typique de Marlborough.

SCHUBERT

WAIRARAPA • MARTINBOROUGH
(Martinborough)

Schubert Wines, c'est l'histoire d'un Allemand parti à la conquête du terroir idéal pour cultiver le pinot noir. Il l'a cherché aux États-Unis, en France et en Australie, mais c'est à Martinborough en Nouvelle-Zélande que Kai Schubert a posé ses valises en 1998. Muni d'un diplôme en viticulture et œnologie de l'université de Geisenheim, en Allemagne, il s'est associé à celle qui allait devenir son épouse, Marion Deimling, qui s'occupe également des vinifications. Aujourd'hui, ils cultivent bien entendu le pinot noir, mais aussi bien d'autres cépages, sans oublier, origines obligent, le müller-thurgau, pour élaborer un blanc appelé Tribianco. Le vignoble East Taratahi comprend 12 hectares, avec une forte proportion de pinot noir, issu de clones bourguignons. Les sols caillouteux des terrasses le long de la rivière Ruamahanga permettent d'extraire des raisins aux tanins mûrs et très présents, un gage de longévité pour les rouges. Peu importe la position du vignoble, on travaille à la

> Que du plaisir à travailler, avec jamais bien loin la rigueur et la discipline typiquement germaniques !

Arrivée du raisin à la cuverie.

L'hiver à Martinborough.

vigne et à la cave avec beaucoup de soins : vendanges à la main, utilisation de petits paniers perforés pour le transport des grappes, table de tri, cuves dernier cri, chai à barriques impeccable. Que du plaisir à travailler, avec jamais bien loin la rigueur et la discipline typiquement germaniques !

Les vins

Il est important de ne pas oublier que ces vignobles (comme d'autres de la région) ont seulement entre cinq et huit ans d'existence. On commence avec un **sauvignon** délicat et floral, vif, pointu avec un fort goût d'agrumes en bouche qui ne m'a pas ébloui. Le **Tribianco** qui suit est un assemblage de müller-thurgau (40 %) un cépage très répandu en Allemagne, de chardonnay (30 %) et de pinot gris. Le résultat est sympathique avec une jolie couleur, des arômes floraux légèrement muscatés et une certaine rondeur, mais je ne suis pas sûr que la fermentation, même partielle, en barriques, apporte quelque chose à ce vin qui fera plaisir aux amateurs de sushis. Des deux

Une partie du domaine de Kai Shubert.

pinots noirs, le **Marion's Vineyard,** très marqué par les notes de cerise à l'eau-de-vie, est très agréable, mais ma préférence va au **Block B,** très concentré, aux saveurs de fruits noirs et aux tanins très mûrs et enveloppants. Dans ce cas, l'élevage en barriques françaises, dont 85 % de fûts neufs, a joué un rôle déterminant car la matière première était de qualité. Je passe sur l'assemblage **cabernet/merlot** au nez végétal et aux tanins anguleux pour m'arrêter sur la **syrah,** particulièrement réussie. Âgée de trois ans, elle est parée d'une robe profonde encore très jeune, et d'un bouquet de violette et de poivre noir invitant. Les tanins sont serrés mais bien mûrs et l'acidité procure à l'ensemble une fraîcheur qui n'est pas négligeable. En prime, on trouve en fin de bouche des saveurs grillées de torréfaction fort agréables. J'ai aussi goûté au **Dolce,** une sorte de *trockenbeerenauslese* (vendange tardive de raisin séché sur pied) dont les Allemands ont le secret. La plupart de ces vins sont commercialisés sous l'appellation Wairarapa et toute la production est bouchée avec du liège, et non pas avec les capsules à vis, largement répandues dans le pays. (Entre 20 et 45 $.)

Dans ce pays qui a développé un certain art de vivre, la gastronomie prend peu à peu sa place.

SEIFRIED

NELSON
(Nelson)

La baie de Nelson est tout simplement magnifique. On y trouve du soleil et un ciel bleu toute l'année, des montagnes, des lacs, des forêts et un bord de mer offrant un splendide panorama. Dans l'arrière-pays, le vignoble profite de conditions idéales, avec des vignes très bien exposées, un climat plutôt tempéré et un terroir propice à la culture de plusieurs cépages, dits continentaux dans l'hémisphère nord. C'est dans cet environnement pour ainsi dire privilégié que les Seifried, d'origine autrichienne, se sont installés en 1973. Aujourd'hui, ils possèdent la plus ancienne propriété viticole de Nelson, mais aussi la plus grande avec 160 hectares répartis sur cinq sites. Trois d'entre eux sont établis sur les sols graveleux des collines de Waimea et un autre profite des argiles de Redwood Valley pour donner des vins charpentés. Comme chez d'autres producteurs du pays, on a tendance à offrir au consommateur un grand nombre d'étiquettes (environ une vingtaine de cuvées) réparties sur trois gammes : Seifried, Winemakers Collection et Old Coach Road.

> Entre le pinot gris et le gewurztraminer, on sent l'influence autrichienne qui plane toujours sur les membres de la famille.

La région de Nelson est très jolie, mais elle est aussi propice à la culture de la vigne.

Les vins

Bon départ avec le **sauvignon blanc Nelson,** au nez de groseille, fruité à souhait et exempt de ces notes végétales qu'on retrouve trop souvent. Le **sauvignon Winemakers Collection** me semble moins bien réussi. Le **riesling Winemakers Collection** est excellent et a du mordant malgré ses 15 grammes de sucre résiduel. Entre le **pinot gris** et le **gewurztraminer,** on sent l'influence autrichienne qui plane toujours sur les membres de la famille. Je passe sur le **chardonnay,** qui à mon humble avis a le défaut récurrent (comme en Australie) de notes de beurre rance. Dommage! Heureusement, je me suis rattrapé avec le **pinot noir Nelson,** pas très expressif parce que très jeune, mais à la structure tannique intéressante. Quant au **pinot noir Winemakers Collection,** c'est un vin beaucoup plus concentré, complexe, aromatique, avec de jolis parfums de cerise bien mûre. (Entre 18 et 35 $.)

Christopher Seifried et son père.

SERESIN

MARLBOROUGH
(Blenheim)

Même si la propriété appartient au brillant cinéaste et chef opérateur Michael Seresin (on lui doit entre autres le film *Midnight Express*), on n'y fait pas de cinéma, mais bien du vin, et du bon. La grande pierre blanche marquée d'une main illustre à merveille la philosophie de l'endroit. Symbole de force et marque de l'artisan, elle représente l'effort créateur de l'être humain dans un environnement traditionnel n'excluant pas la technologie mais mettant en valeur les éléments naturels. Que ce soit pour le raisin et le vin ou les oliviers et leur savoureuse huile d'olive extra-vierge, la culture se pratique ici sur le mode organique. Certaines cuvées sont fermentées à partir de levures indigènes et l'on essaie d'intervenir le moins possible dans le processus œnologique afin d'obtenir des vins à l'image de terroirs bien sélectionnés. C'est ainsi que les sols graveleux participent à l'élégance des riesling, chardonnay et sauvignon (Raupo Creek Vineyard) tandis que le pinot noir s'exprime à merveille sur les terrasses argileuses de la rivière Wairau. Grâce à mes amis du Clos Henri, je garde un excellent souvenir d'une soirée inattendue que j'ai passée à Waterfall Bay. Dans le cadre somptueux des Marlborough Sounds (où l'on se rend en une heure de bateau), Seresin propose, quelques fois dans l'année, des repas exécutés par de grands chefs. Au cours de l'un de ces dîners exclusifs pour fêter la fin des vendanges, des vins de plusieurs domaines furent servis, dans la bonne humeur et la simplicité…

Les vins

Le **sauvignon blanc** (5 % de sémillon entre dans la cuvée) a été principalement vinifié en cuve inox. Malgré une relative discrétion, il est très fruité et sémillant. Plus concentré, pour ne pas dire très corsé, avec du gras et de la matière, le **sauvignon Marama** fermente en barriques, puis passe 14 mois en fûts. Il se vend environ 30 $. Seresin propose trois cuvées de **pinot noir**. Les meilleures, **Raupo Creek** et **Tatou** sont deux vins très réussis, issus de vignobles distincts, avec peut-être plus de puissance dans le deuxième, issu des sols maigres de la rivière Wairau. Enfin, Clive Dougall, le *winemaker* en chef, m'a fait goûter à son **pinot noir Leah**, à prix plus doux (30 $ environ), provenant notamment des terres argileuses de Raupo Creek. Élevé en barriques de chêne français, dont 15 % de fûts neufs, ce vin est un peu austère dans sa jeunesse, mais a tous les éléments pour satisfaire l'amateur exigent : de la couleur, des parfums sensuels (floraux et poivrés), du fruit, des tanins bien mûrs, une bonne fraîcheur et de la longueur.

Dans le cadre somptueux des Marlborough Sounds (où l'on se rend en une heure de bateau), Seresin propose quelques fois dans l'année, des repas exécutés par de grands chefs.

Ici, tout représente l'effort créateur de l'être humain dans un environnement traditionnel.

SILENI

HAWKES BAY • MARLBOROUGH
(Hastings)

Même s'il est encore très jeune – la première vendange date de 1998 – Sileni Estate est l'un des grands domaines néo-zélandais, en ce qui concerne la surface, puisque l'on vient d'achever la plantation de 106 hectares de vignes. Situé dans la région de Hawkes Bay, il jouit d'un climat chaud et sec et d'un ensoleillement supérieur à la moyenne. Malgré l'importance de l'exploitation, on a su faire le lien entre les cépages et l'environnement. C'est ainsi que le vignoble du Ngatarawa Triangle, naturellement bien drainé sur un sol graveleux, fournit du sémillon et un excellent merlot. Le cabernet sauvignon vient d'être écarté au profit de la syrah qui a été surgreffée sur le cépage abandonné. À 100 mètres d'altitude, sur une terrasse de gravier, le vignoble The Plateau produit du pinot noir, du chardonnay et du sauvignon, même si ce dernier provient aussi de plusieurs vignobles de la région de Marlborough, dans l'île du Sud. Sans tomber dans le piège du vin hautement technologique, on sent que tout a été mis en œuvre pour produire des vins de qualité à grande échelle. Les équipements sont remarquables et rien n'a été négligé pour permettre à l'équipe dirigée par le chef *winemaker* Grant Edmonds de contrôler comme bon lui semble les différentes cuvées. Il faut dire que ses collaborateurs, comme Rachel Garnham, ont fait leurs classes en France, au Chili et aux États-Unis. Un autre point à souligner : Sileni s'est doté d'un « centre épicurien », comprenant un restaurant, une école culinaire, un centre de découverte œnologique et une épicerie fine où l'on peut se procurer son excellente huile d'olive. Pas mal pour un pays qui, jusqu'à présent, n'avait pas fait de la gastronomie une priorité !

Sileni s'est doté d'un centre épicurien avec une école, un restaurant et une épicerie fine.

> Sans tomber dans le piège du vin hautement technologique, on sent que tout a été mis en œuvre pour produire des vins de qualité à grande échelle.

Les vins

Je n'ai pas été emballé, peut-être à cause de la jeunesse des vignes, par le **riesling**, manquant de finesse et de netteté, et le premier **sauvignon**, trop porté sur les asperges et la feuille de tomate. Mais le **sauvignon blanc Straits** était somme toute agréable. Une déception aussi avec le **pinot gris Cellar Selection** car la bouche n'était pas à la hauteur du nez, expressif et très net. Par contre, le **sémillon Circle** de trois ans possède du fruit, de la matière et du gras. Heureusement, la situation s'est améliorée avec le chardonnay. Bon départ avec le **chardonnay Cellar Selection Unoaked,** aux notes florales et aux saveurs très nettes de beurre frais. Les deux suivants se situant à un

autre palier, le **Cellar Selection Hawkes Bay** est tout en équilibre, net et très fruité, et le dernier, le **Estate Selection The Lodge** de trois ans est d'une jolie couleur invitante. Intelligemment vinifié, le vin laisse au cépage le loisir d'exprimer ses fragrances de miel, d'amande et de noisette, le tout avec une bonne fraîcheur, dans un boisé sage et fondu. Côté rouge, on devine le jeune âge des vignes car les vins manquent de chair. Le **pinot noir Estate Selection The Plateau** est cependant assez expressif, avec ses notes de cerise bien mûre et de fumée. Je passe sur la syrah, quelque peu décevante, ténue et réservée, avant de goûter au **merlot Triangle,** un vin fruité agréable, un peu vif et moyennement corsé. Enfin, pour terminer sur une note sucrée, mes hôtes ont ouvert une bouteille de **sémillon Estate Selection Late Harvest,** un excellent liquoreux au nez botrytisé et aux saveurs de pâte de fruit, vif et long en bouche. Tous ces vins sont d'appellation Hawkes Bay, excepté les deux cuvées de sauvignon blanc issues de Marlborough, et se vendent entre 20 et 100 $.

Approche futuriste pour ce domaine où l'on a essayé de penser à tout.

STONELEIGH

MARLBOROUGH
(Blenheim)

Le nom de Stoneleigh fait référence à l'abondance de pierres et de cailloux couvrant le secteur nord de Wairau Valley, dans la région de Marlborough. Chacun sait l'influence de ce type de sol sur la maturité du raisin. Situé plus précisément dans le cœur de Rapaura, connu localement comme le Golden Mile de l'endroit, Stoneleigh possède 178 ha. Sauvignon blanc, chardonnay, merlot, pinot noir et pinot gris, mais aussi de vieilles vignes de riesling constituent l'encépagement. Le domaine fait maintenant partie du groupe Pernod Ricard et c'est Jamie Marfell, enfant du pays diplômé en science agricole et en œnologie, qui élabore les vins de la propriété.

Les vins

Dans la gamme **Stoneleigh**, le **sauvignon** est très classique avec ses parfums d'agrumes et une vivacité peut-être exacerbée. À cause de gros rendements sans doute, le **riesling** semble perdre son âme et n'affiche pas la typicité que l'on attend de ce cépage. Le **chardonnay** offre des arômes et des saveurs de mangue qui ne manquent pas de charme, mais son aspect beurré poussé à l'extrême devient envahissant. Quant au très agréable **pinot noir**, aux accents de cerise cœur-de-pigeon et de myrtille, le fruit et la souplesse sont au rendez-vous. Enfin, dans la série **Rapaura**, le **sauvignon** est fruité mais beaucoup trop marqué à mon avis par les notes végétales. Le **pinot gris** est très expressif, avec matière et rondeur en bouche. Hélas, ses 12 à 14 grammes de sucre résiduel lui donnent un côté mollasson et ennuyant. Par contre, le **pinot noir** se présente sous une très belle robe d'une couleur soutenue, et s'exprime dans le verre de ses saveurs de mûre, de kirsh et de prune. Bien équilibré et d'une longueur raisonnable, ce vin encore jeune (il a deux ans et a passé 14 mois dans le chêne français, dont 40 % neuf) possède des tanins relativement serrés. Il se vend entre 18 et 30 $.

Le nom de Stoneleigh fait référence à l'abondance de pierres et de cailloux qui couvrent le secteur nord de Wairau Valley, dans la région de Marlborough.

TE AWA

HAWKES BAY
(Hastings)

Créée en 1992 par la famille Lawson, cette propriété a été achetée par un Américain en 2002. Te Awa Farm tire son nom du maori *Te Awa o te atua,* qui signifie *la rivière de Dieu,* en référence aux cours d'eau souterrains sur lesquels le vignoble est situé. Plusieurs éléments expliquent l'originalité et la grande qualité des vins de l'endroit. Tout d'abord, le sol caillouteux de Gimblett Gravels, particulièrement bien drainé (et même trop parfois), cause un stress hydrique élevé à la vigne. Il faut donc procéder à une irrigation douce mais constante. Quant au climat, il est parfaitement adapté à la culture du merlot et des cabernets. Enfin, pour Te Awa, l'aspect humain est très important et fait toute la différence. Jenny Dobson, la charmante responsable des vinifications de ce domaine d'une cinquantaine d'hectares d'un seul tenant, a fait ses classes en Bourgogne, puis dans le Médoc, au château Sénéjac. Après 16 ans en France, maîtrisant parfaitement la langue de Molière, Jenny est rentrée au bercail avec des références basées sur l'élégance des vins européens plutôt que sur la concentration, parfois exagérée, des cuvées australiennes voisines. Faisant fi de tout compromis, elle privilégie donc les petits rendements et travaille ses vins avec sobriété et une grande minutie. Ce qui ne gâte rien, on peut apprécier à leur juste valeur tous ses vins en goûtant à la cuisine très réussie du restaurant attaché au domaine.

Les vins

La dégustation commence très bien avec le **sauvignon blanc** aux notes florales teintées de buis. On y retrouve beaucoup de concentration en bouche ainsi qu'une minéralité qui n'empêche pas des saveurs d'agrumes délicates de se pointer le nez en finale. Jenny s'est surpassée avec ses deux cuvées de **chardonnay**. Le premier, l'excellent **Left Field** non boisé, est d'une grande pureté et un exemple à mon avis que devraient reprendre de nombreux producteurs de Nouvelle-Zélande et d'Australie. En ce qui concerne le deuxième (âgé de deux ans), la fermentation s'est déroulée entièrement dans le chêne français (un tiers en bois neuf, un tiers dans le bois d'un an et un tiers dans le bois de deux ans). Le boisé est déjà bien intégré et le vin correspond tout à fait à son cépage, avec rondeur, race, finesse, et des saveurs de miel et de beurre frais. On a empêché le vin d'entrer dans un processus de dégradation malolactique, ce qui explique, entre autres, sa netteté et sa franchise. Le **merlot** (86 %), complété par du malbec et du cabernet, fait dans la souplesse, la fraîcheur et la rondeur, et l'assemblage **cabernet sauvignon** (46 %) et **merlot** (40 %) est assez étoffé, doté de tanins bien enrobés et d'une acidité qui participe à l'équilibre du vin, mais encore marqué par le bois (environ 22 $). Dans un style quelque peu différent, le **Te Awa Boundary** met l'accent sur le merlot (68 %) et le cabernet franc, avec à la clé des parfums floraux et des saveurs de piment vert. La **syrah**, surgreffée en 1994 sur du pinot noir, donne des résultats étonnants et un vin tout simplement splendide. Il dégage au nez des senteurs de violette et de petits fruits noirs et s'exprime en bouche sur une structure acide, avec en rétro-olfaction des effluves de poivre noir et de vanille. Une réussite, d'autant qu'il affiche un degré d'alcool très raisonnable (12 %). Il se vend environ 30 $. Enfin, je me crois de retour en Afrique du Sud avec le délicieux **pinotage**, variété qu'aime vinifier Jenny, dans la mesure où l'on apporte un soin jaloux aux sélections clonales et que l'on privilégie la qualité et non la quantité.

Faisant fi de tout compromis, Jenny privilégie les petits rendements et travaille ses vins avec sobriété et une grande minutie.

TE KAIRANGA

MARTINBOROUGH
(Martinborough)

Après Palliser Estate, Te Kairanga Wines est le deuxième plus grand producteur de la région de Martinborough, avec ses 100 hectares de vignes. Compagnie publique que se partagent 240 actionnaires, elle possède un vignoble sur des sols de graves extrêmement perméables. C'est là, en fait, qu'ont été plantées les premières vignes du secteur de Martinborough. Pinot noir, chardonnay et sauvignon blanc sont les principales variétés cultivées. Plusieurs parcelles, dont celles de Martins Road et de Todds Road produisent une excellente qualité de pinot noir, notamment pour l'élaboration du savoureux Runholder. On réserve les fruits du vignoble McLeod pour l'assemblage de la cuvée John Martin. La parcelle Angulaire est réservée au chardonnay Reserve, tandis que le lieu-dit Springrock, niché à une altitude de 100 mètres, permet des vendanges plus tardives. Enfin, les 44 hectares du vignoble Ruakokopatuna sont situés dans une vallée étroite au sud de Martinborough, jouissant d'un climat plus frais. Et dire que certains croient que la notion de terroir n'existe pas dans les pays du Nouveau Monde... Peter Caldwell, diplômé en viticulture, s'occupe de la vigne et des vinifications. Après plusieurs expériences en Australie, en France, en Californie et à Marlborough, il assume pleinement et en toute connaissance de cause ses nombreuses responsabilités. La maison achète aussi des raisins, notamment dans la zone d'appellation Gisborne.

> Et dire que certains croient que la notion de terroir n'existe pas dans les pays du Nouveau Monde...

Les vins

Pour débuter, le **riesling** (âgé de deux ans) m'apparaît plutôt réussi avec ses notes d'agrumes, classiques pour ce cépage. Le **sauvignon** est simplement excellent car il est issu de rendements bas et de raisins très mûrs. Il est bien meilleur, à mon avis, que le **Casarina** de deux ans, encore très marqué par le bois. Le **chardonnay Reserve** de quatre ans est délicieux, avec ses notes joliment pralinées, de la matière et du gras, et une excellente vivacité. À part le **pinot noir Estate,** soyeux et élégant et à prix à peu près correct (entre 25 et 30 $) et le **pinot noir Runholder,** très coloré et au nez magnifique de cerise noire, bien construit et tout en équilibre (entre 30 et 35 $), je n'ai pas été emballé par les autres vins rouges, ni par le **pinot noir Reserve** ou le **John Martin Reserve,** surtout que leur prix est d'environ 60 $. Beaucoup trop chers !

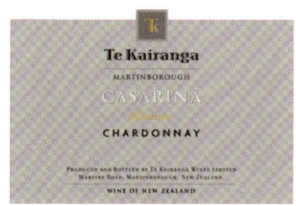

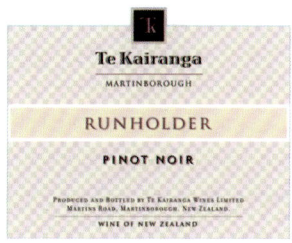

La façade du seul hôtel du centre-ville de Martinborough.

TE MATA

HAWKES BAY
(Havelock North)

Datant du début des années 1890, Te Mata serait l'une des plus anciennes caves de Nouvelle-Zélande. Reconnu comme l'un des cinq vignobles historiques du pays, ce domaine livre bon an mal an des cuvées recherchées comme Coleraine, Awatea, Bullnose, Elston et Cape Crest, le tout sous la direction du dynamique président exécutif John Buck, aux commandes depuis 1976. Les vignes, toutes situées dans Hawkes Bay, et judicieusement exploitées dans une perspective de développement durable, sont localisées dans trois sous régions distinctes. Le secteur de Havelock Hills fournit une partie des vins de Te Mata. Les 30 hectares du Ngatarawa Triangle fournissent une bonne quantité de syrah utilisée pour le Bullnose. Enfin, le vignoble Woodthorpe Terraces situé sur des sols et des sous-sols très bien drainés fournit toute une gamme de vins allant du viognier au cabernet sauvignon, en passant par le gamay et le chardonnay. Il serait dommage de ne pas souligner l'implication de cette maison dans la culture, et plus précisément dans la poésie. En effet, pour souligner son centenaire, Te Mata a créé le prix du Lauréat du meilleur poète de Nouvelle-Zélande. Le gagnant reçoit une somme d'argent et du vin, ainsi qu'un *tokotoko* personnalisé (une canne taillée et sculptée), symbolisant l'œuvre du poète. Comme quoi, le vin et la culture font souvent bon ménage! Lors de ma visite, j'ai eu droit à un état des lieux instructif sur le terrain en compagnie de Nicolas Buck, le fils du patron, qui a su m'expliquer les nuances et les subtilités qui composent les différents terroirs de Hawkes Bay.

> Reconnu comme l'un des cinq vignobles historiques du pays, ce domaine livre bon an mal an des cuvées recherchées comme Coleraine, Awatea, Bullnose, Elston et Cape Crest.

Les vins

Bon début avec le **sauvignon blanc Woodthorpe** extrêmement aromatique (fruit de la passion, poire, lime et fenouil), sec, vif et riche en matière fruitée. Le **Cape Crest**, élaboré aussi à partir de sauvignon blanc (85 %), mais assemblé avec du sémillon (11 %) et du sauvignon gris me fait penser à un cru de pessac-léognan (vin de Graves), ce qui n'est pas un mince compliment, avec son fruit et sa vivacité, mais surtout sa texture, sa substance et sa finesse. Un grand vin blanc ! Depuis une dizaine d'années, Te Mata propose le **viognier Woodthorpe,** judicieusement élaboré et préservant la typicité du cépage, avec un nez de pêche blanche en finale et un bon équilibre en bouche. Des deux cuvées de **chardonnay,** le **Woodthorpe** m'a semblé très net et d'une bonne fraîcheur, mais j'ai préféré le **Elston,** plus cher

L'étonnante maison de John Buck, le maître des lieux.

bien sûr (environ 40 $) mais beaucoup plus complexe. Issu de vignes de 15 ans, et fermenté en totalité dans des barriques de chêne français (35 % de fûts neufs), on a dans le verre matière, rondeur et longueur et cet aspect à la fois opulent et finement ciselé des grands crus de la Côte d'Or (en Bourgogne). Du côté des vins rouges, le **gamay noir Woodthorpe** m'a amusé, mais ses notes végétales et son manque de fraîcheur m'ont laissé dubitatif. Par contre, la **syrah Wodthorpe** est d'une finesse remarquable avec ses parfums de fleurs et ses saveurs de poivre blanc. Quant au **Bullnose,** fait de syrah à 100 %, il est beaucoup plus riche, avec son bouquet de baies noires bien mûres, sa structure tannique et sa longue persistance en fin de bouche. À prix somme toute raisonnable (environ 20 $), l'assemblage **merlot/cabernet Woodthorpe** est savoureux, doté d'une acidité en équilibre et de tanins bien mûrs. Plus cher, mais aussi plus abouti et plus complexe, le **Awatea** (assemblage à la bordelaise avec merlot, cabernets et petit verdot) s'exprime dans des saveurs d'épices et de poivre noir, le tout enveloppé par des tanins présents et soyeux. Enfin, le **Coleraine,** baptisé ainsi en l'honneur de la ville natale, en Irlande, du grand-père de John Buck, est issu de vieilles vignes poussant sur les collines d'Havelock. Le vin est tannique et d'une concentration étonnante, mais la distinction et la fraîcheur sont au rendez-vous, le tout mis en valeur par des saveurs de vanille et d'épices douces.

L'assemblage merlot/cabernet Woodthorpe est savoureux, doté d'une acidité en équilibre et de tanins mûrs et bien enrobés.

TOHU

MARLBOROUGH • GISBORNE • NELSON
(Lower Hutt)

Tohu wines est l'exemple surprenant, pour ne pas dire renversant, d'une cave à vin indigène de Nouvelle-Zélande. La culture maorie est au cœur de cette importante propriété, née de la fusion de trois partenaires : Wi Pere Trust de Gisborne, Nelson's Wakatu Incorporation et Ngati Rarua Atiawa Iwi Trust. Ici, tout est pensé pour mettre en avant les valeurs distinctes et spirituelles des Maoris à travers une production de vins de qualité. Les vignobles sont situés dans Marlborough, notamment dans Waihopai Valley et Awatere Valley, ainsi qu'à Gisborne et Nelson. C'est justement à Nelson, dans un bistro tout simple que Keith Palmer et son équipe m'ont réservé une soirée toute particulière que je ne suis pas près d'oublier. En plus d'un groupe folk-rock que Keith avait invité, des responsables maoris et leur famille sont venus chanter et danser à l'occasion de mon passage dans leur région. Ils m'ont expliqué comment leur respect de la nature et leurs fortes traditions épousent à merveille une certaine philosophie de la culture de la vigne et du vin. Ils ont béni la nourriture que nous avons partagée, dans le recueillement d'abord, puis dans une joie commune qui augmentait au fil des chants maoris et des chansons plus conventionnelles que j'ai même dû interpréter avec l'une de leurs guitares. Certes, les quelques flacons de sauvignon et de pinot noir qu'ils avaient apportés ont joué de leur influence, mais je peux vous dire que les émotions, de part et d'autre, furent palpables jusqu'au petit matin.

> Certes, les quelques flacons de sauvignon et de pinot noir qu'ils avaient apportés ont joué de leur influence, mais je peux vous dire que les émotions, de part et d'autre, furent palpables jusqu'au petit matin.

Les vins

Ambiance décontractée pour cette dégustation qui a mis en valeur le **sauvignon blanc Mugwy Marlborough**, expressif, riche et plein de vivacité, suivi du **chardonnay Unoaked,** toujours de Marlborough, fruité et d'une grande franchise, puis du **chardonnay Gisborne Reserve**, encore marqué par le bois. De Marlborough à nouveau, le **pinot noir** était fort agréable, mais loin de la complexité et de la richesse de saveurs du **Rore Marlborough Reserve** du même cépage, concentré, puissant, agrémenté de notes de prune bien mûre et de douces épices, livrées par une sensuelle et indicible rémanence. (Entre 18 et 35 $.)

Ici, tout est pensé pour mettre en avant les valeurs distinctes et spirituelles des Maoris.

TRINITY HILL

HAWKES BAY
(Hastings)

Peut-être est-ce l'histoire de la Sainte Trinité qui se répète : les propriétaires ont nommé leur domaine ainsi parce qu'ils sont trois, tout simplement. Le projet est né en 1987, et au fil des années, ils ont acquis des vignes, notamment sur les terres de Gimblett Road, et planté ici et là de nombreux cépages, avant de construire la cave en 1997. Les acquisitions se poursuivent et l'identité de Gimblett Gravels s'est forgée au fil des ans, au point de créer une association des producteurs installés sur ce terroir. Mais c'est à titre de responsable d'une autre association, celle des producteurs de la région de Hawkes Bay, que Warren Gibson, le *winemaker* de Trinity Hill, m'a entraîné dans un marathon de dégustation passionnant et formateur. Auparavant, nous sommes partis tous les deux explorer sur le terrain ce qui fait la spécificité de cet environnement exceptionnel qui ne manque pas de potentiel. Warren en a profité pour me conduire dans son petit vignoble personnel, magnifiquement exposé et dont il est bien fier, tout naturellement (*voir* Bilancia p. 400).

> Avant la dégustation-marathon, nous sommes partis explorer sur le terrain ce qui fait la spécificité de cet environnement exceptionnel qui ne manque pas de potentiel.

Warren Gibson, winemaker de Trinity Hill et propriétaire de Bilancia.

Les vignes, tout près de Trinity Hill.

Les vins

Bonne entrée en matière avec le **viognier Gimblett Gravels Hawkes Bay,** d'une jolie couleur aux reflets verts, au nez invitant de mousseron, très riche en bouche avec d'étonnantes saveurs de noisette et de caramel. Il eut été facile, à l'aveugle, de le confondre avec un condrieu de la vallée du Rhône (environ 30 $). Le **pinot noir High Country**, est un bon vin rouge tout en fruit mais manquant de concentration. Le **cabernet sauvignon Gimblett Gravels** m'a semblé marqué par du fruit trop mûr et des tanins légèrement anguleux, ce qui est dommage car de bonnes saveurs de réglisse égaient l'ensemble. Très fin avec ses arômes expressifs de baies noires, l'assemblage **cabernet sauvignon/merlot Gimblett Road** est charnu et juteux, mais encore jeune. Belle surprise avec le **tempranillo Gimblett Gravels**, très agréable et sensuel grâce à ses notes empyreumatiques (environ 30 $). Enfin, pour les plus fortunés, l'originale **syrah Homage Gimblett Gravels** (entre 100 et 120 $), qui a passé 18 mois en fûts de chêne français neufs, est une réussite sur toute la ligne, tant au nez, fin et délicat, qu'en bouche où nous avons du fruit bien mûr, des tanins de velours et une bonne fraîcheur. C'est un vin de trois ans dans lequel entre 6 % de viognier, que n'aurait pas désavoué le regretté Gérard Jaboulet, en l'honneur de qui il a été élaboré.

VIDAL

HAWKES BAY
(Hastings)

La propriété, fondée en 1905 par l'Espagnol Anthony Joseph Vidal, est l'une des plus anciennes de Hawkes Bay. Après son décès, ses trois fils ont pris le contrôle du domaine et ont continué à produire des vins de qualité. La société a traversé quelques turbulences au début des années 1970, mais les choses ont commencé à changer pour le mieux en 1976, quand George Fistonich, du groupe Villa Maria, s'en est porté acquéreur. La majeure partie des raisins est achetée à des viticulteurs de la région de Hawkes Bay, mais depuis la vendange de 2002, Vidal vinifie à partir de son propre vignoble de culture organique dans Gimblett Gravels, la cuvée Joseph Soler, du nom de l'oncle du fondateur. Le *winemaker* Hugh Crichton possède une très jolie feuille de route : nommé vigneron de l'année en 2006, il a acquis de l'expérience en Nouvelle-Zélande mais aussi en France, au château Soutard, grand cru classé de saint-émilion, et chez Donnafugata, excellente maison sicilienne. On ne manquera pas le restaurant, parmi les meilleurs de la région et l'un des premiers – sinon le premier, ouvert en 1979 – attaché à un domaine viticole.

> Depuis la vendange de 2002, Vidal vinifie à partir de son propre vignoble de culture organique dans Gimblett Gravels, la cuvée Joseph Soler, du nom de l'oncle du fondateur.

Les vins

Parmi toute la gamme proposée, on ne manquera pas le **chardonnay Unwooded,** un bel exemple de vin fruité, rond, frais et d'une grande franchise. Le **Reserve,** qui a passé 11 mois en barriques, dont 30 % en fûts neufs, est plus lourd, très concentré et d'un degré alcoolique trop élevé (14,5 %). Le **pinot noir Stopbank,** issu d'un seul vignoble, est très mûr et ses saveurs de cerise noire participent au plaisir de la dégustation. La **syrah Soler** de trois ans ne m'a pas complètement convaincu, à cause d'une certaine dureté en bouche. Par contre, j'ai beaucoup apprécié l'excellent assemblage **merlot/cabernet sauvignon Reserve,** nanti d'un joli nez, de tanins bien enrobés et de saveurs épicées. Enfin, le **cabernet sauvignon Reserve** offrait, après cinq ans, un bouquet de fruits très mûrs, de tabac et de torréfaction assez impressionnant et beaucoup de matière. Idéal pour accompagner une pièce de gibier à poils. (Entre 18 et 40 $.)

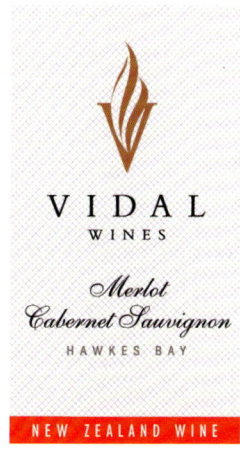

Environnement exceptionnel au cœur de Gimblett Gravels.

VILLA MARIA

AUCKLAND • HAWKES BAY • MARLBOROUGH
(Auckland - Blenheim)

Le vignoble néo-zélandais ne serait pas ce qu'il est aujourd'hui si Villa Maria n'existait pas. En fait, le succès de cette entreprise vitivinicole créée en 1961, la troisième en importance au pays, repose sur les épaules de son fondateur George Fistonich, un visionnaire extraordinaire. D'origine croate lui aussi, cet homme affable et déterminé dirige sa société avec ouverture et fermeté et sait très bien où il s'en va. Croulant sous les prix et les hommages, il est admiré et on sent bien le grand respect que lui voue son entourage. Il faut assister, pour s'en convaincre, aux dernières heures de la semaine un vendredi soir : un petit chariot garni de verres et d'une multitude de bouteilles passe de bureau en bureau, pour le plaisir tout simplement et pour souhaiter à tous un bon week-end. Ce qui vous donne une idée de la gestion du personnel... Les installations de vinification situées à Auckland pour tous les vins de l'île du Nord sont impressionnantes, tout comme à Blenheim, dans l'île du Sud, où en plus de la cave ouverte en mars 2000, des appartements fort agréables et bien aménagés au pied des vignes sont conçus pour recevoir en toute quiétude les amis et collaborateurs de passage. Une équipe dynamique, dont Ian Clark à l'export, Alastair Maling, Greg Harris et George Geris aux vinifications, a été mise en place afin d'assurer, malgré la taille de cette société et le nombre de produits offerts, une certaine qualité et une régularité qui lui font honneur.

En compagnie de Ian Clark et de George Fistonich (au centre).

Les vins

J'ai ratissé large avec Villa Maria puisque j'ai procédé à trois dégustations. La première : les vins goûtés dans la région de Hawkes Bay. Le **chardonnay Reserve** provient de trois vignobles différents, notamment de Gimblett Gravels. Fermenté, puis élevé en barriques pendant 14 mois, ce vin est moyennement expressif, fruité et d'une bonne rondeur, offrant en bouche des saveurs de pain grillé et de fruit de la passion. Le **chardonnay Waikahu** provient d'un vignoble situé sur un plateau portant le joli nom de Marakakaho. Ressemblant à un vin australien, il s'exprime de notes beurrées et est très riche, crémeux et concentré. Un peu trop ma foi, je ne suis pas sûr de finir la bouteille… Le **merlot Reserve** est doté d'une robe sombre et d'un nez de mûre et de pruneau. Tout en chair, il ne brille pas par l'élégance. Beaucoup plus expressif, avec du fruit, de l'acidité et des tanins fermes, le **merlot Twyford Gravels** (de trois ans) se démarque grâce à sa jeunesse et sa forte personnalité. À revoir dans quatre ans ! Mon deuxième banc d'essai : les vins de Marlborough. Parmi les cuvées de **sauvignon**, le **Cellar Selection** est agréable, vif et expressif mais le **Vineyard Taylors Pass** m'a semblé le plus équilibré, avec certes quelques notes herbacées mais aussi une bonne minéralité tant au nez qu'en bouche. Le **chardonnay** nous offre une bonne série dans l'ensemble avec notamment le **Private Bin,** qui est très honnête pour un vin produit en si grande quantité.

Ci-dessous et page de gauche : Installations de vinification à Auckland.

Curieusement, c'est aussi le vin issu du Taylors Pass qui m'a séduit, avec ses parfums de miel, de beurre et de genêt, et sa bouche onctueuse aux riches saveurs de noisette. Du bon travail! Une mention pour le **riesling Private Bin,** sur le fruit, mais fidèle à la matière première. Des quatre vins de pinot noir, le **Taylors Pass** (décidément un excellent vignoble) se détache nettement de ses fragrances empyreumatiques et sa texture de velours grâce à des tanins très mûrs et savamment travaillés : il est bon mais assez cher (environ 50 $). Je termine sur une note sucrée avec le **Reserve Marlborough Noble Riesling,** un vin liquoreux, riche et séducteur, gratifié de senteurs de cire, de pêche et de coing. Pour ce qui est de la troisième série de dégustation, à Auckland : le **chardonnay Hawkes Bay Keltern** offre un joli nez au boisé bien intégré. Puis, des trois vins de **pinot gris,** le **Marlborough Seddon** est une réussite. Élaboré avec des raisins bien mûrs récoltés sur les terrasses de la rivière Awatere, ce vin propose une palette d'arômes floraux (chèvrefeuille) et fruités (amande et noisette) ainsi qu'une rondeur en bouche et une acidité qui vient ciseler le tout. Je l'imagine très bien accompagnant un filet de saint-pierre... Le **gewurztraminer** n'est pas un cépage facile à vinifier, mais je dois dire qu'on s'est surpassé avec le **East Cost,** à prix accessible (environ 18 $), aux fines senteurs de rose et de lilas, et tout particulièrement avec le **Ihumatao,** aux saveurs

épicées enivrantes. Les deux vins de **syrah**, le **Cellar Collection** et le **Reserve** ont en commun des tanins fins, une bonne extraction, de la structure et de fines saveurs épicées, avec en prime le poivre dans le second et la réglisse dans le dernier. Enfin, l'assemblage **merlot/cabernet Private Bin** est charmeur avec son fruité très présent. L'assemblage **merlot/cabernet Cellar Selection** est étoffé, avec de jolies notes de tabac blond et d'épices, et une structure tannique qui laisse deviner un bon potentiel de vieillissement. L'assemblage **cabernet/merlot Reserve** au nez de mûre, de prune, de fumée et de poivre noir, est étonnamment long et racé. Quant au **merlot Reserve** de trois ans qui clôture cet exercice, il est plein de fruits noirs, puissant et vigoureux, et a sans contredit beaucoup de tempérament. Les six derniers vins proviennent tous de Hawkes Bay, et se vendent entre 17 et 50 $.

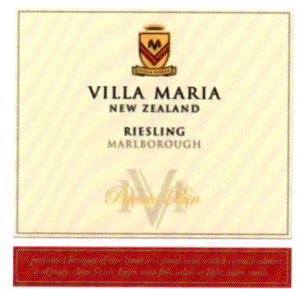

Une équipe dynamique a été mise en place afin d'assurer, malgré la taille de cette société et le nombre de produits offerts, une certaine qualité et une régularité qui lui font honneur.

Ambiance décontractée sur les passerelles...

WAIMEA

NELSON
(Nelson)

Les propriétaires, Trevor et Robyn Bolitho, cultivent leurs vignes sur les plaines de Nelson depuis 1993, avec une surface qui atteint aujourd'hui 130 hectares, ce qui n'est pas rien, d'autant plus que 85 % de leurs raisins proviennent de leurs propres vignes. Divisé en six parcelles, le vignoble, installé sur des sols bien drainés, est protégé par les collines avoisinantes et profite des influences maritimes et d'un ensoleillement de qualité. Si on cultive ici de nombreux cépages, Michael Brown, le directeur et *winemaker* assure que dans l'avenir, les efforts seront portés principalement sur le sauvignon blanc et le pinot noir. Grâce à des rendements bas et à une politique non interventionniste, on devine dans le verre la philosophie de Mike : des vins tout en fruit, dans la concentration, la texture et l'équilibre.

Les vins

Le **sauvignon blanc Waimea** est typique du cépage, avec malgré tout des notes végétales dominantes. Le même sauvignon, cette fois-ci sous l'étiquette **Spinyback** – du nom d'un petit dragon vert* qui illustre l'étiquette de leur deuxième vin – est presque plus agréable, léger et fruité, affichant sans gêne sa simplicité. Belle surprise avec le **Waimea Dry Riesling,** sec en effet, et très agréable grâce à ce mordant aux saveurs d'agrumes et cette finale minérale qui lui sied si bien. Le **pinot gris Waimea** est pointu, concentré, structuré, et doté d'un résiduel en sucre de 14 grammes qui lui confère une sucrosité qui plaira à certains. Le **gewurztraminer Waimea** est une belle démonstration de leur savoir-faire, puissant et très expressif, avec en finale un équilibre qui n'est pas toujours facile à atteindre avec ce cépage. Je n'ai pas trop hésité entre le **chardonnay Spinyback** et le **Waimea**. Ce dernier me paraît plus complet, tant dans l'expression aromatique que dans la matière. Le constat est un peu le même avec le **pinot noir Waimea,** paré d'une jolie robe profonde et offrant au nez des parfums caractéristiques de mûre et de tabac. En bouche, les tanins sont bien enveloppés et l'acidité apporte un relief non négligeable. Les vins de la gamme Spinyback se vendent environ 20 $, et les autres entre 22 et 25 $.

* *Il s'agit en fait d'une espèce protégée de petit lézard, appelé tuatara, datant semble-t-il de l'époque des dinosaures, et pour lequel on mène actuellement une campagne d'éducation et de conservation.*

Divisé en six parcelles, le vignoble, installé sur des sols bien drainés, est protégé par les collines avoisinantes et profite des influences maritimes et d'un ensoleillement de qualité.

Mike Brown, le directeur et winemaker.

WITHER HILLS

MARLBOROUGH
(Blenheim)

Voici l'une des grandes caves de la région de Marlborough, joliment installée dans Wairau Valley. Les premiers vins datent de 1992, mais c'est en 2005 que les installations de vinification ont été complétées, le tout avec beaucoup de classe et d'ingéniosité. Avec un magnifique vignoble de 300 hectares, cette maison créée par Brent Marris se consacre uniquement au sauvignon, au chardonnay et au pinot noir et utilise à peu près 90 % de son propre vignoble pour ses besoins de production. Il s'agit d'une décision éclairée prise par des responsables qui veulent se consacrer autant à la qualité qu'à la quantité. Il faut dire que le groupe Lion Nathan, qui possède aujourd'hui Wither Hills, n'est pas le dernier venu dans le monde du vin, puisqu'il est aussi propriétaire de Petaluma, de St Hallett, de Knappstein et de Stonier en Australie. Les vinifications se font aujourd'hui sous la direction du jeune *winemaker* Ben Glover.

Nadine Cross, winemaker aussi charmante que compétente.

L'entrée de la cave.

Les vins

Avec ses légères notes végétales de groseille et de buis, typiques du cépage, le **sauvignon**, très expressif a aussi du corps et du fruit, ce qui confère à l'ensemble une forte personnalité pour un vin qui fait habituellement plus dans la légèreté que dans la complexité. Le **chardonnay**, élaboré en barriques de chêne français, dont 50 % de fûts neufs, a le gras et la matière qui lui permettra de s'exprimer à merveille au bout de quatre à cinq ans. Le **pinot noir** d'un an, quant à lui, est très fruité et savoureux, mais moins abouti que celui de deux ans. Élevé 14 mois en fûts (dont 50 % de bois neuf), cette cuvée issue de petits rendements a du panache, sous une robe profonde et intense. Au nez, nous avons droit à un joli bouquet d'épices douces et de notes empyreumatiques : un petit feu d'artifice de saveurs invitantes sur une texture veloutée soutenue par des tanins racés et serrés. Une belle découverte ! (Entre 20 et 45 $.)

D'AUTRES MAISONS À DÉCOUVRIR

AKARUA (CENTRAL OTAGO)
Sir Klifford Skeggs, un éminent personnage de Dunedin, a créé ce petit vignoble en 1996 à Bannockburn. Connu pour son **pinot noir**, qui m'a épaté avec ses saveurs de fraise, de framboise et de poivre noir, c'est un domaine à surveiller.

ALANA (MARTINBOROUGH)
Une belle petite maison de Martinborough située sur les terrasses le long de la rivière Huangarua. Tous les vins se font ici sur le principe de la gravité afin de ne pas endommager les raisins. Connue pour le **chardonnay** et le **pinot noir**, cette cave m'a plutôt ébloui avec ses vins. Le premier a des parfums de levure, de miel et de beurre, des saveurs fruitées, du gras, une bonne vivacité et de la longueur. Je peux dire sans hésitation que c'est l'un des meilleurs de la région. Même plaisir avec le pinot, avec un goût très typé de cerise rouge et de la chair. Il est bien équilibré et promis à un bel avenir.

ALPHA DOMUS (HAWKES BAY)

Les premières lettres des prénoms de la famille Ham, Anthonius, Leonarda, Paul, Henri et Anthony forment une anagramme qui a donné Alpha, *domus* signifiant *maison* en latin. Avec un total de 35 hectares situés sur deux sites distincts, on élabore ici des vins d'excellente qualité dans une perspective de viticulture durable. En plus du **viognier** et du **chardonnay**, j'ai bien aimé leur **merlot/cabernet Navigator** (assemblage de merlot, cabernet sauvignon, cabernet franc et malbec) dans la série **AD Selection,** et me suis régalé de l'**Aviator,** un assemblage presque identique mais plus soutenu et plus corsé. Très bon mais pas donné… (Entre 60 et 70 $.)

ATA RANGI (MARTINBOROUGH)
Le succès n'est pas monté à la tête de Clive Patton, qui a monté cette cave en 1980, et remporté bien des honneurs avec son **chardonnay** mais surtout avec son **pinot noir**, puissant, vigoureux, massif mais aussi très élégant et racé. De fait, il est très attaché à son environnement et remet une partie de ses profits à une fondation qui voit à la préservation des arbres *pohutukawa*.

BILANCIA (HAWKES BAY)

Warren Gibson, qui est le *winemaker* de Trinity Hill, possède avec sa femme quelques hectares de vignes magnifiquement exposées sur les terrasses installées face aux collines Roy, à l'ouest de Hastings, dans la région de Hawkes Bay.

Warren, profondément attaché à son terroir, livre deux vins de son cru, dont un **viognier** très distingué, au nez expressif de pêche et d'abricot, avec en bouche du fruit et une bonne fraîcheur. En rouge, **La Collina** est une syrah très concentrée, au nez très mûr de fruits noirs et de torréfaction. Tous les éléments sont là mais peut-être dans le désordre. C'est bon, mais que c'est cher (environ 90 $) !

BLACKENBROOK (NELSON)

Jeune maison installée dans le nord de l'île du Sud, entre Tasman et Upper Moutere, tout près de Nelson, et dont le nom est la traduction anglaise du nom de famille du propriétaire, Daniel Schwarzenbach. D'origine Suisse, Daniel, qui a émigré en Nouvelle-Zélande en 1975, est reparti en Europe, son diplôme en poche obtenu à l'université de Christchurch. Il a travaillé en Autriche, en Allemagne, en Suisse évidemment, et en Alsace chez Zind-Humbrecht. De retour au pays, il a été *winemaker* chez Seifried. Avec un vignoble qui prendra de l'expansion dans les années à venir, Daniel élabore déjà toute une gamme de vins blancs, dont un **riesling** et un **gewurztraminer**, ainsi qu'un **pinot noir** et, plus rare, un **montepulciano**. Bonne chance à Daniel, que je connais puisque nous faisons partie du jury des Vinalies Internationales à Paris chaque année. Les prix s'échelonnent entre 20 et 30 $, mais une gamme de vins à prix plus abordables est proposée sous le nom de **St Jacques**.

BORTHWICK (WAIRARAPA)

Paddy Borthwick, *winemaker* passionné par le vin a créé, en 1999, sa propre cave à Masterton, dans Wairarapa, après de longues années d'expérience en Europe et dans la région de Marlborough. Son **riesling** est très bien fait, riche et expressif, tandis que son **sauvignon** est floral, subtil et fruité.

CHARD FARM (CENTRAL OTAGO)

Ne serait-ce que pour le plaisir des yeux, il faut voir une fois dans sa vie le site hors du commun de ce petit domaine, créé en 1987, surplombant les gorges profondes de la rivière Kawarau, là où l'on a tourné des séquences du film *Le seigneur des anneaux*. Ses vins de **chardonnay**, de **pinot gris** et de **pinot noir**, n'ont rien à envier aux autres crus de la région.

CLIFFORD BAY (MARLBOROUGH)

La cave et le restaurant sont installés à Rapaura, mais les raisins proviennent d'Awatere Valley. On y produit du **sauvignon**, du **chardonnay** et du **riesling**. J'ai beaucoup aimé, pour ma part, leur **pinot noir** aux notes empyreumatiques, un vin charnu et fidèle au cépage.

COOPER'S CREEK (AUCKLAND)

Nous sommes à 35 kilomètres au nord-ouest d'Auckland, au cœur de Huapai et de la région de la rivière Kumeu. Cooper's Creek s'y est établie en 1980, sous la houlette de Cynthia et Andrew Hendry et de quelques autres partenaires. Après des débuts timides, cette cave s'est bâtie une réputation, grâce notamment à la participation de Kim Crawford, avant que celui-ci ne décide de voler de ses propres ailes pour fonder la cave qui porte son nom. Peu à peu, les propriétaires ont tissé des liens avec des vignerons installés dans d'autres régions du pays. C'est ainsi qu'ils ont acquis un autre vignoble sur Middle Road dans Hawkes Bay. Si Cooper's Creek est réputée pour son **chardonnay,** les responsables jouent aujourd'hui aux *Rhône Rangers* en accordant de plus en plus d'importance au **viognier** et à la **syrah** et ce, avec un certain succès.

DOG POINT (MARLBOROUGH)

Petite cave dont on entend beaucoup parler et qui est née de l'association de deux personnages de la région, impliqués autrefois dans Cloudy Bay. Leurs vins sont de plus en plus recherchés.

ESK VALLEY (HAWKES BAY)

Même si ce domaine fait partie du groupe Villa Maria, il est géré indépendamment et a sa propre équipe de vinification. Dans la gamme **Black Label,** j'ai goûté au **sauvignon** qui m'a beaucoup plu, avec ses notes citronnées et sa franche vivacité. Le **chardonnay** offrait beaucoup de matière, avec une touche de minéralité et des saveurs d'amande grillée dignes d'un grand cru. Une belle découverte! Quant au **riesling**, agréable et fruité, il m'a toutefois laissé sur ma soif, à cause d'un manque de fraîcheur. Je n'ai pas dégusté leur grande cuvée **The Terrasses,** magnifique vin, semble-t-il, issu d'un assemblage de merlot et de malbec principalement, mais j'ai beaucoup aimé l'assemblage **merlot/malbec/cabernet Reserve,** un vin bien fait au très joli nez de torréfaction et aux saveurs marquées par les épices, le tout enrobé de tanins soyeux.

FAIRHALL DOWNS (MARLBOROUGH)

Après avoir planté de la vigne en 1982 pour fournir du raisin à de grandes compagnies, la famille Small a décidé de produire ses propres vins à partir de 1996. Installée au pied des collines du mont Wrekin, près de la rivière Fairhall, elle propose un excellent **sauvignon blanc,** très fruité et sémillant qui ne fait pas dans la caricature (c'est-à-dire un vin trop expressif mélangeant les goûts de fruit de la passion, d'asperge et les notes herbacées). Un régal!

HIGHFIELD (MARLBOROUGH)

Highfield produit l'un des superbes vins de **sauvignon blanc** qu'il m'ait été donné de découvrir. Je l'ai goûté lors d'un marathon de dégustation organisé à Blenheim à mon attention. **Chardonnay, riesling, pinot noir** et un effervescent appelé **Elstree Cuvée Brut** font partie du portfolio de cette cave réputée.

JULES TAYLOR (MARLBOROUGH)

Jules Taylor, qui a déjà travaillé pour Cloudy Bay et Villa Maria, est le *winemaker* du domaine Kim Crawford à Marlborough. Il produit ici à son propre compte du **riesling**, du **pinot noir**, un **pinot gris** qui m'a épaté et un **sauvignon** qui m'a beaucoup moins emballé à cause de ses notes végétales un peu trop présentes.

KAHURANGI (NELSON)

En maori, *kahurangi** signifie à la fois *possession prisée* et *bijou précieux,* deux expressions qui illustrent parfaitement cette affaire de famille qui existe depuis le début des années 1970. En fait, les actuels propriétaires, Greg et Amanda Day, l'ont achetée en 1998 du fondateur Hermann Seifried, qui s'est lui-même installé un peu plus loin, dans les plaines de Waimea (*voir* p. 370). En plus d'une quantité importante de raisins achetés à des viticulteurs indépendants, la propriété compte environ 24 hectares de vignes. Chardonnay, sauvignon, gewurztraminer, pinot gris, merlot et pinot noir constituent l'encépagement, mais c'est avec ses différentes cuvées de riesling que Kahurangi s'est fait remarquer. La vendange tardive est très réussie et digne de mention. Depuis peu, le domaine produit aussi des vins à base de montepulciano, appelé localement « monte » pour faire plus court...

* Kahurangi, c'est aussi le nom du plus récent parc national du pays et le deuxième en importance, avec environ 450 000 hectares.

KEMBLEFIELD (HAWKES BAY)

Au début des années 1990, les Californiens John Kemble et Kaar Field ont créé ce domaine dans la région de Hawkes Bay, proposant aujourd'hui des vins différents dans trois gammes distinctes. Leur **sauvignon** ne m'a pas du tout impressionné, mais ils produisent, paraît-il, un juteux **zinfandel**. Pour ceux qui s'en ennuient...

KONRAD (MARLBOROUGH)

Après avoir vécu en Australie, c'est en Nouvelle-Zélande que l'Allemand Konrad Hengstler a installé ses pénates, avec son épouse Sigrun. Les vignes sont plantées depuis 1996 dans Wairau Valley et Waihopai Valley, donnant de savoureuses cuvées de **sauvignon blanc,** de **riesling** et de **pinot noir**.

KOURA BAY (MARLBOROUGH)

On dit d'Awatere Valley qu'elle est le « bijou de la couronne » de la région de Marlborough, et Koura Bay fait son possible pour attester de la véracité de cette affirmation. En effet, les propriétaires Geoff et Diane Smith entretiennent amoureusement leur domaine situé sur les rives de la rivière Awatere qui donne son nom à la vallée. Tout s'y fait de façon méticuleuse, afin d'extraire des sauvignon, pinot noir, pinot gris et riesling plantés sur les graviers des terrasses les plus basses, et les argiles des coteaux exposés plus haut, des vins d'une bonne extraction, riches et concentrés. Le nom de la plupart des cuvées et l'illustration des étiquettes reflètent joliment l'histoire du secteur de Kaikoura, une région connue pour sa vie maritime.

MARTINBOROUGH VINEYARD (MARTINBOROUGH)

C'est avec leur *winemaker* Paul Mason que j'ai pu déguster de nombreuses cuvées de la région de Martinborough et de Wairarapa. J'ai pu me faire en même temps une idée de leurs propres vins. Le **sauvignon** est d'une grande franchise, très marqué par les notes de pamplemousse, fort agréable, allègre et très fruité. Quant au **pinot noir,** leurs deux cuvées, le **Terrace** et le **Te Tera** sont de bons exemples de réussite dans cette région avec ce cépage difficile à travailler. Le fruit bien mûr, la finesse, la rondeur et la vivacité s'y donnent rendez-vous.

MATUA VALLEY (AUCKLAND)

En grandissant dans une famille de vignerons de la région d'Auckland, les fondateurs de Matua Valley, Ross et Bill Spence, font certainement partie de ces visionnaires qui ont cru au potentiel viticole de leur pays. Comme ce fut le cas pour beaucoup de leurs confrères, leurs débuts en 1973 furent bien modestes. C'est avec leur **sauvignon blanc,** l'un des premiers du pays, qu'ils vont se faire remarquer. Aujourd'hui, Matua Valley fait partie du groupe Beringer Blass (propriété du géant Foster's), et produit bon an mal an une ribambelle de cuvées que la compagnie s'empresse de distribuer dans le monde. Des vins simples aux cuvées plus achevées, le portfolio de cette maison est assez éclectique, à travers plusieurs appellations, dont Hawkes Bay, Wairarapa et Marlborough, mais a tendance à donner le tournis. Ils sont aussi installés dans la région de Marlborough, où ils privilégient comme tout un chacun le sauvignon et le pinot noir.

MILLS REEF (BAY OF PLENTY • HAWKES BAY)

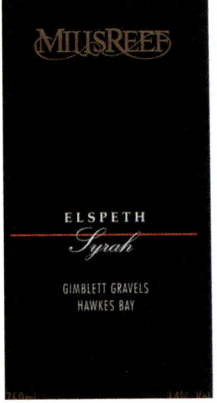

C'est en l'honneur de son arrière-grand-père Charles Mills, capitaine au long cours, que Paddy Preston a baptisé son domaine. Plus tard, en 1997, il donnera le prénom de sa mère Elspeth aux vins haut de gamme provenant du vignoble de Mere Road, dans la région de Hawkes Bay. C'est justement dans cette aire de production que les Preston cultivent la vigne, même si la cave et les installations sont situées à Tauranga, à environ une heure de route, dans la baie de Plenty. Mills Reef cueille aussi une partie de ses raisins dans la zone renommée de Gimblett Gravels, toujours dans Hawkes Bay. Avec ses différentes gammes, cette cave propose beaucoup de vins, un peu trop à mon goût, et devra revoir la dénomination de leurs vins fortifiés qui n'ont de porto que le nom...

MISSION (HAWKES BAY)

Un peu comme en Californie avec les frères des écoles chrétiennes (Christian Brother's), l'influence catholique se fait sentir dans cette maison très ancienne, puisqu'elle fut fondée en 1851 par les frères maristes, venus de France. Du vin de messe initial aux cuvées modernes d'aujourd'hui, on peut se faire plaisir avec certaines d'entre elles, dont le **pinot gris Mission Estate,** très fruité, expressif et d'une bonne rondeur. Chaque année, Mission Estate organise des concerts très suivis. Kiri Te Kanawa, Dionne Warwick, Ray Charles, Kenny Rogers et Rod Stewart ont honoré de leur présence la jolie ville de Napier où est installé ce domaine très particulier.

MOUNT CASS (WAIPARA)

Mount Cass est l'un des trois premiers vignobles d'importance installés dans Waipara Valley en 1982. Connu auparavant sous le nom de Chancellor Estate, ce domaine tire son nom du sommet du mont Cass qui culmine à plus de 500 mètres au-dessus du niveau de la mer. Il est aujourd'hui la propriété familiale de Chris et Carol Parker qui ont décidé d'investir dans le vin en 1999, en créant la société Alpine Pacific Wine Company. En plus d'acheter du raisin, les propriétaires possèdent un vignoble de 20 hectares, installé sur deux sites distincts, l'un au sol caillouteux, l'autre plus argileux. Si le sauvignon blanc domine, on trouve également un excellent riesling, du chardonnay, du pinot noir, du cabernet sauvignon, du pinot gris et du pinotage. Un énorme travail est fait à la vigne puisque l'on privilégie les petits rendements. Le résultat se retrouve sans contredit dans le verre, avec des vins d'une bonne concentration et d'une certaine finesse.

MOUNT NELSON (MARLBOROUGH)

Ce nouveau venu bien installé dans Wairau Valley fait partie de Campo di Sasso, le domaine toscan des frères Piero et Lodovico Antinori. Le sauvignon est actuellement à l'honneur, mais les propriétaires ont bien l'intention, dans les années à venir, d'étendre leur vignoble à d'autres cépages. Une maison à surveiller.

MOUNT RILEY (MARLBOROUGH)

Créée en 1992 par John Buchanan, très impliqué dans l'industrie du vin depuis les années 1970, Mount Riley fait partie aujourd'hui des dix premières propriétés de la région et des 20 premières caves du pays en termes de ventes. Le *winemaker,* Bill « Digger » Hennessy, d'origine australienne, dirige son équipe depuis 1998. La plupart des vignobles sont situés dans Wairau Valley, aux sols de graviers sédimentaires, où la réputation du sauvignon blanc n'est plus à faire. Entre les vins de base et le haut de gamme **Seventeen Valley,** Bill Hennessy est fier de son **Mount Riley Savée,** un **vin effervescent** à base de sauvignon, avec prise de mousse en bouteille.

NOBILO (AUCKLAND)

L'histoire de cette société commence au début des années 1940, quand Nikola Nobilo, d'origine Croate, et sa famille, s'installent à Huapai, à l'ouest d'Auckland dans l'île du Nord. Aujourd'hui, avec des centaines d'hectares de vignes plantés dans les régions de Gisborne, Hawkes Bay et Marlborough (Drylands), cette méga société, la deuxième au pays après Pernod

Ricard, fait partie du conglomérat américain Constellation. Elle produit et distribue toute une gamme de vins, souvent à prix abordables, et de qualité correcte. Des gammes **White Cloud** au **Selaks Founder's Reserve,** en passant par le populaire **Monkey Bay,** tout le monde semble y trouver son compte...

PEGASUS BAY (WAIPARA)

Créé au milieu des années 1980 par un éminent neurologiste de Christchurch, Pegasus Bay est toujours une affaire de famille et certainement l'un des domaines les plus respectés dans la région et dans le pays tout entier. En plus d'un restaurant très couru et de la musique qui se reflète dans le nom des vins, on trouvera, bon an mal an, des cuvées de grande qualité comme un magnifique **riesling,** issu de vignes de 20 ans, expressif avec ses arômes pénétrants de miel et de citron, et d'un excellent rapport qualité-prix (entre 25 et 30 $). Même plaisir avec le **pinot noir Prima Donna,** merveilleusement équilibré, charpenté, savoureux et doté de tanins très fins. Par contre, il faudra accepter son prix quelque peu élevé. (Entre 75 et 80 $.)

PROPHET'S ROCK (CENTRAL OTAGO)

Un petit vignoble installé à Cromwell, pas loin de Quartz Reef et de Rockburn. J'ai bien aimé leur **riesling,** très agréable et plutôt équilibré malgré ses 34 grammes de sucre résiduel. Par contre, le **pinot noir** provenant de Bendigo était léger et ténu.

RIPPON VINEYARD (CENTRAL OTAGO)

C'est certainement l'un des vignobles les plus photographiés du pays, pour ceux qui ont eu le loisir de se rendre sur les bords du lac Wanaka, au fin fond de Central Otago, au nord de Queenstown. Le paysage y est à couper le souffle et la famille Mills élabore ici des vins de grande qualité suivant les principes de la culture organique et parfois biodynamique. Pour ma part, j'ai été impressionné par leur **pinot noir,** expressif à souhait (aux notes empyreumatiques), riche, profond et complexe.

SPY VALLEY (MARLBOROUGH)

Ne cherchez pas d'espion dans la vallée, mais on s'est inspiré pour baptiser ce domaine, de la station futuriste de communications satellites située dans Waihopai Valley, là où les premières vignes ont été plantées en 1993. Ici, l'accent est mis sur un environnement extrêmement favorable à la viticulture. En plus d'un paysage à couper le souffle, les conditions climatiques, sur cette côte ensoleillée du sud de Wairau Valley, sont excellentes pour la maturité des raisins, et les sols caillouteux assurent qualité et concentration. À part le sauvignon blanc qui est encore acheté par contrat à d'autres viticulteurs, afin notamment de minimiser les risques climatiques, tous les vins de Spy Valley sont issus de la propriété. Sauf pour les hautes montagnes environnantes, on se croirait en Toscane, avec les deux mille oliviers qui ont été plantés sur les sites bien nommés de Frantoio, Minerva et Pendolino, là où la vigne donnait de moins bons résultats.

STAETE LANDT (MARLBOROUGH)

Dans cette cave-boutique de Rapaura dans la région de Marlborough, tenue par des immigrants hollandais, on produit, sur une vingtaine d'hectares, des vins de qualité à partir de sauvignon blanc, de pinot gris, de pinot noir et de chardonnay.

STONYRIDGE (WAIHEKE ISLAND)

Après ses études en médecine, Stephen White a obtenu un diplôme en horticulture. En 1981, il revient en Nouvelle-Zélande après avoir fait le Whitbread Round (une course autour du monde en yacht), s'arrêtant ici et là et travaillant dans des domaines viticoles en Californie et en Italie. C'est pendant cette aventure de trois ans qu'il a commencé à s'intéresser au style de vie européen et aux vins rouges de France, de Toscane et de Californie. Suite à de nombreuses recherches, il a découvert que le site idéal était finalement sous son nez, sur l'île Waiheke. Malgré bien des déboires pour obtenir du financement, puisque personne ne croyait à son projet, les premières vignes, ainsi que des oliviers, ont été plantés en 1982, avec l'aide notamment de ses voisins Kim et Jeanette Goldwater. Après un stage de formation au château d'Angludet, à Margaux, l'accent a été mis sur une approche bordelaise avec une dominance de cabernet sauvignon, du merlot, du cabernet franc, du malbec et du petit verdot. Il faut goûter au **Larose,** parfois offert sur les cartes des grands étoilés Michelin, et à prix plus doux, au **Airfield,** son deuxième vin.

TE WHARE RA (MARLBOROUGH)

Ce nom maori signifie *la maison dans le soleil*, ce qui veut tout dire. En fait, cette petite cave ne m'a pas laissé indifférent avec son **gewurztraminer** éloquent par son expression aromatique et sa riche matière fruitée, son **sauvignon** tout en fruit et d'une bonne vivacité et son **pinot noir** de deux ans, très coloré, charnu et doté de tanins veloutés.

THE CROSSINGS (MARLBOROUGH)

Dans la région de Marlborough, entre les eaux de Cloudy Bay et les monts Kaikoura, se trouve Awatere Valley, d'origine glaciaire. Autrefois, les premiers pionniers se sont arrêtés dans cette région à un endroit où leurs chevaux pouvaient traverser la rivière Awatere. Ils ont appelé ce point qui était à la croisée des chemins The Crossings. Le profil naturel de la vallée fournit des variations de sols et de températures à différentes altitudes, si bien que chacun des trois vignobles du domaine offre un spectre étendu de saveurs et de personnalités. Celui de Brackenfield, planté en 1998, est composé d'une terrasse fluviale à basse altitude et offre une vue spectaculaire sur les monts Kaikoura et les environs. Les trois terrasses qui composent le vignoble Willow Flat, aménagé en 2001, sont situées sur l'emplacement original du domaine. Situé contre les spectaculaires falaises d'argile blanche de la rivière Awatere, le vignoble Medway River s'étend au nord en aval, là où les deux rivières se rencontrent. On y retrouve d'excellents vins de sauvignon, de chardonnay et de pinot noir.

VAN ASCH (CENTRAL OTAGO)

C'est avec l'un des responsables de cette nouvelle cave, connue aussi sous le nom de The Winehouse & Kitchen que j'ai pu procéder, sur le bord des gorges de la rivière Kawarau, à une dégustation régionale des vins de Central Otago. Après un joli **pinot gris** aux notes florales, et un **riesling** très minéral mais beaucoup trop sucré à mon goût, le **pinot noir** s'est présenté, tout en fruit et en souplesse. Tim Fulton, mon hôte, a tout fait pour me faire sauter en *bungee* – ils sont propriétaires du *bungee* voisin situé à l'endroit même où ce sport extrême a vu le jour – dans la rivière Kawarau, mais j'ai prétexté, non sans raison, que j'avais un livre à finir…

VAVASOUR (MARLBOROUGH)

Cela fait plus d'un siècle que la famille Vavasour est installée dans Awatere Valley, à une vingtaine de kilomètres au sud de Blenheim. Considérés comme des pionniers puisqu'ils ont créé leur domaine viticole en 1986, les Vavasour ont fait connaître le potentiel de leur région et la personnalité de leurs vins, notamment ceux à base de sauvignon. Aujourd'hui, Vavasour Wines appartient à une compagnie privée d'investissements connue sous le nom de New Zealand Wine Fund, qui possède aussi Clifford Bay Estate et Goldwater Estate.

WAIPARA SPRINGS (WAIPARA)

Comme son nom l'indique, Waipara Springs est situé dans le cœur de Waipara Valley, dans l'île du Sud. Créé au début des années 1980, le vignoble de 26 hectares est installé sur des sols profonds d'argile et de pierre à chaux. Grâce à un climat exceptionnel, les vieilles vignes bien abritées profitent de conditions parfaites pour donner des raisins de qualité. Les vins axés sur le fruit sont sous l'étiquette **Waipara Springs** et les vins plus structurés sous l'étiquette **Premo Waipara Springs.**

WAIRAU RIVER (MARLBOROUGH)

Comme son nom l'indique, cette maison est bien installée le long de la rivière Wairau. Pas loin de Huia et du domaine Georges Michel, la famille Rose élabore la gamme classique offerte dans la région. Le sympathique *winemaker* Allan McWilliams m'a fait découvrir leur **riesling,** aux parfums fugaces de citron vert, vif et délicat, et leur sauvignon, très typé, aux fringantes notes de buis, à la limite de l'excès. Wairau River est aussi réputée pour son restaurant, très fréquenté par les touristes comme par les gens du coin.

Je ne voudrais pas clore cette liste sans nommer Cable Bay et Passage Rock de Waiheke Island, Allan Scott, Cellier Lebrun, Framingham, Fromm-La Strada, Isabel, Kaikoura, Lake Chalice, Mud House, Nautilus et N° 1 Family, des maisons bien installées à Marlborough. Je tiens aussi à citer Sherwood, Torlesse et Waipara Hills à Waipara, Ashwell, Dry River et Pond Paddock à Martinborough, Waitiri Creek dans Central Otago, ainsi que Askerne, Gunn, Clearview, Hatton et Matariki à Hawkes Bay.

INDEX DES RÉGIONS PAR PAYS

Afrique du Sud

Breede River Region, 32
Breede River Valley (Vallée de la rivière Breede), 17, 35, 46, 64, 80, 124, 130
Breedekloof, 17
Calitzdorp, 17, 37
Cape Agulhas, 17, 34, 37
Cape Point, 17, 36, 52, 82, 98
Coastal Region (Région côtière), 17, 28, 36, 40, 42, 44, 48, 54, 58, 60, 62, 67, 68, 70, 72, 74, 80, 84, 89, 92, 94, 96, 101, 102, 106, 108, 110, 112, 114, 115, 116, 117, 118, 120, 122, 126, 128, 132, 135, 136
Constantia, 28, 52, 82, 98, 139, 143
Critusdal Mountain, 17, 37
Critusdal Valley, 17, 37
Darling, 17, 31, 36, 60, 84, 136
Douglas, 17, 37
Durbanville, 31, 141
Franschhoek Valley, 30, 44, 54, 67, 74, 80, 108, 114, 118, 120, 126, 140
Klein Karoo (Little Karoo), 17, 33, 35, 37
Lower Orange, 34
Lutzville Valley, 17, 37
Malmesbury, 35, 101
Northern Cape (Cap Nord), 17, 37
Olifants River, 17, 33, 35, 37
Orange River, 35
Overberg, 17, 33, 37, 49, 86
Paarl, 17, 30, 35, 36, 48, 66, 72, 76, 89, 118, 120, 136, 138
Philadelphia, 31, 56, 88
Piketberg, 34, 37
Robertson, 17, 32, 35, 46, 64, 80, 124, 130
Simonsberg, 96, 106, 122, 135, 139
Stellenbosch, 17, 29, 35, 36, 40, 42, 58, 62, 68, 70, 92, 94, 96, 102, 106, 110, 112, 115, 116, 117, 122, 128, 132, 135, 136, 138, 139, 140, 141, 142, 143
Swartland, 17, 31, 36, 72, 101, 138
Swellendam, 17, 32, 35
Tulbagh, 17, 31, 36
Tygerberg, 17, 36, 56, 88
Walker Bay, 17, 33, 37, 49, 86
Wellington, 31, 66, 138
Western Cape (Cap occidental), 17, 37, 49, 70, 72, 76, 86, 102, 108, 136
Worcester, 17, 32, 35, 138

Australie

Adelaide Hills, 147, 165, 173, 176, 202, 207, 226, 228, 232, 233, 236, 241, 254, 271
Adelaide Plains, 173
Alpine Valleys, 172
Barossa, 173, 222, 264, 276
Barossa Valley, 147, 166, 173, 177, 202, 204, 212, 228, 233, 239, 242, 248, 254, 278, 280
Bathurst, 180
Beechworth, 147, 161, 172, 180
Bendigo, 147, 161, 172
Big River, 171
Blackwood Valley, 173
Canberra District, 147, 158, 171
Central Ranges, 171
Central Victoria, 172
Clare Valley, 147, 166, 173, 176, 204, 210, 218, 222, 228, 232, 233, 275, 279
Coastal Hinterland, 171
Coonawarra, 147, 167, 173, 176, 204, 210, 212, 216, 219, 222, 228, 232, 233, 236, 242, 254, 260, 264, 278
Cowra, 147, 158, 171, 180
Currency Creek, 173
East Coast Tasmania, 172
Eden Valley, 147, 167, 173, 202, 207, 222, 233, 242, 254, 264, 275
Far North, 173
Fleurieu, 173
Geelong, 147, 161, 172, 238
Geographe, 147, 169, 173
Gippsland, 172, 270
Glenrowan, 172
Goulburn Valley, 147, 162, 172, 244

Grampians, 147, 162, 172, 276
Granite Belt, 147, 161, 171
Great Southern, 147, 169, 173, 200, 274, 277
Greater Perth, 173
Gundagai, 171
Hastings River, 171
Heathcote, 147, 162, 172, 236, 274
Henty, 172
Hilltops, 147, 158, 171, 210
Hunter Valley, 147, 159, 171, 179, 180, 190, 208, 210, 219, 222, 224, 236, 250, 257, 278
Kangaroo Island, 173
King Valley, 172, 190
Langhorn Creek, 147, 167, 173, 236, 254
Limestone Coast, 173, 203, 280
Lower Murray, 173
Macedon Ranges, 172, 280
Manjimup, 173
Margaret River, 147, 169, 173, 182, 187, 192, 198, 222, 252, 262, 271, 274, 276, 277, 278, 280
McLaren Vale, 147, 167, 173, 176, 180, 188, 204, 228, 232, 233, 236, 254, 272, 273, 276, 277, 279
Mornington Peninsula, 147, 163, 172, 279
Mount Benson, 173
Mount Lofty Ranges, 173
Mudgee, 147, 159, 171, 236
Murray Darling, 171, 172
New England, 171
New South Wales (Nouvelle-Galles du Sud), 147, 158, 171, 179, 180, 190, 208, 210, 219, 222, 224, 236, 250, 257
North East Victoria, 172
Northern Rivers, 171
Northern Tasmania, 172
North West Victoria, 172
Orange, 147, 160, 171, 180, 210, 236
Padthaway, 147, 168, 173, 176, 203, 204, 219
Peel, 173
Pemberton, 147, 170, 173, 278
Penola, 173

Pericoota, 171
Perth Hills, 173
Port Philip, 172
Pyrenees, 147, 163, 172, 246
Riverina, 147, 160, 171, 179, 190, 222, 271
Riverland, 147, 168, 173, 176, 204, 270
Robe, 173
Rutherglen, 172
Queensland, 147, 160, 171
Shoalhaven Coast, 147, 160, 171
South Australia (Australie méridionale), 147, 165, 173, 176, 177, 188, 202, 203, 204, 207, 212, 216, 218, 219, 226, 228, 232, 233, 236, 239, 241, 242, 248, 254, 260, 264
South Burnett, 147, 161, 171
South Coast, 171
Southern Fleurieu, 173, 277
Southern Flinders Rangers, 173
Southern Highlands, 171
Southern NSW, 171
Southern Tasmania, 172
South West Australia, 173
Strathbogie Ranges, 172
Sunbury, 172
Swan Hill, 171, 172
Swan Valley (Swan District), 147, 170, 173, 278
Tasmania (Tasmanie), 147, 164, 172, 204, 270, 271, 273, 277
Tumbarumba, 171, 210
Upper Goulburn, 172
Victoria, 147, 161, 172, 184, 190, 194, 203, 219, 236, 238, 244, 246, 267
Western Australia (Australie occidentale), 147, 169, 173, 182, 187, 192, 198, 200, 252, 262
Western Plains, 171
Western Victoria, 172
Wrattonbully, 173
Yarra Valley, 147, 163, 172, 184, 190, 194, 204, 267, 272, 276, 279

Nouvelle-Zélande

Auckland, 285, 296, 305, 312, 344, 392, 402, 404, 406
Awatere Valley, 300
Bay of Plenty, 285, 297, 305, 404
Ben Morven, 300
Blind River, 300
Brancott, 300
Canterbury, 285, 301, 306
Central Otago, 285, 301, 306, 310, 314, 332, 334, 352, 358, 360, 362, 400, 401, 406, 408
Conder's Bend, 300
Frankland River, 272
Gisborne, 285, 297, 305, 312, 350, 354, 386
Hawkes Bay, 285, 298, 305, 312, 318, 325, 328, 334, 342, 350, 354, 362, 374, 378, 382, 388, 390, 392, 400, 402, 403, 404
Henderson, 285, 305
Kaituna, 300
Kumeu, 285, 305
Lower Wairau, 300
Marlborough, 285, 300, 306, 312, 316, 320, 322, 325, 328, 330, 334, 339, 340, 342, 350, 354, 362, 364, 372, 374, 377, 386, 392, 398, 401, 402, 403, 405, 406, 407, 408
Martinborough, 285, 305, 348, 354, 356, 366, 380, 400, 403
Matakana, 285, 305
Nelson, 285, 301, 306, 370, 386, 396, 401, 403
Northland, 285, 296, 305
Northwest, 344
Omaka, 300
Rapaura, 300
Renwick, 300
Seaview, 300
Southern Valleys, 300
Waiheke Island, 285, 305, 338, 407
Waihopai, 300
Waikato, 285, 297, 305
Waipara, 285, 301, 306, 405, 406, 408
Wairarapa, 285, 299, 305, 336, 366, 401
Wairau Valley, 300

INDEX DES MAISONS PAR PAYS

Afrique du Sud

African Terroir, 138
Allesverloren, 138
Bellevue, 138
Bellingham, 138
Bergkelder, 40
Bergsig, 138
Beyerskloof, 42
Boekenhoutskloof, 44
Bon Courage, 46
Boschendal, 48
Bouchard Finlayson, 49
Boutinot, 138
Buitenverwachting, 52
Cabrière, 54
Capaia, 56
Clos Malverne, 58
Constantia Glen, 139
Constantia Uitsig, 139
Darling Cellars, 60
Delheim, 139
De Toren, 140
De Trafford, 62
De Wetshof, 64
Diemersfontein, 66
Dieu Donné, 67
Distell, 68
Dornier, 140
Ernie Els, 70
Fairview, 72
Franschhoek Vineyards, 74
Glen Carlou, 76
Glenwood, 140
Graham Beck, 80
Groot Constantia, 82
Groote Post, 84
Hamilton Russell, 86
Haut Espoir, 140
Havana Hills, 88
Joostenberg, 89
Jordan, 92
Kaapzicht, 94
Kanonkop, 96
Ken Forrester, 141
Klein Constantia, 98
Kleine Zalze, 141
Kloovenburg, 101
Kumala, 141
KWV, 102
Laibach, 106
La Motte, 108
L'Avenir, 110
Le Bonheur, 112
L'Ormarins, 114
Meerendal, 141
Meerlust, 115
Morgenster, 116
Mulderbosch, 117
Muratie, 142
Nederburg, 118
Neethlingshof, 142
Plaisir De Merle, 120
Remhoogte, 122
Robertson Winery, 124
Rupert and Rothschild, 126
Rustenberg, 142
Rust en Vrede, 128
Simonsig, 143
Springfield, 130
Steenberg, 143
Vergelegen, 132
Warwick, 135
Winecorp, 136

Australie

Amberley's, 270
Angove's, 176
Banrock Station, 270
Barossa Valley, 177
Bass Philipp, 270
Bay of Fires, 270
Bimbadgen, 179
Bridgewater Mill, 271
Brokenwood, 180
Cape Mentelle, 182
Casella, 271
Chalice Bridge, 271
Clarendon Hills, 272
Coal Valley Vineyard, 271
Colsdtream Hills, 184
Coriole, 272
Cullen, 187
D'Arenberg, 188
De Bortoli, 190
Devil's Lair, 192
Domaine Chandon, 272
Dominique Portet, 194
Evans & Tate, 198
Ferngrove, 272
Freycinet, 273
Frogmore Creek et Hood Wines, 273
Geoff Merrill, 273
Goundrey, 200
Grant Burge, 202
Greg Norman, 203
Hardys, 204
Henschke, 207
Hope, 208
Howard Park, 274
Hungerford Hill, 210
Jacob's Creek, 212
Jasper Hill, 274
Jim Barry, 275
Katnook, 216
Knappstein, 275
Leasingham, 218
Leo Buring, 275
Lindemans, 219
Margan, 224

McWilliams, McWilliams Mount Pleasant, 222
Mitolo, 276
Moss Wood, 276
Mount Langi Ghiran, 276
Mount Mary, 276
Nepenthe, 226
Palandri, 277
Parri, 277
Penfolds, 228
Petaluma, 232
Peter Lehmann, 233
Piper's Brook, 277
Poole's Rock, 278
Rockford, 278
Rosemount, 236
Rymill, 278
Salitage, 278
Sandalford, 278
Scotchmans Hill, 238
Seaview, 279
Seppelt, 239
Shaw and Smith, 241
Skillogalee, 279
St Hallett, 242
Stonier, 279
Tahbilk, 244
Taltarni, 246
Tarrawarra, 279
Tatachilla, 279
Taylors, 279
Thorn-Clarke, 280
Tidswell, 280
Torbreck, 248
Tyrrell's, 250
Vasse Felix, 252
Virgin Hills, 280
Watershed, 280
Wolf Blass, 254
Wyndham, 257
Wynns Coonawarra, 260
Xanadu, 262
Yalumba, 264
Yering Station, 267

Nouvelle-Zélande

Akarua, 400
Alana, 400
Alpha Domus, 400
Amisfield, 310
Ata Rangi, 400
Babich, 312
Bilancia, 400
Blackenbrook, 401
Borthwick, 401
Carrick, 314
Chard Farm, 401
Churton, 316
CJ Pask, 318
Clifford Bay, 401
Clos Henri, 320
Cloudy Bay, 322
Cooper's Creek, 402
Craggy Range, 325
Delegat's, Oyster Bay, 328
Dog Point, 402
Domaine Georges Michel, 330
Esk Valley, 402
Fairhall Downs, 402
Felton Road, 332
Forrest, 334
Gladstone, 336
Goldwater, 338
Herzog, 339
Highfield, 402
Huia, 340
Jules Taylor, 403
Kahurangi, 403
Kemblefield, 403
Kim Crawford, 342
Konrad, 403
Koura Bay, 403
Kumeu River, 344
Margrain, 348
Martinborough Vineyard, 403
Matua, 404
Mills Reef, 404
Mission, 404
Montana, Brancott, 350
Mount Cass, 405
Mount Nelson, 405
Mount Riley, 405
Mt Difficulty, 352
Ngatarawa, 354
Nobilo, 406
Palliser, 356
Pegasus Bay, 406
Peregrine, 358
Prophet's Rock, 406
Quartz Reef, 360
Rippon Vineyard, 406
Sacred Hill, 362
Saint Clair, 364
Schubert, 366
Seifried, 370
Seresin, 372
Sileni, 374
Spy Valley, 406
Staete Landt, 407
Stoneleigh, 377
Stonyridge, 407
Te Awa, 378
Te Kairanga, 380
Te Mata, 382
Te Whare Ra, 407
The Crossings, 407
Tohu, 386
Trinity Hill, 388
Van Asch, 408
Vavasour, 408
Vidal, 390
Villa Maria, 392
Waimea, 396
Waipara Springs, 408
Wither Hills, 398

REMERCIEMENTS

Fidèle à mes habitudes, je tiens à adresser mes remerciements les plus sincères aux personnes qui m'ont épaulé, appuyé et aidé dans la rédaction de ce livre. Tout d'abord à tous les membres de la dynamique équipe des Éditions de l'Homme, et plus particulièrement à Pierre Bourdon et Erwan Leseul, ainsi qu'à Sylvie Archambault, Ann-Sophie Caouette, Diane Denoncourt, Nancy Desrosiers, Brigitte Lépine et Mélanie Sabourin.

Avant de citer d'autres personnes, je veux souligner ici le travail de ma grande fille Julie, qui m'a accompagné, au sens propre comme au figuré, et qui a pris les photographies de l'Afrique du Sud. Merci ma belle Julie pour cette merveilleuse expérience!

Au Québec, la plupart des agents en vins et spiritueux ont, comme de coutume, répondu à mes attentes. Qu'ils en soient remerciés. Je citerai plus particulièrement Jacques Bélec, Michel Langevin et Daniel Lavergne. Un grand merci aussi à Philippe Desmarais et Patrick Plourde d'Ezi Evolution.

Mon voyage en Afrique du Sud a été facilité par Laurel Keenan de Toronto et André Morgenthal de Wines Of South Africa, mais aussi par Sue van Wick, Maya et Marc Friederich, Fiona McDonald et Nelli Salvi. Merci à vous! Pour leur confiance, je tiens aussi à remercier Germaine Salois et Michel Labrecque de Montréal en Lumière.

Mes pérégrinations australiennes se sont déroulées dans les meilleurs conditions grâce à l'aide remarquable de Monica Ralphs de Toronto et de Prue Irish de Wine Australia. Merci infiniment! Sans oublier Marie-Paule Leroux, une gentille grenouille bien installée en Tasmanie...

Un immense merci aussi à Robert Ketchin de Toronto et Glenda Neil de New Zealand Wine, de m'avoir permis des découvertes néo-zélandaises exceptionnelles.

Je ne peux évidemment omettre de remercier tous les producteurs de vin qui m'ont accueilli avec gentillesse et professionnalisme au cours de mon périple. Enfin, si je remercie Jean-Nicolas et Julie, mes deux enfants qui me soutiennent toujours, je donne à Josiane une mention spéciale pour sa patience et sa magnanimité à mes côtés.

BIBLIOGRAPHIE

BETTANE & DESSEAUVE, *Les plus grands vins du monde*, Genève, Minerva, 2006.

BRUNET, Paul, *Le vin et les vins étrangers*, Clichy, BPI, 2004.

DOVAZ, Michel, *2000 mots du vin*, Paris, Hachette, 2004.

ENJALBERT, H et B., *L'Histoire de la vigne et du vin*, Paris, Bordas, 1987.

GALET, Pierre, *Dictionnaire encyclopédique des cépages*, Paris, Hachette, 2000.

ORHON, Jacques, *Mieux connaître les vins du monde*, Montréal, L'Homme, 2000.

PEYNAUD, Émile et BLOUIN, Jacques, *Connaissance et travail du vin*, Paris, Dunod, 2001.

SAINT-ROCHE, Christian, *La bible du goût et des mots du vin*, Cergy, Goûts & Images, 2003.

CRÉDITS PHOTOGRAPHIQUES

Babich, 288, 282 (Henderson)

Boschendal Wines, 48, 85, 91

Bouchard Finlayson, 33

Craggy Range Vineyards, 302, 325, 326, 385

De Bortoli, 191 (en bas à gauche)

Delegat's, 328

Domaine Georges Michel, 330

Ernie Els Wines, 69, 70 (en bas à droite), 71

Evans & Tate, 198

Family of twelve, 307

Felton Road, 333

Foster's, 184, 185, 193, 203, 228, 230, 236, 237, 255, 260, 261

France, Nelly, 331

Franschhoek Wine Valley, 74, 79, 114, 120, 121

Glen Carlou, 18, 76, 78 (photo du bas)

Goundrey, 188

Hardys, 200, 201, 206, 270

Hawke's bay, 282

Hope Estate, 208

Howard Park, 215 (en bas), 274

Kim Crawford Wines, 342, 343

Kumeu River Wines, 345, 346

Laibach Vineyards, 106, 107 (en bas à gauche)

Lindemans, 216, 217, 219, 220, 221

Margrain Vineyard, 348, 336

Milton, 189

Nepenthe, 226 (en haut et au milieu)

Orhon, Jacques, 137, 148, 149, 150, 151, 152, 153, 154, 155, 156, 159, 160, 162, 163, 164, 168, 170, 174, 175, 176, 177, 178, 179, 180, 181, 182, 183, 186, 187, 190, 191, 192, 194, 195, 196, 197, 199, 202, 204, 205, 207, 209, 210, 211, 212, 214, 215, 222, 223, 224, 225, 226, 229, 231, 232, 233, 234, 235, 238, 239 (en bas), 240, 241, 242, 248, 249, 250, 251, 252, 253, 254, 256, 262, 263, 264, 265, 266, 269, 271, 272, 283, 284, 287, 290, 291, 294, 297, 298, 299, 303, 308, 310, 311, 314, 315, 316, 317, 318, 319, 320, 321, 322, 323, 324, 327, 329, 332, 334, 335, 338, 339, 340, 341, 344, 347, 349, 350, 351, 352, 353, 354, 355, 358, 359, 361, 364, 365, 370, 371, 372, 373, 377, 378, 379, 380, 381, 383, 384, 385, 386, 387, 388, 389, 390, 391, 395, 396, 397.

Orhon, Julie, 6, 7, 10, 14, 15, 16, 19, 20, 21, 22, 23, 26, 29, 30, 32, 34, 38, 40, 41, 42, 43, 44, 45, 46, 47, 49, 50, 51, 52, 53, 54, 55, 56, 57, 58, 59, 60, 61, 62, 63, 64, 65, 66, 67, 70, 72, 73, 75, 76, 77, 78, 79, 80, 81, 82, 83, 84, 86, 87, 88, 89, 90, 91, 92, 93, 94, 95, 96, 97, 98, 99, 100, 101, 102, 103, 104, 105, 107, 108, 109, 110, 111, 113, 116, 117, 118, 119, 122, 123, 124, 125, 126, 127, 128, 129, 130, 131, 133, 134, 137, 138, 139, 140, 414, 413, 415, 419, 426 à 431.

Orlando Wyndham, 213

Palliser Estate, 356, 357

Quartz Reef, 360

Sacred Hill, 362, 363

Schubert Wines, 286, 289, 295, 337, 366, 367, 409, 414

Sileni Estate, 374, 375, 376

St Hallett, 166, 243, 245

Te Mata, 384

Vergelegen, 132, 133 (en bas à gauche)

Villa Maria Estate, 392, 393, 394

Warwick Estate, 135

Winecorp, 136, 137 (en bas à droite)

Wolf Blass, 246, 247

Wyndham Estate, 257, 258, 259

Yarrabank, 239

Yering Station, 218, 267, 268

GLOSSAIRE

A

Acidité : Ensemble des substances acides présentes dans le vin.
Vocabulaire de la dégustation :
- **Plat :** qui manque d'acidité et de caractère.
- **Mou :** qui manque de caractère et de fraîcheur.
- **Frais :** acide, sans excès.
- **Vif :** acidité en équilibre.
- **Nerveux :** qui a du corps et une certaine acidité.
- **Vert :** très forte acidité.
- **Très vert :** acidité en excès.

Agressif : Vin d'une acidité mordante et exaspérante.
Alcool : L'alcool éthylique est le principal alcool du vin.
Vocabulaire de la dégustation :
- **Faible :** peu d'alcool, manque de charpente.
- **Léger :** vin pauvre en alcool mais plaisant à boire.
- **Généreux :** fort en alcool, bien constitué, corsé.
- **Chaud :** vin puissant, qui donne une impression de chaleur.

Ampélographie : Science de la vigne et du raisin.
Ample : Qui est très harmonieux, très présent en bouche.
Animale : Odeur rappelant celles du monde animal (musc, cuir, venaison, etc.), que l'on retrouve dans les vieux vins rouges.
Arôme : Même si ce mot désigne parfois les sensations olfactives perçues en bouche, il est utilisé dans ce livre comme un terme désignant les odeurs perçues au nez directement.
Vocabulaire de la dégustation :
- **Arôme primaire :** arôme du fruit (rappel du cépage).
- **Arôme secondaire :** arôme postfermentaire.
- **Arôme tertiaire ou bouquet :** arôme de vieillissement.

Assemblage : Mélange de vins de même origine.
Astringence : Caractère de rudesse et d'âpreté causé par un excès de tanin (*voir* Tanin).

B

Blanc de blancs : Mention réservée aux vins blancs issus de raisins blancs uniquement.
Botrytis cinerea : Micro-organisme à l'origine de la pourriture du raisin. Si la pourriture grise est combattue, la pourriture noble est souhaitée dans certaines régions puisqu'elle permet d'élaborer des vins blancs moelleux ou liquoreux.

C

Capiteux : Qui monte à la tête à cause d'une forte teneur en alcool.
Cellar door : Cave et magasin (en Australie et en Nouvelle-Zélande).
Cépage : Variété de plant de vigne.
Chaptalisation : De Jean-Antoine Chaptal, ministre de Napoléon 1er et inventeur de cette méthode. La chaptalisation, ou sucrage, est une opération qui consiste à ajouter du sucre au moût afin d'obtenir un degré d'alcool plus élevé ; elle est réglementée par des lois.
Charnu : Tannique et moelleux à la fois.
Charpente : Constitution harmonieuse d'un vin, avec prédominance de tanins.
Corsé : Qui est bien constitué, riche en alcool.
Cru : Terme relié à l'originalité d'une production liée à un lieu géographique. Mot très utilisé dont l'origine vient du verbe croître (XVe siècle).

D

Douceur : Un des aspects gustatifs de l'analyse d'un vin.
Vocabulaire de la dégustation :
- **Sec** (← 4 g/l) : vin qui donne l'impression de ne pas contenir de sucre.
- **Demi-sec** (→ 4 ← 12 g/l) : vin qui contient une légère quantité de sucre.

- Doux (→ 12 ← 45 g/l) : vin assez riche en sucre, moelleux (moelleux : → 30 ← 45 g/l).
- Liquoreux (→ 45 g/l) : vin très doux, riche en sucre.

E

Équilibré : Dont les constituants (acidité – moelleux pour les blancs, plus les tanins pour les rouges) sont en parfaite harmonie.

F

Fermentation (alcoolique) : Réaction chimique provoquée par des ferments. Les ferments décomposent les substances organiques (sucres) en des corps simples (alcools), le plus souvent avec dégagement de gaz carbonique et de chaleur.
Fermentation (malolactique) : Transformation de l'acide malique en acide lactique et en gaz carbonique. Elle se traduit par une diminution de l'acidité.
Fruité : Dont le goût rappelle celui du raisin. Un vin peut être à la fois sec et fruité. (Ne pas confondre avec le mot « sucré ».)

G

Garde (de) : Vin qui possède un bon potentiel de vieillissement.
Gouleyant : De l'ancien français « goule » (pour gueule) : qui coule bien dans la gorge.
Greffage : Méthode courante (depuis l'invasion du phylloxéra) qui consiste à fixer sur un porte-greffe résistant le greffon du cépage désiré.

H

Habillage : Conditionnement. Habiller une bouteille, c'est lui coller son étiquette, sa collerette, éventuellement sa contre-étiquette, et poser la capsule.

L

Léger : Se dit d'un vin peu corsé mais agréable et équilibré, qui doit généralement être bu jeune.
Limpidité : Un des aspects visuels de l'analyse du vin.
Vocabulaire de la dégustation :
- **Trouble :** manquant de limpidité, brouillé, avec des particules en suspension.
- **Louche :** ni limpide ni brillant ; qui n'a pas un ton franc.
- **Voilé :** d'une couleur qui n'est pas franche.
- **Limpide :** clair, transparent.
- **Brillant :** d'une très belle limpidité.
- **Cristallin :** d'une transparence parfaite et lumineuse.

Longueur : Intensité de persistance des arômes de bouche juste après avoir avalé le vin.
Vocabulaire de la dégustation :
- **Court :** 1 ou 2 secondes.
- **Moyen :** 3 ou 4 secondes.
- **Long :** 5 ou 6 secondes.
- **Très long :** de 7 à 10 secondes.
- *Note : On utilise aussi le terme « caudalie » à la place de « seconde ».*

M

Marc : Matière solide du raisin comportant une part de jus.
Millésime : Année de la récolte du raisin.
Minéral : Analogie, tant au nez qu'en bouche, se rapportant à des minéraux et à certaines roches (craie, silice, schiste, tuffeau, etc.), utilisée en dégustation.
Moelleux : Un des aspects gustatifs de l'analyse d'un vin. Se dit d'un vin blanc doux et d'un vin gras, souple et peu acide. S'applique aux vins blancs comme aux vins rouges.
Vocabulaire de la dégustation :
- **Desséché :** manque total de rondeur.

- **Dur :** manque de souplesse ; excès d'acide tartrique.
- **Ferme :** manque de souplesse.
- **Fondu :** harmonie entre les constituants.
- **Rond :** moelleux, assez riche en alcool.
- **Gras :** charnu, corsé, riche en alcool et en glycérol.
- **Onctueux :** sensation grasse, très riche en glycérol.
- **Pâteux :** excès de gras, déséquilibré.

Moût : Jus de raisin frais avant la fermentation.

O

Œnologie : Science qui traite du vin, de sa préparation, de sa conservation et des éléments qui le constituent.
Œnologue : Personne titulaire d'un diplôme d'œnologie. Technicien qualifié dans les opérations d'élaboration et de conservation des vins.
Œnophile : Personne qui apprécie et connaît les vins (amateur).
Organoleptique : Terme créé au XIXe siècle pour qualifier les caractères perçus par les organes des sens.
Oxydation : Résultat de l'action de l'oxygène de l'air sur le vin. Elle peut se traduire par une modification de la couleur et du bouquet.

P

Phylloxéra : Puceron qui détruit la vigne depuis 1865. Ce parasite s'attaque aux racines de la vigne.
Piqué : Se dit d'un vin atteint d'acescence. Cela se traduit par une forte odeur aigre.
Pourriture noble : *Voir Botrytis cinerea*.

R

Riche : Se dit d'un vin généreux, puissant et équilibré.
Robe : Désigne la couleur d'un vin et son aspect visuel en général.

S

Sommelier : La sommellerie est une magnifique profession qui exige une grande connaissance des vins et des spiritueux. À ne pas confondre avec *œnologue* ou *œnophile*. (Le sommelier travaille généralement dans un restaurant.)
Souple : Se dit d'un vin coulant et dont le moelleux est plus élevé.
Soyeux : Qui est velouté, équilibré et élégant.
Structure : Charpente du vin (*voir* Charpente).

T

Tanin : Le tanin est un élément de la saveur par son astringence particulière. Il donne une charpente
aux vins rouges et subit, dans le vin, des modifications chimiques qui contribuent au vieillissement.
Le tanin provient des pellicules, des rafles et des pépins du raisin et se libère pendant la fermentation.
Vocabulaire de la dégustation :
- **Informe :** manque total de tanin.
- **Gouleyant :** léger et agréable, se laisse boire facilement.
- **Coulant :** présence discrète de tanin.
- **Tannique :** présence marquée de tanin.
- **Rude :** quantité de tanin à la limite de l'équilibre.
- **Âpre :** rudesse apportée par un excès de tanin.
- **Astringent :** excès de tanin ; vin trop jeune.

Traditionnelle : Mention remplaçant désormais le mot *Champenoise*.
Tranquille : Désigne un vin non effervescent.
Typicité : Caractère typique d'un vin, qualité de ce qui est typique. Terme (accepté depuis peu) habituellement relié au sol, au cépage, au terroir, au micro-climat et à la personnalité d'un vin.

V

Vinicole : Qui a rapport à la production du vin.
Vinification : Ensemble des procédés utilisés pour transformer le moût de raisin en vin.
Viticole : Qui est relatif à la culture de la vigne.

W

Winemaker : Littéralement « faiseur de vin », le *winemaker* est parfois œnologue, mais pas toujours. Le terme est tellement répandu dans les pays anglo-saxons qu'il est entré dans la conversation française courante.

Légendes des trois photos suivantes :
– Cuverie à Marlborough.
– La vigne à Stellenbosch.
– Coucher de soleil sur Le Cap.